Dress / Hendrichs / Küppers (Hrsg.)
Selbstorganisation

Selbstorganisation

Die Entstehung von Ordnung
in Natur und Gesellschaft

Herausgegeben von
Andreas Dress, Hubert Hendrichs
und Günter Küppers

Piper
München · Zürich

ISBN 3-492-03077-7
© R. Piper GmbH & Co. KG, München 1986
Gesetzt aus der Garamond-Antiqua
Umschlag: Federico Luci
Gesamtherstellung: Clausen & Bosse, Leck
Printed in Germany

Inhalt

Vorwort

Unter dem Sammelbegriff »Selbstorganisation« wurden in den 1960er und 1970er Jahren in verschiedenen Disziplinen unabhängig voneinander Theorien entwickelt, welche die Dynamik und Höherentwicklung, die Ausdifferenzierung und die Hierarchisierung von Systemen zum Gegenstand haben. Spätestens seit Mitte der 1970er Jahre haben sich diese verschiedenen Entwicklungsstränge zu einem fast alle Disziplinen erfassenden Forschungsprogramm vereinigt. In der Physik geht es um die Erklärung z. B. der geometrisch exakten Strukturen von Konvektionsströmungen in der Hydrodynamik oder des kohärenten Verhaltens von Photoelektronen im Laserlicht. Die Chemie untersucht die Entstehung räumlicher und zeitlicher Strukturen in chemischen Reaktionen. Im Grenzgebiet zwischen Chemie und Biologie studiert man die Entstehung und Entwicklung hochkomplexer organischer Moleküle und versucht die Entstehung biologischer Information in einer präbiotischen Welt zu verstehen. Von der Neurophysiologie bis hin zur Ökologie werden in der Biologie Phänomene der Ontogenese und der Phylogenese untersucht, jeweils Beispiele für die Entstehung von Hochkomplexem aus Einfacherem. Das humanwissenschaftliche Bemühen um ein Verständnis der Genese von Sprache, Kultur und Zivilisation mag hier die Liste von Beispielen abschließen. Überall geht es um die Entstehung von Ordnung und deren Ausdifferenzierung in immer komplexere Strukturen. Selbstorganisation scheint zu einem neuen, die Einzelwissenschaften vereinigenden Paradigma zu werden – von einem Wendepunkt des Denkens und von einer neuen Wissenschaft ist gar die Rede.

Organismische Struktur- und Prozeßkonzepte sind Jahrtausende alt. Aristoteles hat eines zur Beschreibung teleologisch aufgefaßter kultureller und kosmologischer Entwicklungsprozesse entwickelt. Kant hat sogar den Begriff »Selbstorganisation« in der Kritik der Urteilskraft thematisiert. Entsprechende Phänomene werden in der Biologie seit alters gesehen. Im kulturellen Bereich wurden sie z. B. in Smut's Holismus wie in Levi-Strauss' Strukturalismus oder in Parson's Systemtheorie zu modellieren versucht. Neu ist die wissenschaftliche Operationalisierung des Konzeptes – u. a. seine Formulierung in der naturwissenschaftlich legitimierenden mathematischen Sprache und seine Präsentation in Modellierungen, welche einer empirischen Analyse zugänglich sind.

Die Väter dieser Konzepte betonen die weitreichenden Folgen dieser Entwicklung, ein neues Verhältnis des Menschen zur Natur sei erreichbar. »Concepts such as dissipative structures, synergetics, autopoiesis, hypercycles and catastrophe theory furthered an understanding of evolution as an aspect of dissipative selforganization underlying the generation of complexity and variety at many levels ... The resulting transdisciplinary view of reality emphasizes creativity over adaption and survival, openess over determinism, and self-transcendence over security« (Erich Jantsch in seinem Buch »The Evolutionary Vision: Toward a Unifying Paradigm of Physical, Biological, and Sociocultural Evolution«). »Wir gehen einer neuen Synthese entgegen, einer neuen Naturauffassung, in der die abendländische Tradition, die das Experiment und die quantitative Formulierung betont, sich mit der chinesischen Tradition verknüpft, in deren Mittelpunkt die Auffassung von einer spontan sich selbst organisierenden Welt steht ... Statt die Wissenschaft durch den Gegensatz zwischen Mensch und Natur zu definieren, sehen wir in der Wissenschaft eher eine Kommunikation mit der Natur« (I. Prigogine). Protagonisten wie Capra und Ferguson rufen auf zur kulturellen Wende im Zeitalter des Wassermanns. »New Age« heißt die Bewegung, die ein neues Zeitalter verspricht – ohne Krieg und Umweltzerstörung, ohne Unterdrückung und Ausbeutung, im Einklang mit der Natur.

Welchen Stellenwert haben nun diese mit solch großen Erwartungen verknüpften Konzepte in den einzelnen Disziplinen selbst? Diese Frage war es, die uns veranlaßt hat, Wissenschaftler aus verschiedenen Disziplinen zu Vorträgen einzuladen, um in Form einer Bestandsaufnahme einmal zu sehen, in welcher Weise die Referenten in ihrer Forschung Selbstorganisationskonzepte benutzen und welche Veränderungen bezüglich der Problemwahrnehmung und -lösung damit einhergehen. Deshalb sollten auch Fragen zur historischen Entwicklung sowie zum aktuellen Stellenwert des neuen Paradigmas behandelt werden: Welche Modelle zur Beschreibung oder Erklärung hat es früher gegeben? Worin liegt der Fortschritt des nun benutzten Modells? Haben sich die Forschungsfragen, Erklärungsziele, Denkstile geändert?

Im Zentrum des ersten Vortrags stand deshalb die Frage, inwieweit neuere Entwicklungen in der Physik der Elementarteilchen das mit dem Mechanismus verknüpfte Prinzip des Reduktionismus, die Auffassung nämlich, zur Erklärung der Vielfalt sei das Einfache zu suchen, obsolet haben werden lassen, ob der Suche nach den elementaren Teilchen der Materie und ihren Gesetzmäßigkeiten Aussicht auf Erfolg beschieden sei. Hans-Peter Dürr zeigt, daß man den sogenannten Elementarteilchen ihre Elementarität absprechen muß, daß sie selbst als zusammengesetzt erscheinen – paradoxerweise aus sich selbst zusammengesetzt, da sie sich bei der Beobachtung ständig ineinander umwandeln. Der Begriff »Teilchen« verliert seinen Sinn auf einer Ebene unterhalb der Elementarteilchen, d. h. die Reduktion eines Systems (z. B. eines Wasserstoffatoms) auf eine Elementarteilchenkonfiguration scheitert. »Der Abstieg vom Makrokosmos zum Mikrokosmos führt uns also nicht nur auf kleinere Objekte, sondern verändert ganz wesentlich deren Qualität.« Die »Elementarteilchen« der Materie haben keine Eigenschaften mehr, die wir als typisch für Materie ansehen. Das Teilchen ist kein Objekt mehr im klassischen Sinne, sondern eine hochkomplexe dynamische Struktur. Dies signalisiere in gewissem Sinne das Ende des Reduktionismus: Die Vielfalt sei nicht mehr durch das Einfache darzustellen.

Hermann Haken und Arne Wunderlin thematisieren dagegen die Entstehung hochgeordneter makroskopischer Systeme aus dem Zusammenwirken einer Vielzahl im wesentlichen gleichartiger und in der Regel mikroskopischer Teilsysteme. Sie beginnen mit einer bewußt unter Verzicht auf die einschlägigen mathematischen Formeln geführten Diskussion der Reichweite und damit auch der Grenzen der klassischen wie der irreversiblen Thermodynamik. In beiden Fällen werden die entscheidenden Parameter (Wärme, Druck, Temperatur, Entropie ...) durch Mittelwertbildung über eine Vielzahl weitgehend unabhängig voneinander fluktuierender Mikrozustände definiert. Dagegen zeigt das Paradebeispiel des Lasers, daß es in offenen Systemen, fernab vom thermodynamischen Gleichgewicht, entscheidend auf die durch die Wechselwirkung der Teilchen/Teilsysteme bewirkte Rückkopplung zwischen den Mikrozuständen der Teilsysteme und dem letztlich durch diese definierten Makrozustand des Gesamtsystems ankommt. Haken und Wunderlin analysieren das für ein solches System charakteristische Phänomen der Ausbildung von *Kohärenz* und zeigen, daß es als »Versklavung« der für die Mikrozustände verantwortlichen Parameter durch wenige die Dynamik des Gesamtsystems bestimmende »Ordnungsparameter« verstanden und in diesem Sinne mittels der Stabilitätstheorie dynamischer Systeme auch streng mathematisch hergeleitet werden kann. Das solchermaßen begründete *Versklavungsprinzip* erweist sich nun als Eckpfeiler einer viel weiter gehenden und fast alle Phänomene von Selbstorganisation umfassenden Theorie, der Synergetik (oder der Lehre vom Zusammenwirken = συνεργειν), deren universelle Anwendungsmöglichkeiten von der Hydrodynamik, der Theorie der Morphogenese und der Neurologie bis hin zur Populationsdynamik und Soziologie kurz skizziert werden.

Einem wesentlich spezielleren Problem ist der Beitrag von Benno Hess und Mario Markus gewidmet: Sie analysieren Rückkopplungsphänomene im Bereich der Biochemie anhand der von Benno Hess und A. Boiteux bereits 1971 entdeckten »glykolytischen Uhr« und deren reaktionskinetischer Modellierung. Sie zeigen, daß der gesamte Reichtum beobachteter Phasen und Phasenübergänge vom Fließgleichgewicht (steady state) über Oszillationen und mit Hysteresephänomenen verbundene bistabile Situationen bis hin zum »Chaos« aus relativ wenigen und einleuchtenden Grundannahmen über eine reaktionskinetische Rückkopplung des Prozesses hergeleitet werden kann – Grundannahmen, welche – mutatis mutandis – auch für viele andere biochemische Reaktionsabläufe in der Zelle Geltung haben dürften. Chemische Uhren erweisen sich so als ein »Musterbeispiel einer chemischen Selbstorganisation«. Die Entdeckung der »mechanistischen Grundlagen des Rückkopplungsprinzips in der Biologie in allen hierarchischen Ordnungen und seinen vielen Varianten« erlaubt es, mittels schneller Computer und der von der Physik und der Mathematik bereitgestellten Verfahren, auch äußerst »komplizierte Prozesse ... global zum Gegenstand der Untersuchung zu machen« und so eine »neue Wissenschaft der Komplexität« zu entwickeln. Die abschließend im »Ausblick« diskutierten Thesen über die möglichen Funktionen biochemischer Uhren können also vermutlich schon in absehbarer Zukunft experimentell überprüft und theoretisch weiterentwickelt werden.

Das fundamentale Problem der Entstehung des Lebens wird von Bernd-Olaf Küppers aufgegriffen, und zwar mit dem Ziel, im Kontext der modernen »molekulardarwinistischen« Theorie der Lebensentstehung den Begriff der »Selbstorganisation« aus wissenschaftstheoretischer Sicht zu analysieren. Nach einem kurzen Abriß der Problematik kommen zunächst die Positionen einiger bedeutender Wissenschaftler wie Wigner, Monod, Bohr und Polanyi zur Sprache, die eine Erklärung des Lebens und seiner Entstehung auf der Grundlage physikalisch-chemischer Gesetze als prinzipiell unmöglich ansehen. Das Leben, so Polanyi, setze nicht auf Chemie und Physik reduzierbare, systemspezifische Randbedingungen für das Wirken der Gesetze der unbelebten Natur. Demgegenüber steht das vor allem von Manfred Eigen entwickelte Konzept der molekularen Selbstorganisation. Mittels eines reaktionskinetisch begründeten autokatalytischen oder rückkoppelnden Prozesses, der als ein auf der molekularen Ebene ablaufender Darwinscher Replikations-, Mutations- und Selektionsprozeß gedeutet werden kann, läßt sich nach Manfred Eigen die Entstehung biologischer Information inmitten einer abiotischen Umwelt prinzipiell verständlich machen. Das aus wissenschaftstheoretischer Sicht prinzipiell Neue an diesem Ansatz ist nach Bernd-Olaf Küppers, daß die »in den Erklärungsmodellen der traditionellen Physik ... als *kontingente* Größen angesehenen« Randbedingungen im evolutionären Erklärungsmodell eben nicht mehr kontingent sind, sondern zur Dynamik des Prozesses selbst in einem rückkoppelnden Bezug stehen. So wagt Bernd-Olaf Küppers schließlich die Definition: *Selbstorganisation* sei jeder selbsttätig ablaufende Prozeß ..., in dessen Verlauf die Gesetze der Physik und Chemie ihre zunächst unspezifischen Randbedingungen auf spezifische Weise transformieren.

Ein anderes Beispiel von Selbstorganisation in der Biologie behandelt Alfred Gierer: die gestaltliche Ausdifferenzierung oder Morphogenese von einzelnen Organismen. Am Beispiel der Hydra, eines Süßwasserpolypen mit fast unglaublichen Regenerationsmöglichkeiten, werden der Begriff des »morphogenetischen Feldes« und die Frage nach den biochemischen Determinanten eines solchen Feldes erläutert. Alfred Gierer zeigt dann, daß das bereits 1952 von Alan Turing dafür vorgeschlagene Modell zweier in auto- und kreuzkatalytischer Wechselwirkung stehender Substanzen mit unterschiedlichen Diffusionsraten, eines Aktivators und eines Inhibitors, so ausgebaut werden kann, daß alle an der Hydra und vielen anderen Lebewesen beobachteten morphogenetischen Phänomene damit gedeutet werden können. Abschließend greift Gierer anhand dieses Beispiels einer pyhsikalisch-chemischen Erklärung eines hochkomplexen Lebensvorganges die Frage auf, ob es eher die Mathematik mit ihren von jedem chemischen Detail abstrahierenden formalen Prinzipien wie Katastrophen, dissipativen Strukturen, Bifurkationen usw. oder die experimentelle Aufklärung biochemischer Prozesse sei, die als Grundlage zur Erklärung biologischer Entwicklung angesehen werden müsse. Er kommt zu dem Schluß, daß wir wohl nur durch das Zusammenwirken beider Erklärungsweisen die biologische Gestaltbildung befriedigend zu verstehen lernen werden.

In einem weiteren Beitrag zur Evolutionstheorie untersucht Günter Wagner einen wichtigen, in den Evolutionskonzepten noch wenig beachteten Aspekt: die Bedeutung der »Schrittweite«, der für die Entwicklung relevanten Variabilität für die Evolutionsgeschwindigkeit, sowie die Bedeutung der Fähigkeit, diese Schrittweite den Entwicklungsbedingungen des evolvierenden Systems anzupassen, für die Steigerung der Evolutionsgeschwindigkeit. In seiner vorwiegend mathematisch-theoretischen Unter-

suchung versucht der Autor, populationsgenetische und system-
theoretische Ansätze zu integrieren. Er bezieht sich dabei auf op-
timierungstheoretische Konzepte und bedient sich des Vergleichs
mit technischen Systemen und mit Computerprogrammen.

Gerhard Roth befaßt sich in zwei Bereichen der Biologie – der
Evolution und der Wahrnehmung – mit einem Aspekt biologischer Prozesse, der in den heutigen empirischen und theoretischen Ansätzen nur schwierig voll zu berücksichtigen ist und verhältnismäßig wenig thematisiert wird: mit den Bedingungen der
endogenen Dynamik lebender Strukturen und Prozesse, ihrer
Umweltautonomie und ihren Selbstorganisationsfähigkeiten und
-leistungen. Der Autor weist auf wichtige Sachverhalte hin und
konkretisiert sie in teilweise neuer Form. Dabei definiert und unterscheidet er Selbsterhaltung, -herstellung, -organisation und
-referentialität. Freilich sind seine Untersuchungen in der Biologie nicht unumstritten.

Helmut Zwölfer stellt die Ergebnisse langjähriger, umfangreicher empirischer Untersuchungen an einem mikroökologischen
System dar: die Wechselbeziehungen zwischen den Insekten zahlreicher Arten, die an den Köpfen verschiedener Disteln leben und
die sich entweder von deren pflanzlichem Material oder von den
anderen Insekten ernähren. Er fragt dabei nach Selbstorganisationsprozessen auf drei Ebenen: auf der ökologischen, der mikroevolutiven – der Entwicklung der einzelnen Arten – und der
makroevolutiven Ebene – wo sich in Form einer Koevolution die
Wirtspflanzen und die beiden Insektengruppen in ihrer gemeinsa-
men Wechselbeziehung aneinander anpassen.

Selbstorganisationskonzepte sind heute nicht mehr allein auf
die harten Naturwissenschaften beschränkt. Ekkehart Schlicht
zeigt in seinem Beitrag, daß es bereits im 18. Jahrhundert Vorstellungen von Selbstorganisation in der wirtschaftswissenschaftli-
chen Theorie gab. Obwohl auf mikroskopischer Ebene jeder
allein seinen eigenen Vorteil sucht, sorgt eine »unsichtbare Hand«
dafür, daß das Ganze dennoch zum allgemeinen Wohle geschieht.
Strukturbildung in der Ökonomie wird hier als unbeabsichtigte
Wirkung des Verfolgens von Eigennutz thematisiert. Standort-
theorien aus dem 19. Jahrhundert sind weitere Beispiele für die

13

Untersuchung sich selbst organisierender Systeme in der Ökonomie. Sie besagen, daß das Bemühen um die Minimierung der Transportkosten die räumliche Verteilung der Produkte bestimmt und so den Wirtschaftsraum um ein Ballungsgebiet strukturiert. Heute wird ganz allgemein die Selbststrukturierung eines ökonomischen Systems thematisiert. Schlicht zeigt dies in einem Beispiel anhand der Einkommensverteilung. Ausgehend von einer Gleichverteilung führt eine kleine, zufällige Störung zu einer Zweiklassenverteilung, in der eine Gruppe sehr viel, die andere sehr wenig Vermögen besitzt.

Den Beiträgen des Bandes liegt ein einheitliches Konzept insofern zugrunde, als sie die Selbstorganisation als Prinzip zur Beschreibung der Dynamik komplexer Systeme thematisieren. Gleichwohl behandeln sie in unterschiedlichen Objektbereichen verschiedene Aspekte der Selbstorganisation und beziehen sich dabei nicht auf ein konkretes, gemeinsames Modell. Die Gesamtheit der Beiträge verdeutlicht die unterschiedlich entwickelte Konzeptualisierung dieses neuen Paradigmas, seine Ausformbarkeit hinsichtlich der Anwendungs- und Verallgemeinerungsmöglichkeiten in verschiedenen Disziplinen, aber auch seine unausgeschöpfte Potentialität hinsichtlich der Darstellung und Analyse zahlreicher wichtiger – mit den bisherigen wissenschaftlichen Ansätzen nicht voll erfaßbarer – Aspekte der Prozeßdynamik in den Gegenstandsbereichen der verschiedenen Natur- und Geisteswissenschaften, nämlich alle Aspekte, in denen neben den Gesetzmäßigkeiten der Dynamik auch die spezifischen Gegebenheiten wie z. B. die Rand- oder Anfangsbedingungen, auf welche diese wirkt, und deren »geschichtliche« Entwicklung eine wesentliche Rolle spielen. In den neuen Modellierungen, die das Selbstorganisationsparadigma erlaubt, können diese Aspekte stärker als bisher der wissenschaftlichen Analyse eröffnet werden. Das erklärt die Attraktivität dieses fast alle Disziplinen erfassenden Programms.

Bielefeld, März 1986   *A. Dress*
                                                H. Hendrichs
                                                G. Küppers

Hans-Peter Dürr

Neuere Entwicklungen in der Hochenergiephysik – das Ende des Reduktionismus?

1. *Einleitung*

Hochenergiephysik hat nichts mit der Physik von Prozessen zu tun, bei denen große Mengen von Energie umgesetzt werden, wie etwa bei einer Atombombenexplosion oder in einem Fusionsreaktor; solch große Energieumsetzungen kommen nur vor, wenn Einzelprozesse mit relativ großen Energiefreisetzungen in enorm großer Zahl – etwa durch den Mechanismus einer Kettenreaktion – gleichzeitig ablaufen.

Hochenergiephysik befaßt sich vielmehr mit der Erforschung der »kleinsten« Bausteine der Materie. Dazu werden Prozesse untersucht, die auftreten, wenn man Materieteilchen mit hoher Energie aufeinanderprallen läßt. Daß man sich hierbei gerade auf hochenergetische Zusammenstöße konzentrieren muß, ist von zentraler Bedeutung. Aufgrund der Quantenmechanik, welche die Bewegung dieser Teilchen beschreibt, folgt nämlich, daß die Erkennbarkeit kleiner Strukturen im wesentlichen umgekehrt proportional zur Energie der bei der Beobachtung von Objekten verwendeten Strahlen verläuft. Bei der Untersuchung sehr kleiner Objekte muß man deshalb notwendigerweise hochbeschleunigte Strahlen als Sonden verwenden. Hochenergiephysik ist deshalb im wesentlichen Submikrophysik, und die großen Elementarteilchenbeschleuniger sind eigentlich Supermikroskope.

Warum bauen wir Mikroskope? Wir wollen die tiefsten Geheimnisse der Natur ausspähen, wollen wissen, »was die Welt im Innersten zusammenhält«. Hierbei wird »das Innerste« auf eine ganz spezielle Art als »das Kleinste« interpretiert.

Unsere Vorstellung ist dabei ähnlich wie bei der Betrachtung einer Taschenuhr, deren Funktionsweise wir zu ergründen suchen, indem wir in ihr »Inneres«, in ihr minuziöses, kompliziertes Räderwerk schauen. Die Bedeutung, die die Mechanik in unserem täglichen Leben durch ihre geschickte Handhabung, etwa durch die Vielzahl der von uns hergestellten Werkzeuge erlangt hat, grub in uns die Vorstellung von der Welt als einem grandiosen Uhrwerk tief ein. Etwas verstehen zu wollen ist für uns fast gleichbedeutend damit, es in seine Teile zerlegen, es analysieren zu wollen. Selbstverständlich begreifen wir hierbei die Zerlegung nur als einen ersten Schritt. Notwendigerweise muß ein zweiter Schritt folgen, bei dem das Zusammenspiel dieser Teile, ihre mannigfache Wechselwirkung, voll berücksichtigt werden muß. Wichtig bei dieser Denkweise ist jedoch, daß die Wechselwirkung der Teile untereinander diese Teile nicht grundlegend in ihrem Charakter verändert, so daß sie innerhalb des Ganzen noch als Teile in irgendeinem Sinne erkennbar bleiben.

Die Materie hat in unserer Vorstellung die Eigenschaft, daß sie sich auf diese Weise vernünftig in Teile zerlegen läßt. An ihr haben wir praktisch diese Vorstellung des aus kleineren Einheiten zusammengesetzten Gesamtsystems entwickelt. Daß eine Zerlegung eines Ganzen in seine Teile für sein Verständnis Vorteile bringt, liegt an dem Umstand, daß die Teile – in der Regel – einfachere Eigenschaften haben.

Das Zahnrädchen in der Uhr ist »einfacher«, d. h. es hat weniger Eigenschaften oder Funktionsfreiheitsgrade als die ganze Uhr, deren kompliziertes Verhalten eben durch die Überlagerung und Wechselwirkung der verschiedenen Funktionsweisen der Teile zustande kommt. Analyse zielt deshalb immer auf eine Reduktion des Komplexen auf das Primitive. Dies braucht nicht so zu sein. Wir kennen sehr wohl Systeme, deren Gesamtverhalten sich einfacher darstellt als das Verhalten ihrer Teile, weil sich unter Umständen die Vielfalt der Teile statistisch herausmittelt.

Es ist also nicht die Faszination des Kleinsten, was uns zum Mikroskopieren drängt, sondern unser Bestreben, das Vielfältige auf Einfacheres zu reduzieren. Zur Einfachheit gehört nicht unbedingt eine Einfachheit in der Struktur, sondern zunächst ein einfaches Verhalten in der Zeit. Das einfachste Verhalten ist eine *zeitliche Unveränderlichkeit* oder die »zeitliche Erhaltung«.

Bei Objekten, die uns umgeben, ist es die Materie und nicht die Form, die anscheinend diese zeitliche Invarianz hat. Durch die Vorstellung kleinster Materiebausteine, von »Atomen«, die letztlich formfest und zeitlich mit sich selbst identisch sind, wird die Veränderung makroskopischer Erscheinungsformen auf die verschiedenen Anordnungen dieser zeitunveränderlichen Bausteine reduziert. Die Welt offenbart sich bei dieser Betrachtungsweise letztlich als ein unendlich vielfältiges Spiel einer enormen Zahl von solchen höchst eigenschaftsarmen, einfachen, nicht mehr weiter hinterfragbaren, zeitlich unveränderlichen Einheiten. Die zukünftige Entwicklung der Welt ist streng durch die dynamischen Gesetze dieser Einheiten bestimmt.

Dieses mechanistische Weltbild wurde nun durch die Entwicklungen in der Mikrophysik in den letzten fünf Jahrzehnten tiefgreifend verändert. Es zeigte sich, daß beim Hinabsteigen zu immer kleineren Dimensionen die Objekte nicht nur immer weiter in ihren Eigenschaften verarmen, sondern schließlich grundlegend auch ihren Charakter verändern, so daß nichts mehr von dem übrigzubleiben scheint, was wir gemeinhin als die offensichtlichen Attribute der Materie betrachten. Da unsere Anschauungsformen an unseren (makroskopischen) Alltagserfahrungen entwickelt und geschult sind, entfernen sich die Erscheinungen in den mikroskopischen Raumdimensionen immer weiter von unserer alltäglichen Anschauung und eignen sich immer weniger für eine Beschreibung in unserer Alltagssprache. Der Begriff eines »Teils« verliert, bezogen auf ein größeres Ganzes, zunächst seine ursprüngliche Bedeutung und schließlich sogar jeglichen Sinn. Von diesen beiden »Brüchen« soll im folgenden die Rede sein.[1]

Interessant ist in diesem Zusammenhang, daß bei der Betrachtung sogenannter »offener« makroskopischer Systeme eine ähnliche prinzipielle Problematik aufzutreten scheint. Bei stark nichtlinear rückgekoppelten mechanischen Systemen stellt man zunächst fest, daß die strenge Determiniertheit der zukünftigen Entwicklung solcher Systeme, wie sie durch die Gültigkeit der Gesetze der klassischen Mechanik gefordert wird, effektiv verlorengeht. Minimale Veränderungen in der Ausgangskonfiguration der Systeme können in diesem Fall nämlich, aufgrund inhärenter Instabilitäten, zu extrem unterschiedlichem oder sogar völlig undefiniert erscheinendem, »chaotischem« Endverhalten führen. Bei makroskopischen Systemen, die durch starke Beeinflussung von außen (sogenannte »offene« oder »dissipative« Systeme) nicht im thermodynamischen Gleichgewicht sind, denen also etwa durch einen konstanten Zufluß von Energie ständig Syntropie, »Ordnungsenergie«, zugeführt wird, werden andererseits solche starken nichtlinearen Rückkopplungen erzeugt.[2] Die Dynamik der Teilsysteme wird dadurch auf komplizierte Weise in das Gesamtgeschehen eingebunden. Winzige Fluktuationen steuern auf unberechenbare Weise die künftige Gesamtentwicklung.[3] Wir wollen und können im Rahmen unserer Ausführungen nicht darauf eingehen, ob die bei offenen makroskopischen Systemen auftretende Ähnlichkeit zu Phänomenen der Mikrophysik möglicherweise sogar ursächlich auf diese zurückgeführt werden können.

2. Struktur der Materie

Die uns umgebende Materie besteht aus einer großen Zahl von Molekülen verschiedener Größe und Art. Die Moleküle selbst bauen sich aus verschiedenen Atomen auf, die etwa einen Durchmesser von mehreren Angström ($= 10^{-8}$ cm) haben. Die Atome sind, im Widerspruch zu ihrer Bezeichnung, nicht unteilbar, sondern bestehen aus einem schweren Kern in der Größe von etwa 10^{-12} cm und einer leichten Hülle aus punktförmig vorgestellten, negativ elektrisch geladenen Elektronen. Der Atomkern ist selbst ein dichtgepackter Verband von positiv elektrisch geladenen Protonen und neutralen Neutronen.

Elektronen, Protonen, Neutronen nennt man Elementarteilchen. Man kennt heute noch eine große Zahl weiterer Teilchen (mehrere hundert) von ähnlichem Charakter. Sie alle werden Elementarteilchen genannt, obgleich ihre Vielfalt diesen Namen kaum mehr zu rechtfertigen scheint. Seit etwa zwanzig Jahren nimmt man deshalb an, daß eine gewisse Klasse von Elementarteilchen, die sogenannten stark wechselwirkenden Teilchen oder Hadronen, von denen es besonders viele gibt, nicht wirklich »elementar«, sondern aus den sogenannten Quarks aufgebaut sind. Wegen der immer noch großen Zahl verschiedenartiger Quarks und der nicht auf Quarks zurückführbaren nicht stark wechselwirkenden Teilchen (z. B. Elektronen, Lichtquanten) vermutet man heute sogar, daß ein noch tieferes Niveau von »Subquarks« oder »Preonen« existiert. Doch auch auf diesem Niveau kann man nicht mit einem einzigen Baustein auskommen. Teilchen unterhalb des Elementarteilchenniveaus haben allerdings noch reichlich hypothetischen Charakter, worauf hier aber nicht eingegangen werden soll.

Wichtig erscheint es uns jedoch, zu betonen, daß schon für Moleküle, Atome, Elementarteilchen etc. die Bezeichnung »Teilchen« nicht mehr in dem gewohnten anschaulichen Sinne zutrifft, sondern nur noch in einer merkwürdig aufgeweichten, von der sogenannten Quantenphysik beschriebenen Bedeutung. Was wir als »Teilchen« bezeichnen, kann bei etwas anderer Betrachtungsweise wie eine »Welle« erscheinen. Das heißt: Materie tritt in Form eines abstrakten Etwas auf, das je nach der meßtechnischen Apparatur einmal sich wie ein »Teilchen«, das andere Mal wie eine »Welle« gebärdet. Man hat zunächst den Eindruck, als ob »Teilchen« und »Welle« sich ähnlich wie zwei verschiedene Ansichten eines Körpers verhalten. Bei einem dreidimensionalen Körper können wir aber die nichtübereinstimmenden zweidimensionalen Projektionen durch die Vorstellung einer Dreidimensionalität miteinander versöhnen. In der Quantenmechanik gibt es im Gegensatz dazu kein *objektives* Etwas, was die beiden widersprüchlichen Erscheinungsformen Teilchen und Welle miteinander vereinigen läßt. Wir kommen hier zu einem ganz anderen Bild.

Einer Aussage der Art »Ein Teilchen (ein Elektron etwa) hat sich vom Ortspunkt A innerhalb einer gewissen Zeitspanne zum Ortspunkt B bewegt« (woraus sich implizit seine mittlere Geschwindigkeit ergibt) kommt in quantenmechanischer Sichtweise eine wesentlich eingeschränktere Bedeutung zu. Dem Elektron am Ausgangspunkt A entspricht eine gewisse Messung (z. B. Ionisation in einem Zählrohr), durch die wir Auskunft über den ungefähren Ort (innerhalb des empfindlichen Volumens des Zählrohrs oder einer Blendenöffnung) der elektrischen Ladung und vielleicht noch über andere Qualitäten gewinnen können. Eigentümlich ist dabei, daß wir eine solche Festlegung der Eigenschaften dieses Teilchens nicht beliebig weit treiben können, daß also im Vergleich zu unserer naiven Vorstellung eines »Teilchens« dessen Eigenschaften unterbestimmt bleiben müssen. Dieser Sachverhalt wird durch die berühmten Heisenbergschen Unbestimmtheitsbeziehungen beschrieben. So behindert z. B. eine Ortsbestimmung die Fixierung des Impulses oder der Geschwindigkeit. Eine solche prinzipiell unterbestimmte experimentelle Zustandsfestlegung zu einem bestimmten Zeitpunkt in der Umgebung des Ortspunktes A führt nun nach den Gesetzen der Quantenphysik dazu, daß sich für alle Ortspunkte im Raum (in unmittelbarer Nähe oder ganz weit entfernt davon) gewisse Wahrscheinlichkeiten angeben lassen, daß bei einer zweiten Messung zu einem späteren Zeitpunkt ein solches Teilchen – gekennzeichnet durch einen ähnlichen Satz von Meßwerten – festgestellt werden kann.

Die Quantenphysik ermöglicht uns also die quantitative Angabe der Wahrscheinlichkeit für das Auftreten einer Korrelation zwischen den Meßdatensätzen A und B. Die Vorstellung, daß ein Objekt von A nach B gelaufen sei, d. h. daß ein individuelles, mit sich selbst und in der Zeit identisches Elektron eine bestimmte im Raum fixierte Bahn mit dem Anfangspunkt A und dem Endpunkt B durchlaufen hat, ist falsch. Denn man kann leicht nachprüfen, daß die Bedingung, das Elektron sei zwischen den Punkten A und B auf bestimmte Raumbereiche, z. B. eine enge Bahnkurve, eingeengt, zu anderen Übergangswahrscheinlichkeiten A→B führen würde, als sie das Experiment nachgewiesen hat.

Trotzdem ist die Vorstellung bestimmter Bahnen von individuellen Teilchen nicht ganz abwegig. Denn das durch den Meßdatensatz bei A erzeugte Möglichkeitsfeld zukünftiger Ereignisse hat Wellencharakter. Das bedeutet, daß bei Überlagerung zweier Möglichkeiten nicht immer nur mehr, sondern (bei Gegenphase) auch weniger herauskommen kann, so wie man dies bei der Überlagerung (Interferenz) von zwei Wasserwellen oder Lichtwellen beobachten kann. Dies führt dazu, daß die Wahrscheinlichkeit, nach der Beobachtung eines Ereignisses bei A ein ähnliches Ereignis woanders, z. B. bei B, zu beobachten, nicht für alle Raumpunkte gleich ist, sondern sich im Gegenteil fast überall zu Null wegmittelt, außer in bestimmten Richtungen. Diese ausgezeichneten Richtungen entsprechen aber gerade den klassischen Bahnkurven der Teilchen. Daß die klassischen Bewegungsgesetze sich aus einem hocheffektiven Mittelungsprozeß ergeben, erkennt man noch daran, daß sich die klassischen Bahnkurven formal aus einem Extremalprinzip (dem Hamiltonschen Prinzip der kleinsten Wirkung) ableiten lassen, was im letzten Jahrhundert vielfach zu Spekulationen über eine teleologische Struktur unserer Welt (»die beste aller Welten«) geführt hat.

Die Entthronung des Teilchens als Träger des Materiellen, als Fundament der zeitlichen Kontinuität der Welt, durch die Quantenphysik kommt in unserer physikalischen Umgangssprache nicht genügend zum Ausdruck. In unserer intuitiven Vorstellung bevorzugen wir das Teilchenbild gegenüber dem gleichwertigen Wellenbild. So sprechen wir von Elementar-»Teilchen« anstatt von Elementar-»Wellen«. Dies entspricht ganz unserer analytischen Denkweise, bei der wir versuchen, komplizierte Zusammenhänge auf eine Fülle von verschiedenen, getrennten Einzelvorgängen zurückzuführen. Die *räumliche* Trennung erscheint hierbei als eine Voraussetzung für eine *Wirkung*strennung. Das lokal Konzentrierte, als welches wir anschaulich ein Teilchen begreifen, ist deshalb auch das wirkungsmäßig Isolierte und bietet sich daher natürlich für ein Bausteindenken an.

Diese Sichtweise ist nicht unberechtigt. Was zukünftig geschieht, ist nicht frei, sondern durch die Zustandsbedingungen der Vergangenheit und der Gegenwart in gewisser Weise vorherbestimmt. Wir sprechen in diesem Zusammenhang ganz allgemein von »Kausalität«. Sie setzt zu ihrer begrifflichen Definition eine gerichtete Zeit voraus, so daß wir sinnvoll von »Vergangenheit« und »Zukunft« reden können mit der »Gegenwart« als Schnittpunkt.

Primitiv gedeutet heißt Kausalität, daß es keine (zukünftige) Wirkung ohne (vergangene) Ursache gibt. In der klassischen Betrachtung hat diese »primitive Kausalität« verschiedene Verschärfungen erfahren. Der Zusammenhang zwischen Ursache und Wirkung wurde als kontinuierlich in der Zeit interpretiert, woraus die wichtige Konsequenz resultierte, daß zukünftige Wirkungen vollständig durch den *gegenwärtigen* Zustand der Welt bestimmt sind. Naturgesetze erhalten die Form von (hyperbolischen) Differentialgleichungen in der Zeit, aus denen sich Lösungen durch Angabe der »Anfangsbedingungen« gewinnen lassen.

Was die räumliche Beziehung von Ursache und Wirkung anbelangt, so ergab sich eine eigentümliche Zweigleisigkeit. Auf der einen Seite war die Materie Träger der Kausalität; der Ursache, »einem Teilchen hier«, war unmittelbar die Wirkung, »ein Teilchen dort«, zugeordnet. Das »dort« ist hierbei räumlich direkt benachbart zum »hier«, was zu einer Identifizierung des Ereignisses im Begriff des zeitlich unveränderlichen Materieteilchens führt. Auf der anderen Seite konstatiert man Kraftwirkungen, die über beliebig große räumliche Entfernungen reichen. Der Prototyp einer solchen Fernwirkung war die Gravitationsanziehung zwischen Sonne und Erde. Die Sonne beeinflußte die Bahn eines von ihr weit entfernten Planeten. Diese Fernwirkung vereitelte letztlich, daß räumliche Auftrennung der Ereignisse auch zu einer Wirkungstrennung führte.

Die spezielle Relativitätstheorie führte hier zu einer einschneidenden Änderung. In ihr wird nicht die Zeit – in ihrer Polarität früher–später – relativiert, sondern der Begriff der Gleichzeitigkeit. *Getrennte* Raumpunkte können nicht mehr eindeutig als gleichzeitig betrachtet werden, sondern erscheinen, je nach Betrachter, als gleichzeitig, früher–später oder später–früher. Diese Mehrdeutigkeit würde die Kausalität völlig durcheinanderbringen, wenn solche Punktepaare in Wechselwirkung miteinander treten könnten. Gerade dies wird aber durch eine Verschärfung der Kausalität verhindert, die erfordert, daß eine Ursache prinzipiell nur an solchen Stellen Wirkungen ausüben kann, die wenigstens durch ein Lichtsignal erreichbar sind. Dies führt dazu, daß es Fernwirkung im eigentlichen Sinne gar nicht gibt, sondern primär nur noch *lokale* Wechselwirkung, die sich maximal mit Lichtgeschwindigkeit ausbreiten kann. In diesem Bilde wirkt die Sonne nicht direkt über eine Distanz auf den Planeten, sondern ist zunächst die Quelle eines unabhängigen Gravitationsfeldes, das sich im Raum um die Sonne ausbreitet und am Ort des Planeten dann die beobachteten Kräfte ausübt. Die Zweigleisigkeit der Kausalität wird hier also beseitigt, allerdings auf Kosten der Notwendigkeit, neben der Materie nun auch Felder als Wirkungsträger zuzulassen.

Durch die Quantenphysik wird diese Doppelbödigkeit der Wirkungsträger, Materie und Feld, prinzipiell überwunden. Ob der materielle oder feldartige Aspekt mehr in Erscheinung tritt, hängt nur davon ab, ob die »Ruhmasse« des zugeordneten Hybrids »Teilchen–Welle« größer oder kleiner oder gar Null ist. Wichtiger ist aber, daß durch die Quantenphysik der eineindeutige Zusammenhang der kausalen Verknüpfung verlorengeht. Die Ursache determiniert nicht mehr eine bestimmte Wirkung, sondern sie legt nur noch die Wahrscheinlichkeit von möglichen Wirkungen fest. Trotz streng lokaler Wechselwirkung geht durch die Quantenstruktur die räumliche Isolierbarkeit von Ereignissen verloren. Dies kommt im Wellenbild deutlicher als im Teilchenbild zum Ausdruck. Es ist die Wellenbetrachtung, die uns gedanklich mehr zu einem Verknüpfungsdenken führt. Da wir in einem solchen Denken weniger geschult sind, verwenden wir das Wellenbild weniger in unserer anschaulichen Materievorstellung.

Viele wesentliche Züge der Mikrophysik werden jedoch durch die Wellenvorstellung einfacher verständlich. So insbesondere der Umstand, daß die »Bausteine« in genau – und nicht nur ungefähr – gleichen Einheiten auftreten, was für den Aufbau komplizierter Moleküle unabdingbar ist. Diese »Einheiten« entsprechen Eigenschwingungen eines quantenmechanischen Systems, ähnlich den Schwingungen einer Saite. Sie sind wie jene durch Knotenzahlen bzw. Quantenzahlen charakterisiert. Sie treten meist nicht nur in einer Form auf. Ähnlich wie es bei einer Saite neben der Grundschwingung auch noch viele Oberschwingungen gibt, führen Quantensysteme meist auf ein ganzes Termschema – ein Spektrum von Linien –, wo jedes Term einem anderen »Teilchen« entspricht.

Bemerkenswert ist, daß bei der Wellenbeschreibung die *materiellen* Eigenschaften der Materie in den Hintergrund treten und in gewissem Sinne zu *Gestalt*eigenschaften umgemünzt werden. Die Komplementarität zwischen Teilchen und Welle findet ein gewisses Gegenstück in der Komplementarität zwischen Punkt und Verknüpfung oder zwischen lokalisiertem Detail und Gestalt. Die konkrete Ausprägung erfolgt immer auf eine materielle Art und Weise – ein zündendes Zählrohr, eine geschwärzte Photoplatte, eine Ionisationsspur in einer Blasenkammer, eine Digitalanzeige eines elektronischen Meßinstruments; die Gesamtkomposition, die Häufigkeit solcher Ausprägungen bei vielfacher Wiederholung, repräsentiert die Gestalt.

3. Gibt es »kleinste« Teilchen?

In der klassischen Vorstellung der Physik fällt der Materie nicht nur die Aufgabe zu, zu einer einfachen, nämlich lokalen, Ausprägung des Kausalitätsprinzips zu führen, sondern sie muß dafür sorgen, daß die Welt in ihrer Substanz erhalten bleibt. Denn Materie reproduziert sich selbst in jedem Augenblick, oder, wie wir es eigentlich erleben, Materie bleibt zeitlich unveränderlich, sie bleibt »erhalten«. Die Gesamtheit der Phänomene der Welt erscheint nur als ein Durchmischen und Durcheinanderbewegen der immer gleichen, unzerstörbaren Bausteine – Atome – der Materie. Diese Vorstellung überlebte im wesentlichen sogar die quantenmechanische Revolution. Auch die Beobachtung, daß die als »Atome« bezeichneten kleinsten Einheiten der chemischen Elemente sich als spaltbar erwiesen, konnte sie nicht erschüttern. An ihre Stelle mußten lediglich die noch kleineren Bausteine dieser Atome, die Elementarteilchen, mit der von der Quantenphysik diktierten verwaschenen Teilcheninterpretation treten.

Das Vordringen in immer kleinere Dimensionen verlangte nach immer mächtigeren Supermikroskopen. Zum Erkennen mikroskopischer Strukturen benötigt man »Licht« oder auch Partikelstrahlung mit Wellenlängen, die kleiner sind als die aufzulösenden Distanzen. Aufgrund der Quantenphysik bedeutet aber kürzere Wellenlänge auch höhere Energie der Strahlung. Um »Objekte« mit einem Durchmesser von x Å zu erkennen (Å = Angström = 10^{-8} cm), benötigen wir Strahlung von etwa $1/x$ keV (keV = tausend Elektronvolt, das ist die Energie eines Elektrons nach dem Durchlaufen einer Spannung von 1000 Volt). Supermikroskope sind deshalb Hochenergiebeschleuniger.

Die Verwendung immer energiereicherer Strahlung als tieferreichende Sonde für die Mikrowelt führte nun zu einem weiteren, tiefen Bruch in unserer Teilchenvorstellung. Teilchen sehr hoher Energie – mit Geschwindigkeiten in der Nähe der Lichtgeschwindigkeit – verhalten sich nicht mehr wie die Teilchen der Galilei-Newtonschen Mechanik, sondern entsprechend der Einsteinschen speziellen Relativitätstheorie. Dies besagt nicht nur, daß bei der Beschleunigung eines Teilchens seine Masse derart anwächst, daß es unmöglich ist, die Lichtgeschwindigkeit c zu überschreiten; sondern – wichtiger noch – daß eine Masse m, entsprechend der berühmten Einsteinschen Formel $E = mc^2$, nur eine spezielle, besonders kompakte Form der Energie E ist. Im Gegensatz zur nichtrelativistischen (Galilei-Newtonschen) Mechanik, in der sowohl Masse als auch Energie zeitlich unveränderlich sind, gilt in der relativistischen Mechanik nur mehr *ein* Erhaltungssatz, nämlich für die Energie, welche nun die Masse als eine spezielle Energieform neben anderen (elektromagnetische, Wärme-, kinetische Energie etc.) enthält. Als Folge davon können nun Teilchen (genauer gesagt Paare von Teilchen-Antiteilchen) aus Energie erzeugt werden und umgekehrt auch Teilchen wieder in Energie zerstrahlen.

Dies hat tiefgreifende Konsequenzen. Versucht man nämlich die innere Struktur der »kleinsten« Bausteine der Materie, der Elementarteilchen, zu erforschen, indem man sie im harten

»Lichte« eines Hochenergie-Teilchenbeschleunigers betrachtet, so stellen wir fest, daß diese sogenannten Elementarteilchen bei solcher Beobachtung in viele »Bruchstücke« zerplatzen. Wir sind deshalb geneigt, den Elementarteilchen – wie schon früher den Atomen – ihre Elementarität abzusprechen und in ihnen noch kleinere Bausteine von der Art der Bruchstücke zu vermuten. Das überraschende dabei ist aber, daß die Bruchstücke nicht wirklich kleiner, sondern selbst wieder Elementarteilchen der gleichen und anderen Art sind. Bei üblicher Betrachtung würde dies zu der paradoxen Vorstellung führen, daß Elementarteilchen *aus sich selbst* zusammengesetzt sind. Die relativistische Physik weist uns hier jedoch den Ausweg: Die bei der Beobachtung auftretenden Sekundärteilchen sind nicht Bruchstücke, sondern sie werden erst durch den Beobachtungsakt aus der Bewegungsenergie des Strahlteilchens erzeugt.

Dies bedeutet auch, daß es unterhalb der Elementarteilchenebene nicht mehr sinnvoll und zulässig ist, von »Teilen« im üblichen Sinne zu sprechen. Denn welch eine Bedeutung soll ein »Teil« innerhalb eines »Ganzen« noch haben, den man als solchen prinzipiell nie feststellen kann? Versucht man ihn nämlich auszumachen, indem man eine hyperfeine Sonde (einen hochenergetischen Strahl) ansetzt, so verändert sich das Gesamtsystem durch die Erzeugung von vielen Teilchen auf eine ganz dramatische und unvorhersehbare Weise.

Diese Besonderheit läßt sich auch auf andere Weise ausdrücken. Aufgrund der Heisenbergschen Unschärferelationen können quantenmechanische Systeme für kurze Zeiten Δt in andere Zustände übergehen, deren Energie um $E \approx \hbar / \Delta t$ verschieden sind. Ein bestimmtes System ist deshalb nie in einem Zustand, der aus einem Verbund von einer bestimmten Zahl von »Bindungsteilchen« besteht, sondern fluktuiert nach Maßgabe der Kopplungsstärke dauernd auch in Zustände herein, in denen Paare von weiteren Teilchen zusätzlich auftreten.

So ist ein Wasserstoffatom strenggenommen nicht ein Bindungszustand aus nur einem schweren Proton und einem leichten Elektron, sondern es enthält auch kleine Beimischungen von zusätzlichen Lichtquanten, von π-Mesonen, Proton-Antiprotonen-

Paaren usw. in beliebiger Vielfalt, die sich allerdings nur bei sehr kleinen Abständen, in unmittelbarer Umgebung des Atomkerns, bemerkbar machen.

Aufgrund dieser virtuellen Erzeugung von Teilchen gibt es deshalb keine einfachen Systeme mehr im Sinne einer Sprechweise, ein System bestehe aus wenigen Teilen. Jedes System ist prinzipiell hochkomplex. Vereinfachungen treten nur auf, wenn man über Näherungen spricht.

Das hochkomplexe Wasserstoffatom läßt sich dann wegen des relativ großen mittleren Abstands von Elektron und Proton (was mit der Kleinheit der Elektronenmasse zusammenhängt) und ihrer relativ schwachen (elektromagnetischen) Wechselwirkung (charakterisiert durch die numerische Kleinheit der Sommerfeldschen Feinstrukturkonstanten $\alpha = 1/137 \ll 1$) praktisch als Bindungszustand der jeweils wieder hochkomplexen Untersysteme, Proton und Elektron, betrachten. Das System erscheint also nur deshalb einfach, weil hier schon fast eine Trennung in die Untersysteme vollzogen ist, die als Elemente in der dynamischen Beschreibung verwendet werden. Dieser Vorzug geht bei kompakten und stark wechselwirkenden Systemen verloren. Die Reduktion auf einfachere Systeme scheint hier prinzipiell zu scheitern.

Zunächst heißt dies jedoch nur, daß die Reduktion eines Systems auf Elementarteilchen-Konfigurationen scheitert. Das schließt nicht aus, daß wir andere Elemente finden könnten, in bezug auf welche sich ein gegebenes System als einfach oder kompliziert darstellen ließe. Es ist wahrscheinlich besser, die Erscheinung »Materie« als etwas Einheitliches zu verstehen, was wir mit der Vorstellung eines allgemeinen undifferenzierten Materie*feldes* beschreiben könnten. Bei ausreichender »Ausdünnung«, beim räumlichen Zerfließen, verwandelt sich dieses Materiefeld in seine charakteristischen Eigenschwingungen, die wir als »Elementarteilchen« bezeichnen. Diese Elementarteilchen sind in einem hochkonzentrierten Materieklumpen etwa in der Form abstrakt so enthalten wie die unendlich ausgedehnten Schwingungen bestimmter Frequenz (die reinen Farben) in einem kurzzeitigen weißen Lichtblitz, aus dem sie durch Spektralzerlegung (Fourierentwicklung) gewonnen werden können. Da der quantenphysikalische Begriff eines Teilchens im Gegensatz zum klassischen Begriff seine Lokalisierungseigenschaft eingebüßt hat – er entspricht nur noch einer Eigenschwingung, in die global zu definierende Randbedingungen eingehen –, ist die Teilchensprache nur für hinreichend verdünnte Systeme, nicht jedoch zur Beschreibung der lokalen Struktur geeignet.

Ganz allgemein lehrt uns also die relativistische Quantenphysik, daß die Vorstellung, ein »Ganzes« als »Summe von Teilen« zu betrachten – eine Vorstellung, die uns überhaupt zum Begriff eines Teilchens geführt hat und welche der Prototyp der reduktionistischen Methode ist –, bei kleinsten Abständen prinzipiell versagen muß. Die charakteristische Schranke hierfür ist durch das Verhältnis zwischen Planckschem Wirkungsquantum $\hbar$ (Quantentheorie!) und Lichtgeschwindigkeit c (Relativitätstheorie!), mit $\hbar/c$, gegeben, das die Dimension einer Masse mal einer Länge hat. Die Vorstellung einer Teilchenunterstruktur versagt für Systeme, für die das Produkt aus ihrer Masse m (oder eigentlich der Masse des leichtesten Teilchens, das mit diesem System »stark« wechselwirkt) und ihrer Größe R diese Maßzahl unterschreitet ($mR \ll \hbar/c \approx 10^{-37}$ g cm). Bei den Elementarteilchen ist dies zum ersten Mal der Fall (für ein Proton erreicht man gerade diese Grenze: $m = 1.7 \times 10^{-24}$ g, $R \approx 10^{-13}$ cm, also $mR \approx 10^{-37}$ g cm).

Es sollte in diesem Zusammenhang betont werden, daß die heute allgemein akzeptierte Elementarteilchentheorie[4] dieser Vorstellung wenigstens im Falle der stark wechselwirkenden Teilchen, der Hadronen (zu denen insbesondere die Kernbausteine Protonen und Neutronen zählen), nicht folgt. Wie schon erwähnt, nimmt man an, daß die Hadronen aus zwei oder drei kleineren Bausteinen, den sogenannten Quarks, aufgebaut sind, die (im Rahmen der sogenannten Quantenchromodynamik) durch Austausch von Gluonen zusammengehalten werden. Noch weiter gehende Theorien nehmen an, daß diese Quarks selbst, wie auch die nicht stark wechselwirkenden Teilchen, die Leptonen, aus noch kleineren Einheiten, den Preonen, bestehen sollen. Wie läßt sich diese Vorstellung mit der oben erwähnten allgemeinen Schlußfolgerung einer relativistischen Quantentheorie in Einklang bringen? Zwei Punkte sind für das Quarkkonzept wesentlich: Die durch Austausch von Gluonen erzeugten Kräfte nehmen für kleine Abstände ab. Die Paarerzeugung von Quarks-Antiquarks, obgleich prinzipiell immer vorhanden, ist deshalb bei kleinen Distanzen ohne große Bedeutung. Einige der Quarks haben dazu eine zu große Masse, so daß die relativistischen Effekte sich nur wenig ausprägen können. Für die nächste Substruktur, die Preonen, werden sogar Massen von etwa 1000 Protonenmassen postuliert.

Hinzu kommt die Annahme, daß alle diese neuen Teilchen, Quarks und Gluonen, nur innerhalb der Hadronen existieren können (confinement), sie sollen nie als freie Teilchen, wie die Elementarteilchen, in Erscheinung treten. Das heißt, sie entsprechen gar nicht wie diese einer stationären Eigenschwingung mit einer bestimmten Masse und sollten deshalb eher als lokale Felder denn als Teilchen betrachtet werden.

Ein solcher Sachverhalt erscheint jedoch reichlich merkwürdig; er würde doch bedeuten, daß die Natur – gewissermaßen um unseren bisherigen Teilchenvorstellungen entgegenzukommen – sich auf den tieferen Ebenen in eine spezielle Dynamik flüchtet, bei der sie einer Ausprägung in relativistische Züge entrinnen kann, mit der Folge einer komplizierten Matryoshka-Struktur, bei der jeder Baustein, entsprechend der russischen Matryoshka-Puppe, immer wieder noch kleinere Bausteine enthält.

Demgegenüber erscheint es viel überzeugender, daß die eigentliche Dynamik sich nicht künstlich um die relativistischen Konsequenzen herumdrückt. Bei hinreichend kleinen Abständen würde dies dann notwendig zu einer völligen Auflösung des Teilchenbegriffs führen. Eine Unterscheidung zwischen einfachen und komplexen Systemen ginge verloren. Die vermutete Quark-, Subquark- etc. Teilchenstruktur hätte in diesem Falle nur die Funktion einer effektiven Beschreibung etwa im Sinne der Quasiteilchensprache der Mehrkörperphysik.

Das uralte Paradoxon über die mögliche Existenz oder Nichtexistenz »kleinster« Teilchen der Materie, das sich auch im Matryoshka-Syndrom spiegelt, würde damit endgültig aufgelöst. In gewissem Sinne würde dieser Sachverhalt auch ein Ende des Reduktionismus signalisieren, nämlich eines solchen, der auf der

Vorstellung von materiellen Teilen eines materiellen Ganzen aufbaut. Dies besagt zunächst noch nicht, daß jeglicher Reduktionismus – eine Rückführung auf ganz andersartige Teilsysteme –
scheitern muß.

4. Erhaltungssätze und Symmetrien

Wir haben gesehen, daß es nicht die Materie, die Masse, ist, die
zeitlich unverändert bleibt, sondern es ist die Energie. Neben der
Energie gibt es andere Qualitäten und Quantitäten, die erhalten
sind. So gibt es einen Erhaltungssatz für den Impuls und den
Drehimpuls, aber auch für ladungsartige Größen, wie die elektrische Ladung, die Baryonen- und Leptonenzahl.

Interessant ist, daß diese Erhaltungssätze mit Symmetrien –
oder besser: mit Invarianzen unter Symmetrietransformationen –
der dynamischen Gesetze zusammenhängen. Symmetrie wird
hierbei in einem abstrakteren Sinne verwendet, als wenn wir anschaulich geometrisch etwa von einer 6er-Symmetrie eines regel-
mäßigen Sechsecks sprechen, das die Eigenschaft hat, bei einer
Drehung um $1/6 \cdot 360° = 60°$ mit sich selbst deckungsgleich zu
sein.

In der Dynamik sprechen wir von einer Symmetrie, wenn ver-
schiedenartige physikalische Konstellationen dynamisch gleich-
wertig sind. Die mechanischen Stoßgesetze etwa, die wir bei
einem Billardspiel studieren können, hängen nicht davon ab, von
welcher Richtung die Kugeln gespielt werden; sie sind, wie man
sagt, invariant gegenüber Verdrehungen im Raum. Wegen des
Gravitationsfeldes der Erde spielt die vertikale Richtung
allerdings hier eine Sonderrolle. Das Gravitationsfeld »zerstört«
die volle dreidimensionale Rotationssymmetrie.

Jede Invarianzeigenschaft der Dynamik führt nun genau auf
einen Erhaltungssatz. Der Rotationssymmetrie z. B. entspricht
die Erhaltung des Drehimpulses. In der quantenphysikalischen

Formulierung wird dieser Zusammenhang zwischen Erhaltungs- satz und Symmetrie besonders deutlich. Die eigentümliche Kor- relation zwischen materiellen Eigenschaften, wie sie in den Erhal- tungssätzen angesprochen werden, und Gestalteigenschaften, wie sie durch Symmetrievorstellungen vermittelt werden, spiegeln sich hier direkt in der Teilchen-Welle-Ambivalenz quantenme- chanischer Zustände wider.

Im Gegensatz zu einem Erhaltungssatz von Materie, oder bes- ser ihrer Teilchen, welcher, im zeitlichen Sinne, zu einer »faseri- gen« Struktur des Naturgeschehens führt, besagen die aus den In- varianzeigenschaften der Dynamik folgenden Erhaltungssätze, daß das aus einer vorgegebenen Konstellation sich ergebende Möglichkeitsfeld zukünftiger Ereignisse eine gewisse Symmetrie beibehält. Konkret heißt dies z. B., daß ein radioaktives Teilchen mit Spindrehimpuls Null, was, in der Wellensprache, einer rota- tionssymmetrischen Konfiguration entspricht, in andere Teilchen so zerfällt, daß hierbei im statistischen Mittel keine Richtung im Raum ausgezeichnet ist, das Möglichkeitsfeld der Zerfallskonfi- gurationen also, wie die Ausgangskonfiguration, rotationssym- metrisch bleibt.

5. Zusammenfassung

Die uns umgebende materielle Welt erscheint uns als ein in einer gerichteten Zeit fortschreitendes Geschehen in einem dreidimen- sionalen Raum. Verschiedene Zeitschichten sind untereinander nicht unabhängig, sondern kausal verknüpft. Die Existenz von Materie bezeichnet die einfachste dieser kausalen Verknüpfungen. Materie an einem bestimmten Raumpunkt, zu einer bestimmten Zeit »bewirkt« Materie am gleichen oder an einem benachbarten Raumpunkt zu einer etwas späteren Zeit, was zu der Vorstellung einer zeitlich immer existenten, zeitlich unveränderlichen, ruhen- den oder sich bewegenden Materie führt.

Materie kann mit Materie am gleichen Raumpunkt wechselwirken (lokale Wechselwirkung). Wechselwirkung über größere Abstände (Fernwechselwirkung) geschieht durch Austausch von »Materie« mit kleiner oder verschwindender Masse (Felder), was nicht momentan, sondern maximal nur mit Lichtgeschwindigkeit (spezielle Relativitätstheorie) erfolgt. Empirisch ist die Wechselwirkung mit solch »leichten« Teilchen (insbesondere Elektrodynamik und Gravitation) relativ schwach, so daß örtlich getrennte Materie sich nur wenig wechselseitig beeinflußt. Dies hat die wesentliche Konsequenz, daß sich ein räumlich ausgedehntes System in guter Näherung als die Summe seiner räumlich getrennten Teile auffassen läßt. Diese Möglichkeit einer Zerlegung eines Ganzen in seine räumlich getrennten Teile bildet den Prototyp des Reduktionismus.

Wären die langreichweitigen Kräfte viel stärker, so würde uns das Naturgeschehen wesentlich komplizierter erscheinen, da die Bewegung eines Körpers an einem bestimmten Raumpunkt dann nicht nur durch die räumlich benachbarten und deshalb von uns direkt »mit einem Blick« erkennbaren Ursachen beeinflußt würde. Wir wären dann nicht mehr in der Lage, zur Erforschung der Naturgesetzlichkeit uns auf einen räumlich begrenzten Teil des Naturgeschehens – etwa auf ein Experiment in unserem Laboratorium – zu konzentrieren und, unter Vernachlässigung der Restwelt, einschließlich des Beobachters, zu gültigen Schlußfolgerungen zu gelangen.

Die Quantentheorie führt zu einer erheblichen Aufweichung dieser einfachen Vorstellung, da sie nicht mehr die wirkliche Existenz von Objekten an bestimmten Raum-Zeit-Punkten zuläßt. Vielmehr bestimmt eine Ausgangskonfiguration, z. B. ein Elektron an einem bestimmten Punkt, die Wahrscheinlichkeit des Auftretens einer ähnlichen Konfiguration zu einem späteren Zeitpunkt an beliebig anderen Raumpunkten. D. h. diese Konfiguration, das Elektron, kann eigentlich überall auftreten und nicht nur dort, wo wir es aufgrund seiner klassischen Bewegung erwarten würden, also bei kleinen Zeitspannen in unmittelbarer Nachbarschaft zum Ausgangspunkt. Da das Möglichkeitsfeld seines Auftretens jedoch Wellencharakter hat, können sich Möglichkeiten nicht nur verstärken, sondern auch schwächen oder sogar aus-löschen. Die Folge davon ist, daß sich das Möglichkeitsfeld an fast allen Raumpunkten zu Null »wegmittelt« bis auf die Umgebung jener Punkte, wo wir die Konfiguration (das Elektron) nach der üblichen (klassischen) Vorstellung erwarten.

In der nichtrelativistischen Physik hat der Teilchenbegriff immer noch in dem Sinne eine Bedeutung, daß die Feststellung eines Elektrons zu einem bestimmten Zeitpunkt notwendig die Feststellung eines Elektrons irgendwo zu einem späteren Zeitpunkt impliziert. Ein Teilchen verschwindet nicht einfach! In der relativistischen Physik gilt dies nicht mehr, da es keinen Erhaltungssatz mehr für individuelle Teilchen gibt, sondern nur noch einen Energieerhaltungssatz mit der Spezifikation, daß die Masse eines Teilchens nur eine besondere Form der Energie ist. Dies hat die enorm einschneidende Folge, daß es unmöglich ist, auf eindeutige Weise von einer Teilchenunterstruktur eines Teilchens zu sprechen, da im Inneren jedes Teilchens Teilchen in erratischer Form entstehen und vergehen können und jegliche genauere Sondierung der Struktur dieses Teilchens nur zur Erzeugung neuer Teilchen führt. Solche Systeme können deshalb nicht mehr als aus einfacheren Teilen zusammengesetzte Systeme aufgefaßt werden. Ihr Inneres zu erforschen bedeutet, sie durch den dabei nötigen Eingriff vollständig zu verändern. Es ist sinnlos, nach der Struktur zu fragen, die ohne einen solchen Eingriff existiert. Sie ist so wenig existent wie die Bahn des Elektrons im Atom. Dies signalisiert in gewissem Sinne das Ende eines Reduktionismus.

Der Abstieg vom Makrokosmos zum Mikrokosmos führt uns also nicht nur auf kleinere Objekte, sondern verändert ganz wesentlich deren Qualität. Die »Objekte« verlieren Zug um Zug all jene Eigenschaften, die wir als typisch für die Materie erachten. Die materiellen Eigenschaften entpuppen sich als Beziehungen zwischen geeignet verarmten »Objekten«, als Folgen von dynamischen Prozessen. So ist die Farbe eines Atoms eigentlich keine Eigenschaft eines statisch vorgestellten winzigen Objekts »Atom«, sondern Folge eines Prozesses, eines Quantensprungs B → A eines »farblosen« Elektrons in der Atomhülle (für das der Begriff der Farbe gar nicht existiert) von einem bevorzugt angeregten Zustand B zum Grundzustand A. (Dieser Prozeßcharakter findet in der formalen Beschreibung seinen Ausdruck darin, daß eine Eigenschaft X durch ein doppelt indiziertes Symbol X_{AB} charakterisiert werden muß, was mathematisch einem »Operator« entspricht, der durch Matrizen dargestellt wird.) Auf diese Weise verlagert sich bei abnehmender Größe die gesetzliche Beschreibung immer mehr vom Was auf das Wie, vom statisch vorgestellten Substrat auf seine komplexen Möglichkeiten des Zusammenwirkens. Das Objekt erschöpft sich letztlich in einer Gesamtheit von Wechselbeziehungen.

Literatur

1 Heisenberg, Werner: Gesammelte Werke, Abteilung C: Physik und Erkenntnis, (Bd. I–III), hg. von Blum, W., Dürr, H.-P. und Rechenberg, H. Piper Verlag, München 1984
2 Prigogine, Ilya: Vom Sein zum Werden. Piper Verlag, München–Zürich 1979
3 Jantsch, Erich: Die Selbstorganisation des Universums. Hanser Verlag, München–Wien 1979
4 Fritzsch, Harald: Quarks – Urstoff unserer Welt. Piper Verlag, München 1981

Hermann Haken / Arne Wunderlin

Synergetik: Prozesse der Selbstorganisation in der belebten und unbelebten Natur

1. *Einleitung*

Es war die stürmische Entwicklung auf dem Gebiet der Nichtgleichgewichtsphänomene, die entscheidend dazu beigetragen hat, daß der noch jungen Disziplin Synergetik, der Lehre vom Zusammenwirken, mittlerweile ein fester Platz innerhalb der modernen Wissenschaft zugewiesen wird. Bekanntlich zeichnen sich diese faszinierenden Erscheinungen, die in physikalischen, chemischen oder biologischen Systemen fern vom thermischen Gleichgewicht beobachtet werden, durch ihre besondere Vielfältigkeit und Komplexität aus. Spontan organisieren sich derartige Systeme selbst, hin zu einem wohlgeordneten Verhalten auf einen makroskopischen Maßstab, das in vielen Fällen sogar direkt unseren Sinnen zugänglich wird. Die Vielfalt der geordneten Zustände reicht von verhältnismäßig einfachen räumlichen oder zeitlichen Organisationsformen bis zu komplizierten raum-zeitlichen Mustern und schließlich weiter zum Wechselspiel zwischen Ordnung und Funktion in komplizierten biologischen Systemen.

Der bedeutende Erfolg der Synergetik besteht nun darin, daß sie durch ihre Methoden und Konzepte eine universelle Deutung dieser zunächst unüberschaubar vielfältig erscheinenden Phänomene geben kann.

Den Anstoß zur Begründung der Synergetik gab die Entwicklung der Lasertheorie. Um nämlich eine befriedigende theoretische Erklärung für diese neuartige Lichtquelle Laser zu geben, erwies es sich als notwendig, gänzlich neue physikalische Vorstellungen und mathematische Konzepte zu entwickeln. Ohne dem Folgenden vorgreifen zu wollen, sei bereits hier angemerkt, daß die Lasertätigkeit an einen makroskopischen Ordnungszustand der Materie geknüpft ist, der nur fern vom thermischen Gleichgewicht existieren kann. Aus dieser Bemerkung läßt sich bereits ermessen, daß eine Theorie dieser Erscheinung weit über ihr ursprüngliches Anliegen, die Lasertätigkeit zu erklären, hinausweisen mußte. Keine der klassischen Disziplinen nämlich, weder die Thermodynamik noch die irreversible Thermodynamik, konnte die notwendigen Werkzeuge bereitstellen, um diesen Effekt auch nur annähernd zu erklären.

Und in der Tat stellte sich nach der Formulierung der Lasertheorie sehr schnell heraus, daß sich hydrodynamische Erscheinungen, etwa das Bénard- oder das Taylor-Problem, mit den in der Lasertheorie entwickelten Methoden so fassen ließen, daß sie von einem einheitlichen Standpunkt her interpretiert werden konnten. Danach war es nur ein folgerichtiger Schritt, den Versuch zu unternehmen, diese Denkweise auch an Systemen benachbarter Disziplinen der Naturwissenschaften zu erproben. Ihr Erfolg bei der Behandlung chemischer Reaktionsmodelle und biologischer Probleme führte schließlich zu einer einheitlichen Theorie der Selbstorganisation und des kooperativen Verhaltens von Systemen fern vom thermischen Gleichgewicht.

Es ist in diesem Zusammenhang bemerkenswert, daß es mittels der Methoden der Synergetik möglich wurde, grundlegende und historisch weit zurückliegende Fragen einerseits präziser zu formulieren, darüber hinaus aber auch überraschend neuartige Antworten zu finden. Um nur einige dieser Problemstellungen zu nennen, sei die Frage nach dem Ursprung des Lebendigen angeführt und die damit verbundenen Probleme der Evolution im Mikroskopischen wie auch im Makroskopischen, des genetischen Codes, der Entstehung der Makromoleküle bzw. der Entwicklung der Arten. Aber auch die Vorstellung, etwa die Gedanken als Ordnungsparameter der das menschliche Gehirn aufbauenden Neuronen aufzufassen, kann sich für zukünftige Forschungen über seine Funktionsweise als fruchtbar erweisen.

Um zusammenzufassen: Die Ursprünge der Synergetik gehen auf die Deutung von Nichtgleichgewichtsphänomenen zurück, die in der modernen Naturwissenschaft eine grundlegende Rolle spielen. Ihre Aussagen reichen jedoch weit darüber hinaus, wodurch der Anspruch der Synergetik, interdisziplinäre Wissenschaft zu sein, begründet wird.

Bei unserer Darstellung konzentrieren wir uns auf wenige ausgewählte Aspekte der Theorie dieser faszinierenden Naturvorgänge und verweisen ansonsten auf die angegebene Literatur. Wir wollen folgendermaßen vorgehen: Im Paragraphen 2 geben wir einen kurzen Abriß der Thermodynamik und der irreversiblen Thermodynamik; dies hauptsächlich, um auf den Umstand aufmerksam zu machen, daß zur Erklärung sich selbst organisierender Systeme eine allgemeinere Theorie notwendig wird. Um die Methoden und Denkweisen der Synergetik herauszuarbeiten, wählen wir im Paragraphen 3 ein Beispiel, nämlich den Laser. Nach einem knappen Überblick über weitere Nichtgleichgewichtsphänomene werden wir im Paragraphen 4 die Theorie synergetischer Systeme in ihren einfachsten Grundlagen erörtern, um schließlich in einer kurzen Zusammenfassung die wesentlichen Resultate dieses Artikels hervorzuheben.

2. Thermodynamik und irreversible Thermodynamik

A   Die Thermodynamik

Grundlage der phänomenologischen Thermodynamik bildet die Erfahrung, daß Systeme, die aus vielen Teilchen zusammengesetzt sind (etwa Gase, Flüssigkeiten, Festkörper), unter noch festzulegenden Bedingungen durch wenige makroskopische Variable, die Temperatur, das Volumen, die Magnetisierung usw., beschrieben werden können. Die Theorie führt dann auf Zustandsfunktionen dieser Variablen wie die innere Energie, die Entropie, die den

37

Zustand eines Systems bestimmen. Wichtig für das Folgende ist die Bemerkung, daß mit der Definition der thermodynamischen Größen, beispielsweise der Temperatur, die Bedingung für die Existenz eines thermischen Gleichgewichts eng verknüpft ist. Gleichgewicht bedeutet für ein vorgelegtes System zunächst, daß sich sein Zustand im Laufe der Zeit nicht ändert. Die Forderung nach dem Vorliegen eines thermischen Gleichgewichts ist jedoch erheblich einschneidender und bedarf zu ihrer präzisen Formulierung des *zweiten Hauptsatzes der Thermodynamik*, den wir hier vorwegnehmen wollen: In einem isolierten System liegt der thermische Gleichgewichtszustand dann vor, wenn die Entropie bezüglich aller möglichen Veränderungen den maximalen Wert besitzt.

Da die thermodynamischen Größen ausschließlich für diesen Grenzfall definiert werden, kann die Thermodynamik offenbar nur Auskunft über Prozesse geben, die quasistatisch und reversibel geführt werden. Insbesondere ist für die Zeit im Begriffssystem der Thermodynamik strenggenommen kein Raum. Bekanntlich sind nun die grundlegenden Aussagen der Thermodynamik – wenn man vom Nernstschen Theorem einmal absieht – in den beiden Hauptsätzen zusammengefaßt. Zur allgemeinen Formulierung des ersten Hauptsatzes (H. von Helmholtz) führte die Erkenntnis, daß Wärme eine Energieform sei (J. R. Mayer), sowie die experimentelle Evidenz eines allgemeinen Äquivalents bei physikochemischen Umwandlungen (J. P. Joule). Für ein abgeschlossenes System besagt der *erste Hauptsatz der Thermodynamik:* In einem abgeschlossenen System, in dem alle möglichen physikochemischen Umwandlungen ablaufen können, bleibt die Gesamtenergie erhalten.

Der zweite Hauptsatz, den wir bereits zur Definition des thermischen Gleichgewichts herangezogen haben, trifft gewissermaßen eine Auswahl unter all den energetisch möglichen Zuständen eines Systems, die mit dem ersten Hauptsatz verträglich sind (R. J. E. Clausius): In einem isolierten System nimmt die Entropie niemals ab.

Die Thermodynamik kann eine beträchtliche Anzahl von Erfolgen vorweisen und führte zur Klärung bedeutsamer Phänomene:

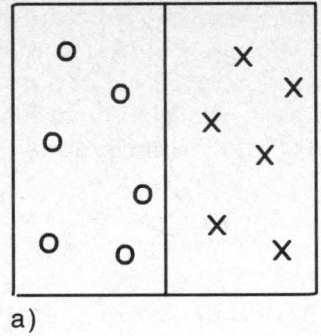 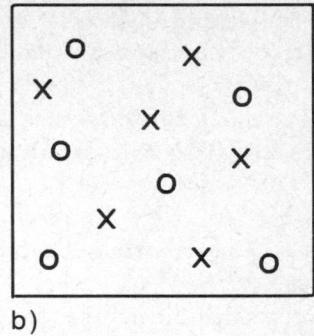

a)   b)

Abb. 1: (a) Zwei verschiedene Gase X und Y sind durch eine Wand voneinander getrennt. Wird die Wand entfernt, stellt sich der Zustand (b) ein: Es erfolgt die maximale Durchmischung der Gase.

So legte die Konstruktion der idealen Wärmekraftmaschine (S. Carnot) den maximalen Wirkungsgrad fest und führte zur Bestimmung der absoluten Temperatur, so konnten Phasengleichgewichte (Gibbssche Phasenregel) verstanden werden – um bloß willkürlich einige Beispiele herauszugreifen. Bei chemischen Reaktionen führt sie zum Massenwirkungsgesetz (Guldberg und Waage), in der Biologie kann sie Gleichgewichtssituationen etwa an Membranen vorhersagen. Strenggenommen – und das sei an dieser Stelle noch einmal besonders hervorgehoben – versetzt uns die Thermodynamik jedoch nicht in die Lage, zeitliche Prozesse zu beschreiben. Bestenfalls kann sie Anfangs- und Endzustände miteinander vergleichen. Etwa den Anfangszustand in Abb. 1a, bei dem verschiedene Gase in einem Behälter durch eine feste Wand getrennt sind, mit dem Endzustand Abb. 1b, der sich schließlich einstellt, nachdem die Wand entfernt wurde. Dieser Endzustand stellt sich offenbar erst im Grenzfall $t \rightarrow \infty$ ein (t: Zeit). Über den Verlauf des Ausgleichprozesses während endlicher Zeiten t kann die Thermodynamik keine Aussagen treffen. Es ist gerade dieser Umstand, der auf die Notwendigkeit hinweist, die Thermodynamik in geeigneter Weise zu erweitern.

Aber es gibt noch einen tieferen Grund dafür, eine Erweiterung der Thermodynamik anzustreben: Es bleibt nämlich noch zu zeigen, daß die in der Thermodynamik betrachteten Zustände auch tatsächlich eingenommen werden. Diese Bemerkungen führen auf die Grundlagen und Aussagen der irreversiblen Thermodynamik.

B Die irreversible Thermodynamik

Neuartige Einsichten, die mittels der irreversiblen Thermodynamik gegenüber der Thermodynamik erzielt werden können, beruhen hauptsächlich auf der Einführung der Zeit als neuer Variabler. Dabei gewinnt zusätzlich die Tatsache fundamentale Bedeutung, daß, im Gegensatz zur klassischen Mechanik etwa, nun der Zeit eine Richtung zugeschrieben werden muß. Es kann hier allerdings nicht unsere Aufgabe sein, die damit verbundenen Vorstellungen erschöpfend darzustellen. Immerhin läßt sich ein Gefühl für die zugrunde liegende Problematik vermitteln, wenn man anmerkt, daß die Zustände eines klassischen mechanischen Systems auch in zeitlich umgekehrter Reihenfolge durchlaufen werden können. Es gibt also keine ausgezeichnete Richtung in der Zeit.

Die Schwierigkeit beim Übergang zu einem thermodynamischen System, einem Gas etwa, besteht nun darin, daß die einzelnen Gaspartikel als klassische mechanische Systeme der oben beschriebenen Art aufgefaßt werden können, das Gas in seiner Gesamtheit jedoch – falls es sich selbst überlassen bleibt – einem eindeutigen Gleichgewichtszustand zustrebt, und zwar unabhängig vom jeweiligen Anfangszustand. Aus unseren Bemerkungen wird klar, daß sich offenbar beim Übergang von einer mikroskopischen Beschreibung zu einer makroskopischen, der irreversiblen Thermodynamik also, eine zentrale Schwierigkeit ergibt, die allerdings nur mit den Methoden der Nichtgleichgewichtsstatistik behandelt werden kann. Wir nehmen es deshalb hier als Erfahrungstatsache hin, daß sich Prozesse in Systemen der Thermodynamik durch eine Richtung der Zeit auszeichnen: Ein Gasgemisch (vgl. Abb. 1) entmischt sich eben nicht spontan, sondern strebt immer dem Zustand maximaler Durchmischung oder, anders ausgedrückt, einem Zustand größter Unordnung zu.

Um eine phänomenologische Theorie irreversibler Prozesse aufzubauen, wird man zunächst versuchen, sich möglichst viele Erkenntnisse der Gleichgewichtsthermodynamik nutzbar zu machen. Zur Beschreibung räumlich und zeitlich inhomogener Prozesse wird man deshalb einen Ansatz suchen, der es erlaubt, die thermodynamischen Zustandsfunktionen (etwa die Entropie) derart zu erweitern, daß man sie als Funktionen des Ortes und der Zeit interpretieren kann. Selbstverständlich erhebt sich dabei die Frage, unter welchen Bedingungen dies überhaupt gelingen kann. Die Antwort hierauf spielt für die irreversible Thermodynamik eine ähnlich grundlegende Rolle wie der Begriff des Gleichgewichts in der Thermodynamik. Sie wird formuliert in der Hypothese von der Existenz eines lokalen thermischen Gleichgewichts. Um die Grundgedanken dieser Hypothese zu verstehen, teilen wir ein vorliegendes System in sehr viele kleine Bereiche ein. Diese Bereiche sollen nun einerseits immer noch so groß sein, daß gemäß den Vorschriften der Thermodynamik lokal eine Entropie oder Temperatur definierbar wird, wenn sich diese Bereiche nur im Zustand des thermischen Gleichgewichts befinden. Dadurch, daß diese Bereiche oder Zellen genügend klein gewählt sind, wird man erwarten, daß sich innerhalb einer solchen Zelle über die molekularen Stoßprozesse sehr schnell ein thermisches Gleichgewicht einstellen kann, sich andererseits aber die verschiedenen Zellen durchaus in einem anderen, hinreichend benachbarten Gleichgewichtszustand befinden. Diese Vorstellungen lassen sich unschwer in mathematische Bedingungen umformulieren.

Ganz ähnliche Betrachtungen lassen sich für die Zeit anstellen. Als mikroskopische Zeit haben wir die mittlere Dauer zwischen zwei Stößen der Moleküle in unserem Gas vorgegeben. Da es gerade diese Stoßprozesse sind, die unser Teilsystem ins thermische Gleichgewicht überführen können, betrachten wir diese Stoßzeit als eine charakteristische Zeit, in der ein kleines Teilsystem ins thermische Gleichgewicht kommt. Aussagen über die zeitliche Entwicklung eines Vielteilchensystems werden dann möglich, wenn die betrachteten Zeiträume die mikroskopische Zeit wesentlich übertreffen.

Fassen wir zusammen: Sind die Bedingungen der Hypothese des lokalen thermischen Gleichgewichts erfüllt, dann gelingt eine Erweiterung der thermodynamischen Begriffsbildungen in das Gebiet der irreversiblen Thermodynamik hinein.

Wir erinnern an eine eingangs vorgetragene Bemerkung: Die Thermodynamik wie ebenso die irreversible Thermodynamik beschäftigen sich mit makroskopischen Eigenschaften der Körper und beschreiben diese mit Hilfe von wenigen makroskopischen Variablen. Welche aus den vielen möglichen Variablen können nun diese ausgezeichnete Rolle übernehmen? Offenbar werden es gerade jene sein, die sich auf einem makroskopischen Maßstab vergleichsweise langsam verändern. Gewiß kann es sich dabei nicht um Größen handeln, die etwa lokal spontan entstehen oder zerfallen können, sondern Variable, bei denen sich Störungen über das gesamte System ausbreiten müssen, wenn sie sich »ausgleichen« wollen. Diese Eigenschaft kommt nun gerade den Erhaltungsgrößen zu, die allein diesen Anforderungen genügen können. Solche Erhaltungsgrößen sind etwa die Masse, die Energie, der Impuls usw. Erhaltungsgrößen genügen nun einem universellen Gleichungstyp, der ihre räumliche und zeitliche Entwicklung spiegelt. Diese Gleichungen können nun bei konsequenter Anwendung thermodynamischer Gesetzmäßigkeiten dazu benützt werden, eine Bilanzgleichung für die Entropie herzuleiten. Es ist unmittelbar klar, daß die Entropie (wir erinnern an den zweiten Hauptsatz der Thermodynamik) bei zeitlich irreversibel verlaufenden Prozessen nur zunehmen kann, mithin keine Erhaltungsgröße ist. Die Quelle, die für die Erzeugung von Entropie verantwortlich ist, bezeichnet man als Entropieproduktion, ausdrückbar über die langsam veränderlichen makroskopischen Variablen. Sie gewinnt für die irreversible Thermodynamik nahezu eine ähnliche Bedeutung (wenn auch keine universelle), wie sie die Entropie in der Gleichgewichtsthermodynamik einnimmt. Sind nämlich gewisse zusätzliche Bedingungen erfüllt, gilt das Prinzip der minimalen Entropieproduktion (I. Prigogine): In einem stationär betriebenen System, das sich in der Nähe des ther-

42

modynamischen Gleichgewichts befindet, stellt sich derjenige Zustand ein, bei dem die Entropieproduktion minimal wird. Zu den einschränkenden Bedingungen gesellt sich beispielsweise die Gültigkeit linearer Materialgesetze, wie sie etwa das Ohmsche Gesetz der elektrischen Leitung, das Fouriersche Gesetz der Wärmeleitung oder das Ficksche Gesetz der Diffusion darstellen.

C Die Frage nach der Stabilität

Wir haben Bedingungen für die stationären Nichtgleichgewichtszustände der irreversiblen Thermodynamik dargelegt. Im nächsten Paragraphen werden wir am Beispiel des Lasers verdeutlichen, daß die hier diskutierten stationären Zustände eben nicht zu einer Ordnung führen, wie wir sie von den sich selbst organisierenden Systemen her kennen. Es erhebt sich deshalb die Frage nach der Stabilität der bisher gefundenen Nichtgleichgewichtszustände. Es existiert zur Beantwortung dieses Stabilitätsproblems eine thermodynamische Methode (Glansdorf-Prigogine), die auf dem Konzept einer Entropieüberschußproduktion beruht. Wir verzichten hier auf ihre Darstellung, da diese Methode völlig äquivalent zu einer Stabilitätsbetrachtung ist, die wir im folgenden noch diskutieren wollen. Der Vorteil dieser Stabilitätsanalyse besteht in ihrer Anschaulichkeit.

D Zusammenfassung

Will man Bilanz ziehen, dann läßt sich an dieser Stelle folgendes feststellen. Die irreversible Thermodynamik kann durch die Einführung insbesondere der Zeit den Übergang eines Systems aus einem Nichtgleichgewichtszustand ins thermische Gleichgewicht beschreiben (Ausgleichsvorgänge). Ferner versetzt sie uns in die Lage, stationäre Nichtgleichgewichtszustände zu bestimmen, die (unter Einschränkungen) durch das Prinzip der minimalen Entropieproduktion beschrieben werden können. Ihre Gleichungen wie auch ihre Prinzipien können jedoch Ordnungszustände, wie sie etwa in biologischen Systemen auftreten, nicht beschreiben. Sie bedeutet gewissermaßen nur eine Fortsetzung der Thermodynamik auf zeitliche und räumliche Prozesse in der Umgebung des thermischen Gleichgewichts.

Festzustellen bleibt, daß die irreversible Thermodynamik erstmals den Begriff des offenen Systems in die Diskussion einbringt. Seine grundlegende Bedeutung gewinnt dieser Begriff allerdings erst dann, wenn wir Systeme der Synergetik untersuchen werden.

3. Der Laser

Um Fragestellungen und Antworten der Synergetik zu ergründen, ist es zweifellos hilfreich, sich am Beispiel die folgende Tatsache zu verdeutlichen: Es existieren Nichtgleichgewichtsphänomene, zu deren Verständnis die irreversible Thermodynamik keinen Zugang vermitteln kann. Dies soll uns der Laser zeigen. Vorstellen werden wir das Modell eines Festkörperlasers, das beispielsweise beim Rubinlaser Anwendung findet. Beim Laser handelt es sich insbesondere um das bis in den mikroskopischen Bereich hinein wohl am genauesten analysierte System der Synergetik.

Schematisch ist der Festkörperlaser in Abb. 2 skizziert. Zwischen zwei Spiegeln, von denen der eine teilweise lichtdurchlässig ist, befindet sich ein Festkörper, in den die laseraktiven Atome eingebaut sind. Der Abbildung entnimmt man, daß der Laser ein offenes System bildet: Er wird von außen her gepumpt, so daß ein dauernder Energiefluß durch das System hindurch aufrechterhalten wird. Die beim Pumpprozeß zugeführte Energie besitzt dabei keinerlei besondere Struktur oder »Qualität«; anders ausgedrückt, es bestehen keine Phasenbeziehungen, die dem System einen geordneten Zustand oktroyieren könnten. Wir bezeichnen deshalb die Energiezufuhr als inkohärent.

Für das Lichtfeld spielen die Spiegel die Rolle eines Resona-

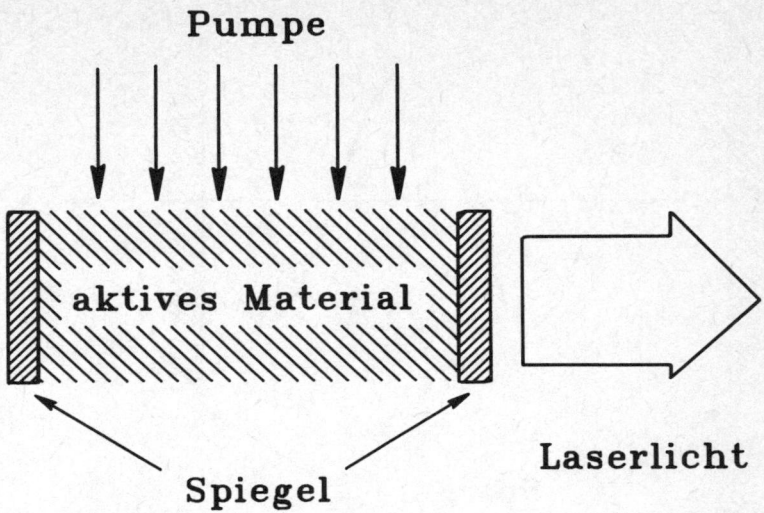

Abb. 2: Modell eines Festkörperlasers

tors. Ganz ähnlich wie bei einer eingespannten Saite lassen sich alle möglichen Lichtfeldkonfigurationen durch Überlagerung verschiedenartiger Grundwellen darstellen (vgl. Abb. 3), die durch den Resonator vorgegeben werden. Diese unterscheiden sich sowohl in ihrer Wellenlänge als auch in ihrer Frequenz ω, die der jeweiligen Wellenlänge eindeutig zugeordnet ist. Jede dieser Grundwellen ist im Resonator mit einer gewissen Amplitude vertreten, die, will man das Lichtfeld im Laser vorhersagen, durch die Theorie bestimmt werden muß. Die mit diesem theoretischen Problem verbundenen Schwierigkeiten lassen sich ermessen, wenn man bemerkt, daß in real existierenden Lasern größenordnungsmäßig 10^8 solcher Grundwellen angeregt vorliegen können. Diese Lichtwellen treten nun mit den laseraktiven Atomen in Wechselwirkung. Und in einem Rubinlaser sind das typischerweise 10^{18} derartiger Atome.

Um diese Wechselwirkungsprozesse zu verstehen, müssen wir uns zunächst eine Vorstellung vom einzelnen Atom selbst verschaffen. Dem Bohrschen Atommodell entnehmen wir die Aus-

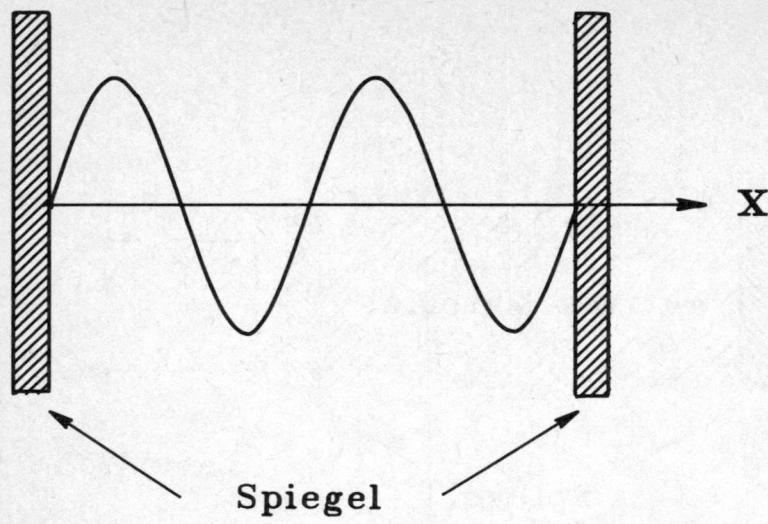

X

Spiegel

Abb. 3: Eine mögliche Grundwelle, die durch den Resonator vorgegeben wird

sage, daß sich die negativ geladenen Elektronen um den Atomkern bewegen – ähnlich wie das die Planeten um die Sonne tun –, der die positiven Ladungen in sich vereinigt. Dabei stehen den Elektronen – und das ist der fundamentale Unterschied zum Planetenmodell – nur wohldefinierte, diskrete Bahnen zur Verfügung, die beispielsweise durch die ihnen zugeordneten Energiewerte unterschieden werden können.

Wir nehmen nun vereinfachend an, daß für die Wechselwirkung zwischen dem Licht und dem Atom nur das »äußerste« Elektron in Betracht gezogen werden muß. Die übrigen Elektronen fassen wir gemeinsam mit dem Atomkern zum Atomrumpf zusammen. Ferner nehmen wir an, daß es genügt, nur zwei verschiedene Bahnen dieses verbleibenden »Leuchtelektrons« in Betracht zu ziehen.

Der inneren Bahn wird dabei die Energie E_0, der äußeren die Energie E_1 zugeordnet: E_1 soll größer als E_0 sein. Die E_0 zugeord-

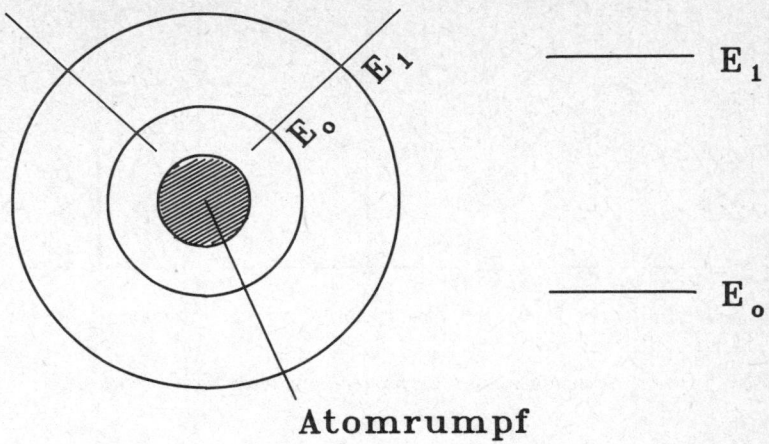

Atomrumpf

Abb. 4: Veranschaulichung des zugrunde liegenden Atommodells (vgl. Text)

nete Bahn bezeichnet man gewöhnlich als den Grundzustand des Atoms, diejenige mit E_1 als seinen angeregten Zustand. Für eine bequemere Darstellung dieser Bahnen kann man – wie dies in Abb. 4 schematisch dargestellt ist – ein Segment herausschneiden, begradigen und wie in Abb. 4b dargestellt, aufzeichnen. Diese Veranschaulichung der Bahnen (Energieniveaus genannt) bezeichnet man als Termschema.

Springt nun das Elektron etwa von E_1 nach E_0, wird die Energiedifferenz $E_1 - E_0$ in Form eines Lichtblitzes emittiert. Nach Planck gilt

$$E_1 - E_0 = \hbar\omega,$$

wobei ω die Kreisfrequenz der emittierten Lichtwelle bedeutet. $\hbar$ ist gegeben durch $h/2\pi$, wenn h das Plancksche Wirkungsquantum bezeichnet. Der beschriebene Prozeß trägt den Namen »spontane Emission« und ist schematisch – neben zwei weiteren Prozessen – in Abb. 5 dargestellt. Beim zweiten Prozeß, der Absorption, befindet sich das Elektron im Grundzustand, es »schluckt« einen Lichtblitz der Frequenz ω und kann damit auf die Bahn E_1 springen.

47

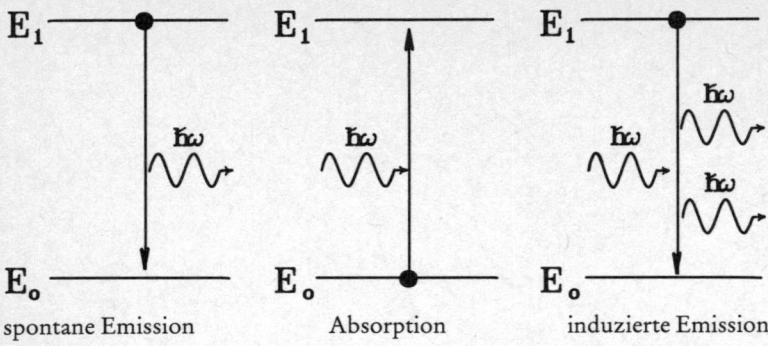

spontane Emission   Absorption   induzierte Emission

Abb. 5: Die verschiedenen am Laserprozeß beteiligten Wechselwirkungen

Von grundlegender Bedeutung für die Lasertätigkeit ist der Prozeß der induzierten Emission. Hier befindet sich das Elektron im angeregten Zustand E_1, ein ankommender Lichtwellenzug (ein Photon) regt das Elektron an, in den Grundzustand zu springen, so daß *zwei* Lichtwellenzüge der Energie $\hbar\omega$ das Atom verlassen. Offenbar handelt es sich hier um einen Verstärkungsprozeß für das Lichtfeld.

Wenden wir uns nun wieder dem Laser als Ganzem zu. Wird das System nur mit schwacher Leistung gepumpt, dann befindet es sich weiterhin in der Nähe des thermischen Gleichgewichts: Einzelne Atome werden angeregt und zerfallen dann spontan, d. h. hier, sie gehen vom angeregten in den Grundzustand zurück, wobei sie unabhängig voneinander Lichtblitze emittieren. Da derartige Prozesse verhältnismäßig selten sind (bei geringer Pumpleistung wohlgemerkt), besteht nur geringe Wahrscheinlichkeit, daß ein emittiertes Photon auf ein anderes angeregtes Atom trifft, um dort den Prozeß der induzierten Emission in Gang zu setzen. Allenfalls wird das Photon noch einmal von einem nicht angeregten Atom absorbiert werden, das dann schließlich wieder spontan zerfällt.

Beim Zerfall durch spontane Emission handelt es sich offenbar um einen inkohärenten und irreversiblen Prozeß. Die einzelnen

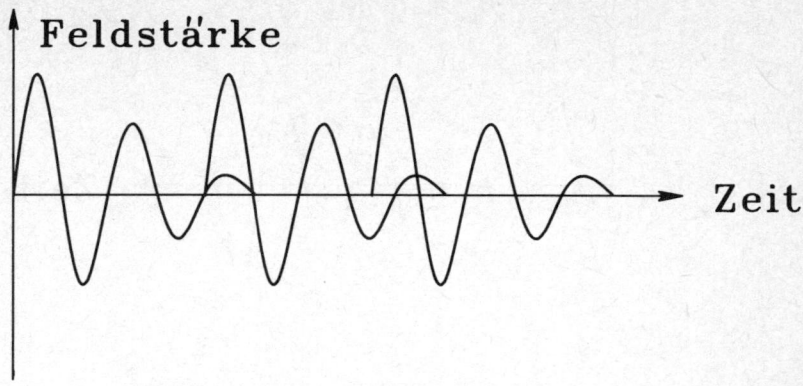

Feldstärke

Zeit

Abb. 6: Bei geringer Pumpleistung beobachtet man in statistischer Reihenfolge einzelne unabhängige Lichtwellenzüge. Ihre Länge liegt in der Größenordnung von 3 m.

Atome zerfallen unabhängig voneinander nach einer mittleren Lebensdauer. Dementsprechend beobachtet man eine Folge von unabhängigen Lichtwellenzügen, wie sie die Abb. 6 schematisch wiedergibt.

Man kann nun zeigen, daß wir für geringe Pumpleistung die zugehörige Nichtgleichgewichtsverteilung als stetige Fortsetzung der vom Gleichgewicht her bekannten Wahrscheinlichkeitsverteilung auffassen können; übrigens ganz im Sinne der irreversiblen Thermodynamik. Es handelt sich um den Bereich, in dem der Laser wie eine gewöhnliche Lampe arbeitet.

Wenden wir uns nun dem Phänomen zu, das spontan auftritt, sobald wir den Laser stärker pumpen. Oberhalb einer gewissen kritischen Pumpleistung (auch Schwelle genannt), finden wir plötzlich das in Abb. 7 dargestellte Verhalten: einen kohärenten, praktisch monochromatischen Wellenzug von fast unendlicher Länge mit definierter Frequenz und hoch stabilisierter Amplitude. Die gesamte Energie des Feldes ist praktisch in einer Schwingung, nämlich der mit der Resonanzfrequenz ω, *konzentriert*. Wie wir bereits oben gesehen haben, ist die thermodynamische Betrachtungsweise immer daran geknüpft, daß genügend

49

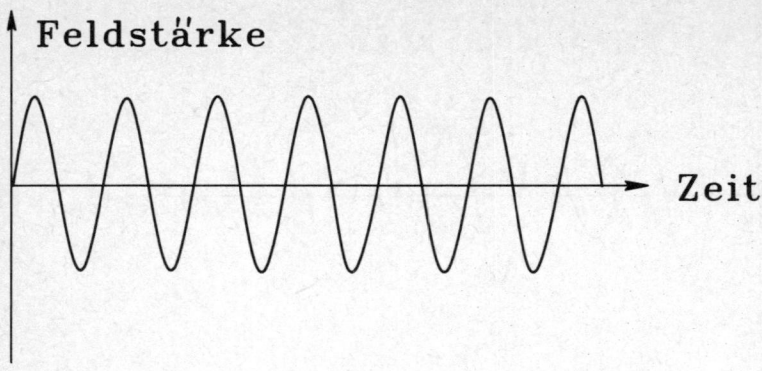

Feldstärke

Zeit

Abb. 7: Kohärenter Wellenzug für den Fall der Lasertätigkeit

viele Freiheitsgrade partizipieren, die möglichst gleichartig (zur Verdeutlichung erinnere man sich etwa an den Gleichverteilungssatz der statistischen Mechanik) angeregt sind. Genau dieses Verhalten wird beim Laserprozeß gewissermaßen auf den Kopf gestellt: Ein Freiheitsgrad allein beherrscht nämlich plötzlich das Verhalten des gesamten Systems. Hieraus wird klar, daß ein Phänomen vorliegen muß, das mit den Mitteln der irreversiblen Thermodynamik keine Erklärung finden kann.

Wir wollen nun aus unseren Beobachtungen einige fundamentale Konsequenzen ziehen, und zwar für den Laserprozeß einerseits, aber auch für die allgemeine Begriffsbildung der Synergetik andererseits. Offenbar muß nämlich die Ausstrahlung des kohärenten Laserlichts mit einem besonderen Zustand der laseraktiven Atome verknüpft sein. Erinnern wir uns daran, daß unterhalb der Schwelle nur einzelne Lichtwellenzüge in statistischer Folge zu beobachten waren. Diese Tatsache kam dadurch zustande, daß die Atome unabhängig voneinander durch spontane Emission Licht aussenden konnten. Der kohärente Laserstrahl kann dagegen nur dann zustande kommen, wenn die Atome gleichartig und im Takt Lichtwellen aussenden, die insgesamt schließlich den kohärenten Laserstrahl aufbauen. Verantwortlich auf der mikroskopischen Ebene ist für diesen Prozeß die induzierte Emission, die auf makroskopischer Skala zu der kohärenten Lichtwelle führt. Diese Lichtwelle wirkt nun aber in einschneidender Weise auf die Atome selbst zurück. Gerade sie bildet nämlich den Schrittmacher dafür, daß die einzelnen Atome nicht unabhängig voneinander, sondern präzise im richtigen Takt Licht emittieren.

Unsere Überlegungen lassen sich also in der folgenden bedeutsamen Konsequenz zusammenfassen: Wir können behaupten, daß sich die laseraktiven Atome oberhalb der Laserschwelle in einem hochgradig geordneten Zustand befinden. Dieser Zustand ist dadurch charakterisiert, daß die kohärenten Prozesse (induzierte Emission) gegenüber den dissipativen Prozessen (spontane Emission) die Oberhand gewinnen und das System in die Lage versetzen, den geschilderten hochgeordneten Zustand aufrechtzuerhalten. Wir folgern daraus, daß wir das elektrische Feld nicht mehr als die früher diskutierte komplizierte Überlagerung vieler Schwingungen beschreiben müssen, sondern daß nur noch eine Schwingung den gesamten Feldverlauf im Resonator vollständig beschreibt. Da sie dafür sorgt, daß die Atome im Takt, also geordnet, emittieren, bezeichnen wir die Amplitude dieser Schwingung als Ordnungsparameter dieses Systems. Dieser Ordnungsparameter »versklavt« gewissermaßen die vielen laseraktiven Atome, gemäß seinen »Vorgaben« zu schwingen.

Nach diesen Erläuterungen ist es nicht weiter überraschend, daß das Verhalten des komplexen Gesamtsystems Laser allein durch die Amplitude der Resonatorschwingung, nämlich ξ, beschrieben wird. Diese Amplitude ξ, der Ordnungsparameter, genügt im Fall des Lasers einer nichtlinearen Differentialgleichung, der sogenannten Ordnungsparametergleichung.

Sie kann dank des oben geschilderten und in der Synergetik als allgemein gültig gefundenen Versklavungsprinzips mathematisch präzise hergeleitet werden. Und es bleibt generell anzumerken, daß eben derartiges nichtlineares Verhalten erst Prozesse der Selbstorganisation einleiten kann.

In der Umgebung des Laserübergangs kann man die Lösung des mathematischen Problems auf die Bewegung einer (überdämpften) Kugel in einem Potential $V(\xi)$ abbilden. Die Minima (Täler) des jeweiligen Potentials (vgl. Abb. 8) repräsentieren die stabilen

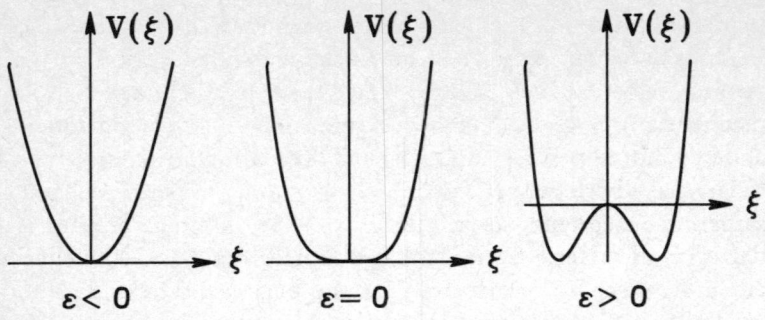

$\varepsilon < 0 \qquad\qquad \varepsilon = 0 \qquad\qquad \varepsilon > 0$

Abb. 8: Das Potential V (ξ) für verschiedene Pumpleistungen

Ruhelagen der Kugel. Sie werden identifiziert mit den stationären Zuständen des Lasers. Die Maxima (Berggipfel) bedeuten instabile Ruhepunkte: Wird die Kugel dort nur geringfügig gestört, kehrt sie nicht mehr in diese Ruhelage zurück, sondern entfernt sich immer weiter, bis sie schließlich eine stabile Ruhelage einnehmen kann.

V ist für drei verschiedene Fälle in Abb. 8 aufgezeichnet. Bei geringer Pumpleistung überwiegen die rein dissipativen Prozesse: Man findet ein stabiles Minimum, das den thermodynamischen Lösungszweig repräsentiert. Mit zunehmender Pumpleistung wird dieses Minimum flacher und dabei so deformiert, daß es destabilisiert wird (zum Maximum wird) und gleichzeitig zwei neue Minima aus ihm herauswachsen. Diese neuen Minima repräsentieren die Lasertätigkeit: Die stationären Werte der Amplitude ξ liegen jetzt bei $\xi \neq 0$.

Wir entnehmen aus diesen Beobachtungen, daß das Vielteilchensystem Laser (im hier betrachteten Fall) durch einen einzelnen Ordnungsparameter ξ in seinem Verhalten vollständig beschrieben werden kann. Wir erinnern daran, daß dieser Ordnungsparameter von den vielen einzelnen Atomen erzeugt wird, um dann aber wieder auf sie zurückzuwirken: Er weist die Atome an, im Takt zu schwingen oder, allgemeiner gesprochen, er versklavt die ihn tragenden Untersysteme. Den hier am Beispiel des Lasers beschriebenen Übergang aus einer ungeordneten Phase (der thermodynamischen) zu einem hoch geordneten Zustand bezeichnet man häufig auch als Nichtgleichgewichtsphasenübergang, der im vorliegenden Beispiel (vgl. Abb. 8) offenbar mit einer lokalen Symmetriebrechung verknüpft ist.

Man kann sich nun fragen, ob es auch in der Synergetik eine Größe gibt, die eine der Entropie in der Thermodynamik oder der Entropieproduktion der irreversiblen Thermodynamik entsprechende Rolle übernehmen kann. In der Tat stellt sich heraus, daß das in Abb. 8 konstruierte Potential V alle geforderten Bedingungen erfüllt. Bedauerlicherweise gelingt es aber nur für eine bestimmte Klasse von Systemen der Synergetik, ein derartiges V explizit zu konstruieren. Für diesen »Mangel« werden wir jedoch andererseits entschädigt durch die erweiterte Vielfalt und Vielschichtigkeit der Phänomene, die erst dadurch möglich wird, daß einfache Funktionen der Gestalt von Abb. 8 nicht immer aufgefunden werden können.

Wir wollen die Diskussion des Lasers nicht abschließen, ohne zu erwähnen, daß eine Vielzahl weiterer Erscheinungen an diesem System entdeckt werden können. Um nur zwei zu erwähnen: Bei bestimmten Lasertypen findet man, daß bei weiterer Erhöhung der äußeren Pumpleistung der geordnete Zustand der normalen Lasertätigkeit ebenfalls instabil werden kann. Den dann entstehenden Zustand kann man als eine noch höher geordnete Form der Atome betrachten, der Laser sendet nämlich jetzt in regelmäßiger Folge gleichartige Lichtpulse aus. Man bezeichnet die zugehörige Instabilität auch als einen Ordnungs-Ordnungs-Übergang. Schließlich sagt die Theorie vorher, daß man unter wieder anderen Bedingungen auch turbulentes Laserlicht beobachten sollte. All diese Übergänge sind durch charakteristische Änderungen in den Ordnungsparametern oder durch die Wechselwirkung mehrerer Ordnungsparameter beschreibbar.

Der Vollständigkeit wegen wollen wir an dieser Stelle noch weitere Phänomene aus ganz anderen Bereichen aufführen, die entsprechendes selbstorganisiertes und kooperatives Verhalten aufweisen.

Physik: In der Hydrodynamik beispielsweise das Bénard-Problem. Hier wird eine Flüssigkeitsschicht von unten her gleich-

53

mäßig erwärmt, was im Schwerefeld der Erde zu einer instabilen Dichteverteilung führt. Regelmäßige, hoch geordnete Muster wie Rollen und Hexagone bilden sich aus. Ordnungseffekte findet man auch beim Taylor-Problem, wo das Verhalten einer Flüssigkeit zwischen zwei koaxialen rotierenden Zylindern untersucht wird. Ferner findet man eine Vielzahl geordneter Strukturen in den mannigfachen Erscheinungen, die in der Plasmaphysik untersucht werden.

Chemie: Die prominentesten Vertreter chemischer Nichtgleichgewichtsreaktionen sind gewiß die Belousov-Zhabotinsky-Reaktion und die Briggs-Rauscher-Reaktion. Aber auch in der anorganischen Katalyse sind ähnliche Ordnungsphänomene zu beobachten, wenn sie genügend weit entfernt vom thermischen Gleichgewicht betrieben wird.

Biologie: Speziell in der Morphogenese spielen Ordnungszustände, die als Folge von Selbstorganisation auftreten, eine wichtige Rolle. Im Grenzgebiet zur Medizin ist es die Gehirnforschung, bei der kooperatives Verhalten der Neuronen immer mehr in den Vordergrund der Untersuchungen rückt.

Populationsdynamik: Das Lotka-Volterra-Modell mit all den daraus hervorgegangenen Verallgemeinerungen stellt hier das bekannteste Beispiel dar.

Soziologie: Das Phänomen der kollektiven Meinungsbildung oder auch die Entstehung neuer politischer Bewegungen sind bereits mit Methoden der Synergetik untersucht worden.

Wirtschaftswissenschaften: Hier sind inzwischen mathematische Modelle aufgestellt worden, die das komplizierte Wechselspiel zwischen Investition einerseits und Unterbeschäftigung andererseits eingehend diskutieren.

4. Konzepte der Synergetik

Wir wollen in diesem Paragraphen darlegen, wie sich die am Beispiel des Lasers gewonnenen Einsichten und Erkenntnisse zu einer allgemeinen Theorie synergetischer Systeme erweitern lassen. Dazu ist es nützlich, sich noch einmal einige grundlegende Eigenschaften des Lasersystems zu vergegenwärtigen. Dies wollen wir damit verbinden, analoge Strukturen in Systemen ganz anderer Disziplinen der Wissenschaft herauszuarbeiten.

Zunächst handelt es sich beim Laser um ein offenes System. Diese Eigenschaft teilt er offenbar mit einer Vielzahl anderer Systeme, etwa der Hydrodynamik oder der Nichtgleichgewichtschemie. Und in biologischen Systemen ist es der Stoffwechsel, der letztlich nichts anderes bedeutet als den Austausch von Energie und Materie mit der Umgebung. Aber auch Tierpopulationen oder gar Gesellschaften bilden i. a. offene Systeme, die in Wechselwirkung mit ihrer Umgebung stehen.

Der Laser hatte ein weiteres wichtiges Strukturmerkmal, das wir in allen bereits aufgezählten anderen Systemen wiederentdekken können: Er ist aus vielen gleichartigen Untersystemen, den laseraktiven Atomen, aufgebaut. In hydrodynamischen Systemen spielen die einzelnen Flüssigkeits- oder Gasmoleküle den entsprechenden Part, ebenso können etwa Zellen in Organismen, Neuronen im Gehirn oder die Individuen in einer Gesellschaft als Untersysteme des jeweils von ihnen in ihrer Gesamtheit erzeugten Systems aufgefaßt werden.

Und all diesen Systemen ist gemeinsam, daß sie Organisationsformen auf einem makroskopischen Maßstab selbst aufbauen können. »Makroskopisch« bezeichnet hierbei einen Maßstab, der sehr viele Untersysteme des Systems mit einschließt. Eine fundamentale Rolle spielt – und das ist wieder all diesen Systemen gemeinsam – ein Mechanismus, auf den wir schon bei der Diskussion der Lasertätigkeit gestoßen sind: Sofern sie nur genügend weit vom thermischen Gleichgewicht entfernt sind, sind die vielen Untersysteme in der Lage, einen oder wenige Ordnungsparameter aufzubauen, und zwar aufgrund des Wirkens eines allgemeinen Prinzips: des sogenannten *Versklavungsprinzips*. Diesen Mechanismus wollen wir nun in einer allgemeinen Form darstellen.

Um die Wesensmerkmale der Theorie synergetischer Systeme zu erfassen, bemerken wir zunächst, daß für das Gesamtsystem Gleichungen der allgemeinen Form gelten:

$$U = G(U, \triangledown, \{\sigma\}) + F \tag{1}$$

U repräsentiert einen Vektor in einem hochdimensionalen Raum, der durch die Variablen sämtlicher Untersysteme gebildet wird, und wir bezeichnen ihn deshalb als Zustandsvektor des Gesamtsystems. Zur Veranschaulichung können wir wieder von unserem ausführlich diskutierten Lasersystem profitieren: Der Zustandsvektor wird hier durch die Eigenschwingungen des Feldes, aber auch durch sämtliche Variable, die zur vollständigen Beschreibung des Verhaltens der einzelnen laseraktiven Atome benötigt werden, aufgespannt. Gleichung (1) gibt also gewissermaßen die vollständige mikroskopische Beschreibung des vorgelegten Systems. U ändert sich nun im Laufe der Zeit über eine durch die Wechselwirkungen im System bestimmte nichtlineare Dynamik, die in der vektorwertigen Funktion G zusammengefaßt ist. Im Fall des Lasers ergibt sie sich aus den Gesetzen der Quantentheorie und der Quantenelektrodynamik. In anderen Fällen (etwa in den Gesellschaftswissenschaften) ist man darauf angewiesen, diese Dynamik phänomenologisch abzuleiten.

Daß das vorliegende System räumlich inhomogene Zustände einnehmen kann, haben wir symbolisch durch »$\triangledown$« berücksichtigt. Schließlich haben wir der Tatsache Rechnung zu tragen, daß wir offene Systeme behandeln wollen. Als Maß für einen Energie- oder Materiefluß durch das System dienen die in (1) aufgeführten äußeren Parameter, die wir durch $\{\sigma\}$ bezeichnet haben. Beim Laser würde σ die Pumpleistung messen. Schließlich haben wir der Vollständigkeit wegen die Gleichungen noch um ein Glied erweitert, das wir in unserer bisherigen Diskussion außer acht gelassen haben: F beschreibt fluktuierende Kräfte, die die in jedem System vorkommenden Schwankungen berücksichtigen sollen. Gerade dort nämlich, wo ein System von einem Zustand in einen neuen übergeht, an den sogenannten Instabilitätspunkten, gewinnen die

Schwankungen eine entscheidende Bedeutung. Beispielsweise kann das System erst über die Fluktuationen erkennen, ob es sich in einem tatsächlichen Minimum befindet, ob es noch tiefere Minima gibt usw. Um zusammenzufassen: Gleichung (1) repräsentiert einen hochkomplizierten nichtlinearen Satz von stochastischen Differentialgleichungen. Es erscheint deshalb auf den ersten Blick unmöglich, hieraus überhaupt eine Information gewinnen zu können. Daß dies aber doch möglich wird, wollen wir nun am einfachsten Beispiel demonstrieren: an einem Unordnungs-Ordnungs-Übergang, wie wir ihn vom Laser her bereits kennen. Bei einer genaueren Analyse der Gleichung stellt sich heraus, daß der ungeordnete stationäre Zustand – der Zustand, der sich durch Thermodynamik und irreversible Thermodynamik beschreiben läßt – meist sehr einfach aufgefunden werden kann:

Er entspricht gewissermaßen der trivialen Lösung von (1). Wir stellen uns nun vor, daß wir einen der äußeren Parameter σ erhöhen und so das System langsam vom thermischen Gleichgewicht wegtreiben. Es erhebt sich dann die Frage, wie kündigt sich ein möglicher Ordnungszustand an? Aus der Diskussion des Lasers erwarten wir, daß dies durch ein Instabilwerden des ungeordneten Zustands geschieht. Wir werden also versuchen müssen, die Stabilität des ungeordneten stationären Zustands, den wir mit U_0 bezeichnen wollen, als Funktion des äußeren Parameters σ zu testen. Offenbar kann man dies dadurch tun, daß man das System durch eine kleine Störung q aus dem Gleichgewichtszustand U_0 auslenkt und dann sich selbst überläßt. Kehrt das System bei jeder Störung nach U_0 zurück, dann ist U_0 stabil; entfernt es sich immer weiter von U_0, ist U_0 instabil.

Für kleine σ wird U_0 sicher stabil sein. Erhöhen wir jedoch σ immer weiter, werden wir schließlich einen kritischen Wert σ_c (Schwelle) erreichen, oberhalb dessen U_0 instabil wird. Es erweist sich nun, daß U_0 nur längs weniger Richtungen im hochdimensionalen Zustandsraum instabil wird, im einfachsten Fall längs einer einzelnen Raumrichtung, die wir durch einen Vektor O darstellen wollen. Alle Auslenkungen in andere Raumrichtungen kehren wieder zu U_0 zurück. Nur Auslenkungen in Richtung O entfernen sich immer mehr von U_0.

Um dieses Sich-Entfernen des Systems längs des Einheitsvektors O zu beschreiben, führen wir die Größe $\xi(t)$ ein, die das zeitliche Verhalten längs O bestimmt. $\xi(t)$ ist Null für $U = U_0$. Lenken wir also das System in Richtung O aus, ist

$$U(t) = U_0 + \xi(t)\,O \tag{2}$$

Die bemerkenswerte Aussage einer genaueren Theorie besteht nun darin, daß sich $\xi(t)$ in der Nähe des kritischen Punktes nur sehr langsam ändert im Vergleich zu allen Bewegungen längs der übrigen Raumrichtungen. Bezeichnen wir mit τ_i die charakteristische Zeit, in der sich $\xi(t)$ merklich ändert, und mit τ_s eine charakteristische Zeit für Änderungen längs der stabilen Raumrichtungen, dann besteht die Ungleichung

$$\tau_i \gg \tau_s. \tag{3}$$

Das hat zur Folge, daß Auslenkungen längs der stabilen Richtungen längst ihren Gleichgewichtswert wiedererreicht haben, ehe sich $\xi(t)$ merklich ändern kann.

Trotzdem wird $\xi(t)$ im Laufe der Zeit selbstverständlich anwachsen. Jetzt fordert aber der bereits im Zusammenhang mit der Lasertheorie erörterte notwendig nichtlineare Charakter der Gleichungen (1) seinen Tribut. Infolge der Nichtlinearitäten ist nämlich die Bewegung längs einer Raumrichtung nicht unabhängig von den Bewegungen längs anderer Raumrichtungen, wie dies bei linearen Systemen der Fall wäre. Wir finden somit zwei Opponenten: das Instabilwerden längs O, verknüpft mit einem Anwachsen von $\xi(t)$, einerseits und das Zerren der stabilen Richtungen an ξ über die nichtlinearen Wechselwirkungen andererseits. Man kann sich nun unschwer vorstellen, daß dies zu einer Stabilisierung von ξ bei einem endlichen Wert $\xi = \xi_0$ führen wird. Berücksichtigt man jetzt, daß wegen des Bestehens der Ungleichung (3) sich die stabilen Richtungen praktisch immer schon in einem Gleichgewichtswert eingefunden haben, der zum jeweils vorgegebenen $\xi(t)$ gehört, dann erfüllt $\xi(t)$ alle Merkmale eines Ordnungsparameters: ξ ist ungleich Null im geordneten Zustand und versklavt die stabilen Richtungen. Schließlich wird ξ selbst durch die stabilen Richtungen stabilisiert.

Das hier verbal geschilderte Konzept läßt sich in eine präzise mathematische Form gießen und führt etwa in der hier betrachteten Situation auf eine Bewegungsgleichung für den Ordnungsparameter von der Gestalt

$$\dot{\xi} = \varepsilon\xi - \xi^3 + F; \varepsilon = (\sigma - \sigma_c)l\sigma_c$$

Sie hat die Form einer Ordnungsparametergleichung.

Dieses hier skizzierte Konzept läßt sich – allerdings mit erheblich größerem mathematischem Aufwand – auch auf Ordnungs-Ordnungs-Übergänge verallgemeinern, bei denen eine vorgegebene Ordnung gegenüber einer neuen höheren Ordnung instabil wird, wie wir das im Falle des Lasers schon angedeutet haben.

5. Folgerungen und Zusammenfassung

Es ist uns gelungen, unter Anwendung des Versklavungsprinzips das allgemeine *Ordnungs*parameterkonzept der Synergetik herzuleiten. Wir ziehen daraus die bedeutsame Konsequenz, daß man sich selbst organisierende, hoch komplexe Systeme fern vom thermischen Gleichgewicht wieder durch das Verhalten ganz weniger makroskopischer Variabler, der Ordnungsparameter nämlich, verstehen kann. Es ist müßig, zu erwähnen, daß diese Erkenntnis auch bedeutende praktische Auswirkungen hat: Häufig werden darart komplexe Systeme nur in ihrem komplizierten Verhalten mittels analytischer Methoden mathematisch vollständig behandelbar.

Um einen Eindruck zu vermitteln, welches grundlegend neue Verständnis durch das Ordnungsparameterkonzept möglich wurde, seien zum Abschluß einige bemerkenswerte Folgerungen – zugegebenermaßen etwas willkürlich – herausgegriffen. So können beispielsweise mehrere Ordnungsparameter miteinander in Wechselwirkung treten. Dabei kann es passieren, daß sie miteinander in Wettbewerb treten und schließlich nur ein Ordnungsparameter »überlebt«. Offenbar wird man ein derartiges Verhalten als Selektion klassifizieren. Mehrere Ordnungsparameter können aber auch miteinander kooperieren und so immer komplexere Strukturen aufbauen. Schließlich kann man durch das Verhalten der Ordnungsparameter an kritischen Punkten, solchen also, an denen eine Instabilität auftritt, die möglichen Formen der Instabilitäten klassifizieren, sie zu sogenannten Universalitätsklassen zusammenfassen.

Bereits aus diesen Andeutungen wird klar, welche Vielfalt von Erscheinungen uns durch die Synergetik in einer präzisen wissenschaftlichen Sprache zugänglich werden.

Fassen wir zusammen. Wir haben deutlich gemacht, daß Thermodynamik und irreversible Thermodynamik trotz ihrer breiten und vielfältigen Anwendungsgebiete uns nicht in die Lage versetzen, das spontane Auftreten selbstorganisierter, makroskopisch geordneter Strukturen in komplexen Systemen fern vom thermischen Gleichgewicht zu erklären. Es ergab sich so die Notwendigkeit, eine allgemeinere Theorie, ein neues Verständnis dieser Vorgänge der Selbstorganisation insbesondere in der Natur zu entwickeln. Dies führte zur Gründung einer neuen wissenschaftlichen Disziplin, der Synergetik, deren Methoden heute Eingang in viele klassische Disziplinen der Wissenschaften bis hin zu den Geisteswissenschaften gefunden haben. Ihre bemerkenswerte zusätzliche Leistung, nämlich interdisziplinäre Wissenschaft zu sein, birgt die bedeutsame Chance, eine große Vielfalt und Vielzahl von Erscheinungen aus ganz unterschiedlichen Gebieten in einem allgemeinen Kontext zusammenzufassen.

Weiterführende Literatur

Haken, H.: Erfolgsgeheimnisse der Natur. DVA, Stuttgart 1981
Haken, H.: Licht und Materie, Bde. I, II. B. B. Wissenschaftsverlag, Mannheim 1981
Haken, H.: Synergetik. Eine Einführung. Springer Verlag, Berlin–Heidelberg–New York 1982
Haken, H.: Advanced Synergetics. Springer Verlag, Berlin–Heidelberg–New York 1983

Benno Hess / Mario Markus
Chemische Uhren *

1. Dynamik und Rückkopplung offener Systeme

Die Entdeckung oszillierender chemischer und biochemischer
Reaktionen in Raum und Zeit löste zu Beginn der sechziger Jahre
ein außerordentliches Interesse der Wissenschaftler an nichtlinearen Prozessen aus (Überblicke findet man in 5, 6). Diese überraschende Beobachtung von chemischen Perioden nach Art einer
chemischen Uhr wurde durch zwei komplementäre Entwicklungen begleitet. Glansdorff und Prigogine veröffentlichten ihr be-
rühmtes Buch über »die thermodynamische Theorie von Struktur, Stabilität und Fluktuation«, in dem sie auf der Grundlage des
von ihnen entwickelten Evolutionskriteriums die thermodynamischen Bedingungen offener dissipativer Strukturen darstellten.[3]
In einem eigenen Kapitel findet man eine eingehende Diskussion
der zeitlichen und räumlichen Ordnung offener chemischer Prozesse unter Nichtgleichgewichtsbedingungen.

   Unabhängig von den Arbeiten der Brüsseler Gruppe entdeckte
die biochemische Forschung die mechanistischen Grundlagen des
Rückkopplungsprinzips in der Biologie in allen hierarchischen
Ordnungen und seinen vielen Varianten. Das Rückkopplungs-
prinzip war nichts anderes als eine Wiederentdeckung der Rolle
der Autokatalyse, die der amerikanische physikalische Chemiker
Lotka vor siebzig Jahren ausgearbeitet hatte.[12, 13] Damit wurde
verständlich, warum chemische und biochemische Reaktionen
durch wechselnde Hemmung und Aktivierung in der Zeit über

---

* Herrn Prof. Dr. H. J. Staudinger zum 70. Geburtstag gewidmet

chemische Rückkopplung für gegebene Bedingungen auch den Charakter einer chemischen Uhr oder eines chemischen Pulsators bekommen können.

Das Konzept der dissipativen Strukturen in Raum und Zeit, die durch kontinuierliche Zufuhr von Energie erhalten werden, sowie die Entdeckung der komplexen Regulationsmechanismen auf der Grundlage der Rückkopplung führten unmittelbar aus der Betrachtung des klassischen Bereichs der Gleichgewichtsthermodynamik und -kinetik heraus. Was war geschehen? Als die klassische Forschung Mechanismen und Strukturen physikalischer und biologischer Phänomene reduktionistisch nach experimenteller Isolierung unter gleichgewichtsnahen Bedingungen linear-kinetisch untersuchte, gingen wesentliche Eigenschaften verloren, die diese Systeme aufweisen, wenn sie fern vom thermodynamischen Gleichgewicht unter nichtlinearen Bedingungen in der freien Natur funktionieren und an eine Vielzahl von dynamischen Nachbarprozessen gekoppelt sind. Untersucht man ein solches System theoretisch und experimentell unter offenen Nichtgleichgewichtsbedingungen, so entdeckt man einen außerordentlichen Reichtum an Zeit- und Raumstrukturen, die den Erscheinungen natürlicher biologischer Systeme näher kommen.

In der Tat läßt sich die moderne Wissenschaft zunehmend darauf ein, komplizierte Prozesse ohne vollkommene Zerlegung in elementare Einzelschritte global zum Gegenstand ihrer Untersuchung zu machen, und es liegt nahe, von einer neuen Wissenschaft der Komplexität zu sprechen. Diese Entwicklung ist nicht denkbar ohne die Entwicklung moderner physikalischer Verfahren zur Analyse komplizierter Systeme sowie moderner Computerverfahren, die seit etwa Mitte der fünfziger Jahre die numerische Analyse von Differentialgleichungen zur Beschreibung komplexer chemischer und biologischer Systeme[8] sowie die Ordnung übergroßer experimenteller Datenmengen erlauben.

Chemische Uhren sind das Musterbeispiel einer chemischen Selbstorganisation. Setzt man einem nichtlinearen rückgekoppelten Reaktionssystem ständig Energie in Form von chemischen Substanzen mit einer ausreichenden Geschwindigkeit zu, so fangen sie jenseits eines Schwellenwerts an, periodisch pulsartig zu funktionieren. Man kann seine Uhr nach den Perioden der Pulse stellen. In ihrer Zeitgebungsfunktion unterscheiden sich diese Systeme in nichts von einer Atomuhr oder einer mittelalterlichen Turmuhr.

Paradebeispiel der chemischen Oszillation ist die von den russischen Forschern Belousov und Zhabotinskii entdeckte periodische Oxidation von Malonsäure in Gegenwart von katalytischen Mengen von Brom und Cerium[1,19]. Die glykolytische Uhr als Beispiel einer biochemischen Oszillation wurde zu gleicher Zeit bei der Untersuchung des anaeroben Zuckerabbaus in Hefe entdeckt[6] und soll im folgenden zur Grundlage der Betrachtung der prinzipiellen Eigenschaften chemischer Uhren herangezogen werden.

Wir werden uns insbesondere mit der glykolytischen Uhr bei periodischer äußerer Anregung befassen und zeigen, daß solche Uhren außerordentlich stabil sein können, jedoch unter bestimmten Bedingungen »chaotische« Gangarten aufweisen. Neben den einfachen Wellenformen stabiler Uhren bei subharmonischer Frequenzkopplung treten auch kompliziert modulierte Oszillationen auf. In letzter Zeit wurde außerdem die Existenz hoch chaotischer Zustände gezeigt, die im mehrdimensionalen Konzentrationsraum weite Bereiche einnehmen können. Ferner können bei gleichen äußeren Bedingungen mehrere dynamische Zustände auftreten, die bei Änderung dieser Bedingungen komplexen Hystereseschleifen folgen. Schließlich soll auch auf den experimentellen Nachweis intrazellulärer Kopplung von oszillierenden Funktionen eingegangen werden.

2. Die glykolytische Uhr

Die für das Verständnis des anaeroben Zuckerabbaus (Glykolyse) wesentlichen Komponenten sind auf Abb. 1 in einem Blockdiagramm dargestellt. Voraussetzung für das Funktionieren dieses

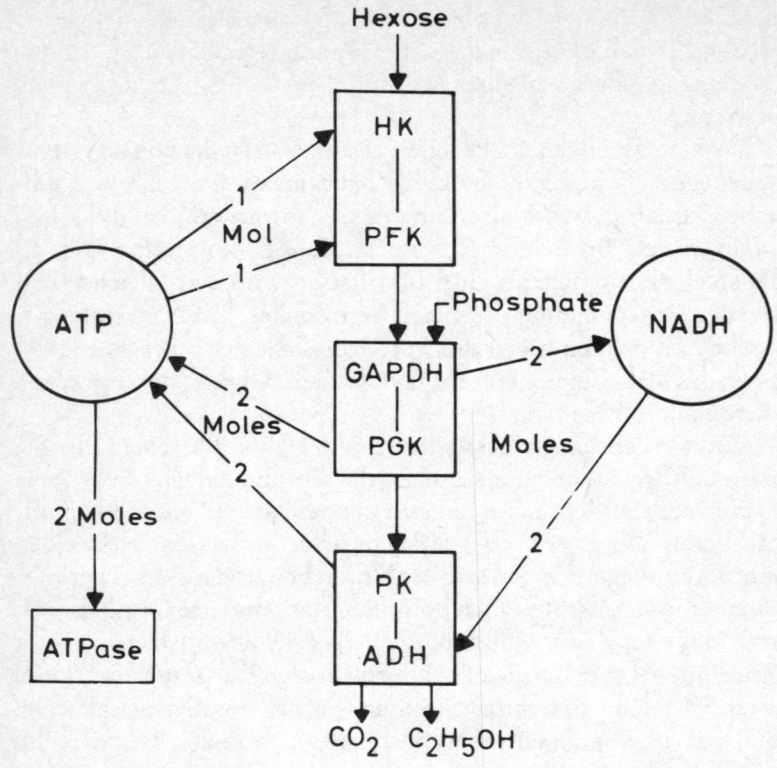

Abb. 1: Vereinfachtes Reaktionsnetz der Glykolyse

Prozesses ist die kontinuierliche, periodische oder auch stochastische Zufuhr von Glukose oder einer anderen Hexose, die durch Gärung in Kohlensäure und Äthanol unter Bildung von ATP umgewandelt wird. Der Prozeß wird durch eine Sequenz von zehn Enzymen katalysiert. In den Blöcken der Abbildung sind die für die Regulation des Gärungsablaufes wichtigsten Gärungsenzyme dargestellt. In den übrigen Teilen der Abbildung zeigen wir: erstens Hexose und Phosphate als glykolytische Substrate, zweitens ATP, Äthanol und Kohlensäure als glykolytische Produkte und drittens NADH, das aufgrund seiner Absorptions- und

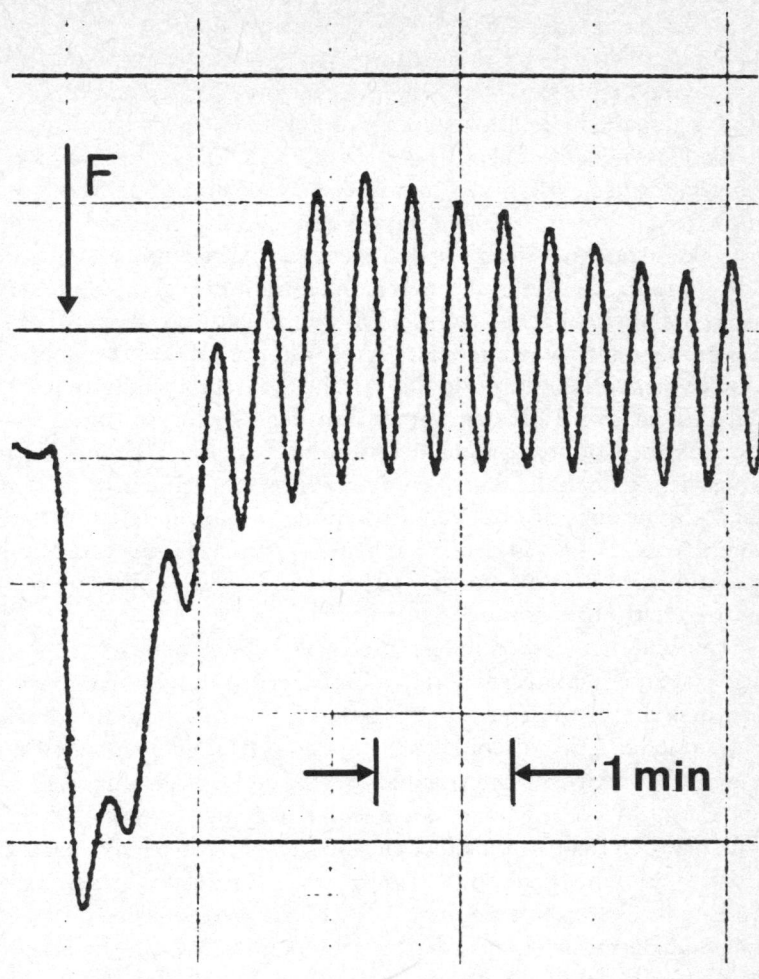

Abb. 2: Oszillation der Glykolyse in Hefezellen. Dargestellt ist die Fluoreszenz von NADH (F).

Fluoreszenzeigenschaften im UV-Bereich ein beliebter Indikator ist. Die Zahlen geben die stoichiometrischen Verhältnisse wieder (wir benutzen die gängigen Abkürzungen der biochemischen Verbindungen, die in den Lehrbüchern der Biochemie erklärt sind). Die klassische Biochemie beobachtete lediglich einen stationären glykolytischen Umsatz, der durch zeitunabhängige Metabolitkonzentrationen bei einer stationären Bildungsrate von Äthanol gekennzeichnet ist, bis in den sechziger Jahren zum erstenmal eine periodische Änderung der Konzentrationen glykolytischer Intermediate beobachtet wurde. Dies wird dadurch verständlich, daß immer dann, wenn der erste Abschnitt der Glykolyse (oberer Block von Abb. 1) durch glykolytische Zwischenprodukte stärker aktiviert wird als der untere Teil der Glykolyse (unterster Block von Abb. 1), die Konzentration von NADH ansteigt. Überwiegt jedoch die Aktivierung im untersten Abschnitt relativ zur Aktivierung im obersten Abschnitt, so vermindert dies die Menge von NADH in der Zelle. Beide Zustände können fortlaufend alternieren und damit zu einer periodischen Änderung der Intermediatkonzentrationen führen.

Oszillationen werden in einem Umsatzbereich beobachtet, der gegen den nichtoszillierenden Umsatzbereich durch einen unteren und oberen Schwellwert abgegrenzt ist. Im Oszillationsbereich ändern sich neben der Konzentration von NADH die Konzentrationen aller meßbaren Intermediate der Glykolyse periodisch. Aus der Analyse der Phasenlage der einzelnen Intermediatoszillationen kann man den Regulationsmechanismus des periodischen Umsatzablaufes erkennen. Schon frühzeitig konnte gezeigt werden, daß das Enzym Phosphofructokinase (PFK) auf periodische Aktivierung und Hemmung mit Änderung seiner Umsatzgeschwindigkeit reagiert und damit zu einem pulsartigen Ablauf des Prozesses Anlaß gibt.[6]

Abb. 2 gibt eine typische Registrierung der NADH-Fluoreszenz wieder und zeigt nach einem initialen Übergang einen Ausschnitt der Oszillation der Konzentration von NADH in einem Reaktionsansatz, der eine Population von Millionen von Hefezellen enthält. Derartige Oszillationszüge kann man über viele Stunden bei konstanter Amplitude und Frequenz beobachten. Oszillationen findet man nicht nur in einer Population von Hefezellen, sondern auch in einer einzelnen Hefezelle.

Entscheidend für die Untersuchung dieses Vorgangs war die Tatsache, daß es gelang, den Prozeß in zellfreier Form ohne Zellmembran direkt zu untersuchen. Er läuft in dieser Form in gleicher Weise ab wie in einer Suspension von Hefezellen. Allerdings ist die Frequenz stark erniedrigt. Sie hängt von der Konzentration der PFK im Reaktionsvolumen ab, die im zellfreien Extrakt wesentlich geringer ist als in den Zellen. Einen Ausschnitt einer Oszillation der Glykolyse in zellfreier Form ist auf Abb. 3 wiedergegeben. Man sieht für die gesetzten Bedingungen einen nichtsinusförmigen Wellenverlauf, dessen einzelne Abschnitte der Änderung der Aktivität von PFK zuzuordnen sind.

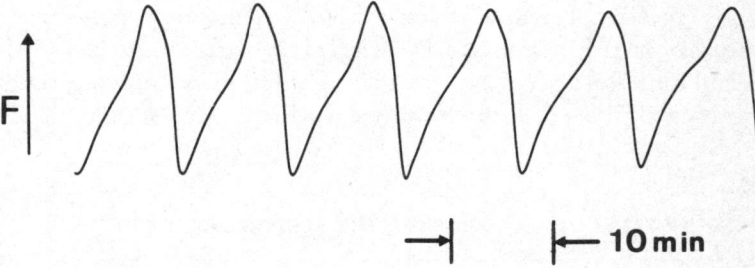

Abb. 3: Typischer experimenteller Verlauf der glykolytischen Uhr im Hefeextrakt bei konstanter Zuckerzufuhrrate. Dargestellt ist die Fluoreszenz von NADH (F).

Die experimentell beobachteten Oszillationen und deren Abhängigkeit von den verschiedenen Kontrollparametern konnten zufriedenstellend durch ein glykolytisches Modell simuliert werden.[14, 9, 15, 10, 16, 11] Es konnte gezeigt werden, daß das periodische Verhalten der Gärung durch ein Minimalmodell, zusammengesetzt aus zwei Enzymen, beschrieben werden kann: Phosphofructokinase (PFK) als oszillatorisches Schlüsselenzym im ersten Abschnitt der Glykolyse, und Pyruvatkinase (PK) als Produktsenke im letzten Abschnitt der Glykolyse. Die für die Oszillationen entscheidende Rückkopplung kommt durch die Aktivierung von PFK durch Reaktionszwischenprodukte (Adeninnukleotide) zustande. Es konnte ferner gezeigt werden, daß es ausreicht, die Dynamik des Systems durch die zeitliche Änderung zweier Phasenvariablen zu beschreiben. Als Phasenvariablen kann man zum Beispiel die Konzentrationen der Metabolite ADP und PEP (Phosphoenolpyruvat) wählen. Die Konzentration der anderen Metaboliten ergeben sich algebraisch aus den zwei ausgewählten Phasenvariablen.

Die Zeitabhängigkeit der Phasenvariablen wird durch Kontrollparameter enthaltende Differentialgleichungen beschrieben. Zu diesen Kontrollparametern gehören einerseits konstant bleibende Konzentrationen, wie etwa die von Metallionen, und andererseits äußere Bedingungen, wie etwa die Substratzufuhrrate oder die Temperatur. Da die Glykolyse mit anderen schwingungsfähigen Systemen, z. B. den Transportproteinen der Zellmembran, gekoppelt ist, wurden Umsatzberechnungen nicht nur für zeitlich konstante äußere Bedingungen, sondern auch

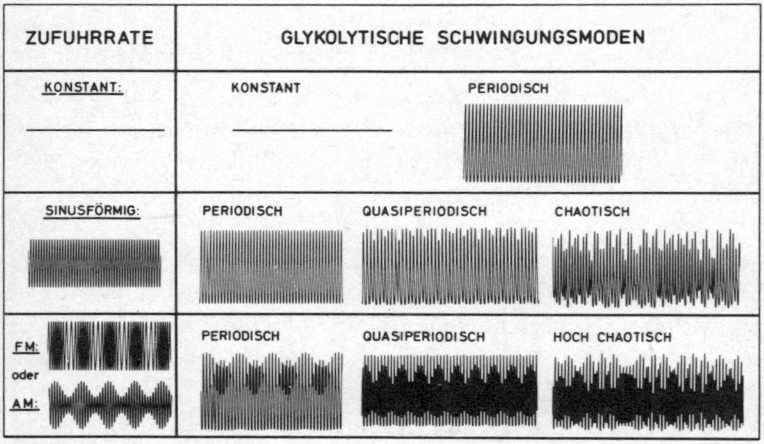

ZUFUHRRATE	GLYKOLYTISCHE SCHWINGUNGSMODEN		
KONSTANT:	KONSTANT	PERIODISCH	
SINUSFÖRMIG:	PERIODISCH	QUASIPERIODISCH	CHAOTISCH
FM: oder AM:	PERIODISCH	QUASIPERIODISCH	HOCH CHAOTISCH

Abb. 4: Klassen von glykolytischen Schwingungsmoden bei verschiedenen Arten der Zufuhrrate

unter dem Einfluß eines periodischen äußeren Taktgebers durchgeführt. Zur Beschreibung dieses Taktgebers wurde der Ansatz einer periodischen Substratzufuhrrate herangezogen.[14, 9, 15, 10, 16, 11] Diese Bedingungen wurden früher schon im biochemischen Experiment analysiert.[2] Die Untersuchung verschiedenster Substratzufuhrbedingungen im Simulationsexperiment liefert einen verblüffenden Reichtum an Wellenformen, die in Abb. 4 mit typischen Beispielen zusammengefaßt sind.

In der ersten Reihe von Abb. 4 sind die Reaktionen der Glykolyse bei konstanter Zufuhrgeschwindigkeit an Substrat dargestellt, also unter sogenannten stationären äußeren Bedingungen. Wir beobachten, wie oben schon auseinandergesetzt, neben einer stationären Reaktion mit konstanter Konzentration der glykolytischen Intermediate, eine periodische Änderung der Konzentration der Intermediate, die wir als glykolytische Uhr bezeichnen.

In der zweiten Reihe der Abbildung sind die Reaktionen bei sinusförmiger Substratzufuhrrate wiedergegeben. Hier kann die Uhr entweder periodisch mit einer Frequenz oder quasiperiodisch mit zwei Frequenzen oder chaotisch mit einem fast kontinuierlichen Frequenzspektrum verschiedene Gangarten zeigen.

Die unregelmäßig-chaotische Gangart ist am besten mit der Wettervoraussage zu vergleichen. Eine längerfristige Voraussage ist unmöglich. Hier ist das Prinzip der starken Kausalität (»Ähnliche Ursachen haben ähnliche Wirkungen«) verletzt. Es gilt nur noch die schwache Kausalität (»Gleiche Ursachen haben gleiche Wirkungen«), welche bei einem deterministischen System, wie es eine chemische Reaktionsfolge darstellt, selbstverständlich ist. Jedoch werden genau gleiche Ursachen auch in der biochemischen Praxis nicht gegeben sein. Damit ist das System immer zu Überraschungen bereit. Es muß hier jedoch betont werden, daß trotz dieser Unvorhersehbarkeit nur begrenzte Domänen der Metabolitkonzentrationen während eines chaotischen Prozesses durchlaufen werden.

In der dritten Reihe von Abb. 4 sind die Auswirkungen einer amplitudenmodulierten (AM) sowie frequenzmodulierten (FM) Zufuhrrate auf den glykolytischen Prozeß wiedergegeben. Man findet in diesen Fällen die gleichen Grundtypen von dynamischen

Zuständen wie in der zweiten Reihe: periodisches, quasiperiodisches und chaotisches Verhalten. Jedoch sind in diesem Falle die Wellenformen wesentlich vielfältiger moduliert. Es zeigt sich außerdem, daß die Domänen der Metabolitkonzentrationen bei Chaos unter amplituden- oder frequenzmodulierten Bedingungen wesentlich ausgedehnter sein können als bei einfacher sinusförmiger Zufuhrrate. Das System kann also »noch chaotischer« werden, im Sinne eines unvorhersagbaren Durchlaufens wesentlich größerer Konzentrationsdomänen.[15, 10]

Eine wichtige Eigenschaft eines dynamischen Systems ist seine Stabilität bzw. Instabilität. Unter chaotischen Bedingungen weist ein Reaktionssystem im zeitlichen Mittel ein instabiles Merkmal auf, da sich, wie oben angedeutet, kleine Störungen schnell vergrößern. Unter periodischen Bedingungen dagegen ist das System stabil. Darüber hinaus zeigt die Relaxationszeit von kleinen Stö-

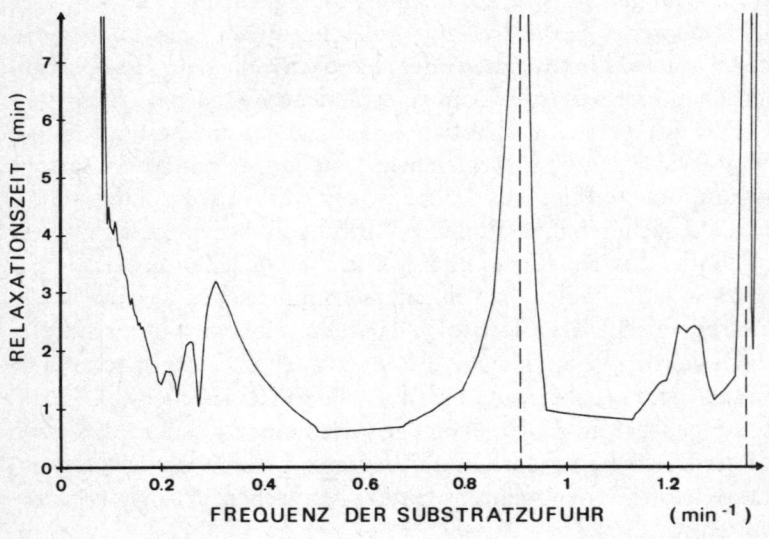

Abb. 5: Die Relaxationszeit (d. i. die Zeit, bei der eine Störung um den Faktor 1/e abklingt) der glykolytischen Uhr bei periodischer Zuckerzufuhr zeigt tiefe Minima, die sich über bestimmte Bereiche der Frequenz der Substratzufuhr erstrecken (»Hyperstabilität«).

rungen periodischer Schwingungen tiefe Minima bei Variation der Kontrollparameter. Diesen Minima entsprechen besonders stabile (»hyperstabile«) dynamische Zustände. Abb. 5 gibt Minima der Relaxationszeit in Abhängigkeit von der Frequenz der Zufuhrrate wieder. In der Umgebung eines Minimums hat die Relaxationszeit einen fast konstanten Wert über einen breiten Bereich der Zufuhrfrequenz. Bei den durch gestrichelte Linien gekennzeichneten Amplituden, in deren Umgebung die Relaxationszeiten asymptotisch gegen unendlich gehen, handelt es sich um Werte, bei denen das System von einer Schwingungsart in eine andere übergeht. Die Übergänge werden als Bifurkationspunkte bezeichnet.

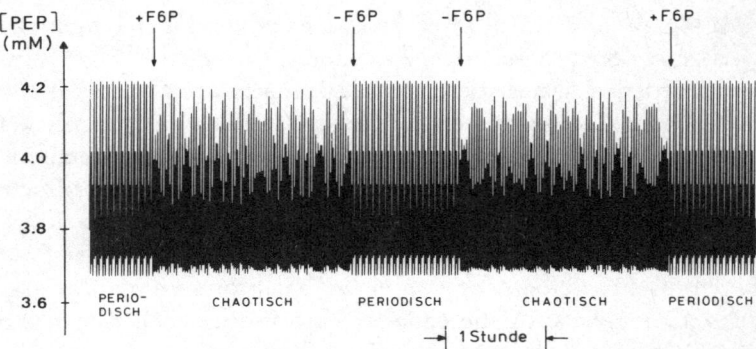

Abb. 6: Periodische und chaotische Schwingungen lassen sich durch Metabolitpulse ineinander umschalten. Gezeigt ist der Verlauf des glykolytischen Intermediats Phosphoenolpyruvat (PEP). Die Pulse (durch Pfeile angedeutet) bestehen aus schneller Zufuhr oder schnellem Verbrauch des Intermediats Fruktose-6-Phosphat (F6P).

Chaotische und hyperstabile Oszillationen stellen zwei fundamental verschiedene zeitsetzende Funktionen der glykolytischen Dynamik dar. Die chaotische Funktion verleiht dem System ein hohes Maß an Flexibilität, welches bei Optimierungsprozessen der Zelle nützlich sein könnte. Die hyperstabile Funktion dagegen ermöglicht eine extrem »stoßsichere« Uhr. Wir vermuten, daß es Regulationsmechanismen gibt, die chaotische Funktionen dann erzeugen, wenn neue Umweltbedingungen auftreten und Zellen sich durch Ausprobieren anpassen müssen. Die hypersta-

71

bile Funktion wird dagegen realisiert, wenn die Anpassung bereits erfolgt ist und so lange stabil beibehalten werden soll, wie die Umweltbedingungen nahezu konstant sind.

Eine Umschaltung von einer Funktion in die andere kann sozusagen auf Knopfdruck ohne Änderung der Kontrollparameter sprunghaft geschehen. In Abb. 6 zeigen wir im Simulationsexperiment, wie durch pulsartig schnelle Zufuhr oder pulsartig schnellen Abbau von Metaboliten (F6P) eine stabile periodische Uhr in eine instabile chaotische Uhr umgewandelt wird und umgekehrt. Diesem Prozeß liegt die Tatsache zugrunde, daß das entsprechende Differentialgleichungssystem bei gleichen Werten der Kontrollparameter aufgrund seiner Nichtlinearität mehr als eine Lösung (in diesem Fall zwei) zuläßt. Es gibt sogar Bedingungen, bei denen drei oder vier solche Lösungen existieren.[14, 9, 10, 11] Diese verschiedenen »koexistierenden« Lösungen erhält man bei verschiedenen Anfangswerten der Phasenvariablen im dynamischen Prozeß. In Abb. 6 werden die Anfangswerte durch Metabolitpulse derart neu gesetzt, daß eine Wellenform in die andere nahtlos übergehen kann. Solche Übergänge ohne Einschwingzeit sind allerdings nur dann realisiert, wenn Phase und Größe der Pulse einen direkten Übergang von einer Trajektorie im Phasenvariablenraum in die koexistierende Trajektorie ermöglichen. Andernfalls ist mit Einschwingzeiten zu rechnen.[15]

Die Abhängigkeit der Lösungen von den Anfangsbedingungen hat zur Folge, daß eingestellte dynamische Zustände von der Vorgeschichte des Systems abhängen. Die oszillierende Glykolyse hat in diesem Sinne eine Gedächtniseigenschaft. Im Zusammenhang mit dieser Eigenschaft ergeben sich komplizierte Hystereseschleifen beim Darstellen eines Schwingungsmerkmals, z. B. der Periode in Abhängigkeit eines Kontrollparameters.[14, 10, 11] In Abb. 7 zeigen wir im Simulationsexperiment die Wirkung einer langsamen, periodischen Modulation der Amplitude der Substratzufuhrrate. Die schwarzen Flächen auf der Abbildung kommen dadurch zustande, daß die Trägerschwingung aufgrund ihrer relativ kleinen Periode graphisch nicht aufgelöst wird. Man sieht deutlich, daß bei gleichen Amplitudenwerten verschiedene Wellenformen eingenommen werden, je nachdem ob die Amplitude

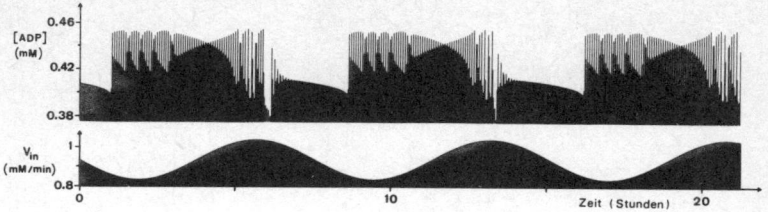

Abb. 7: *Langsame Amplitudenmodulation der Zuckerzufuhrrate V_{in} (unten) ergibt aufgrund einer Gedächtniseigenschaft des Systems verschiedene Wellenformen (oben), je nachdem ob die Amplitude von V_{in} zu- oder abnimmt. Die dargestellte Schwingungskomponente ist die Konzentration des Metaboliten ADP.*

vorher größer oder kleiner war. Ein analoges Phänomen findet man in der Natur bei Prozessen, die beispielsweise im Frühjahr anders ablaufen als im Herbst, denn auch hier können gleiche Werte der äußeren Kontrollparameter, z. B. der mittleren Lichtintensität, verschiedene Auswirkungen aufgrund der unterschiedlichen Vorgeschichte haben.

Die Modulation der glykolytischen Uhr muß allerdings nicht nur eine Reaktion auf die Modulation einer sinusförmigen Substratzufuhrrate sein. Unter bestimmten nichtmodulierten sinusförmigen Zufuhrraten erzeugt der glykolytische Prozeß autonom eine Modulation seiner eigenen periodischen Dynamik.[14] Es handelt sich hier um spezielle quasiperiodische Lösungen, die auf Abb. 8 nach einer Computersimulation wiedergegeben sind. In

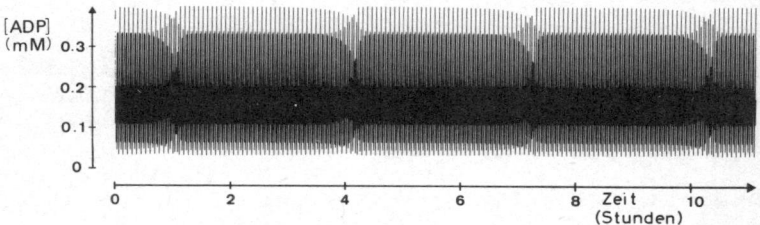

Abb. 8: *Selbsterzeugte Modulation der glykolytischen Uhr bei sinusförmiger Zuckerzufuhr. Dargestellt ist die Konzentration des Metaboliten ADP.*

73

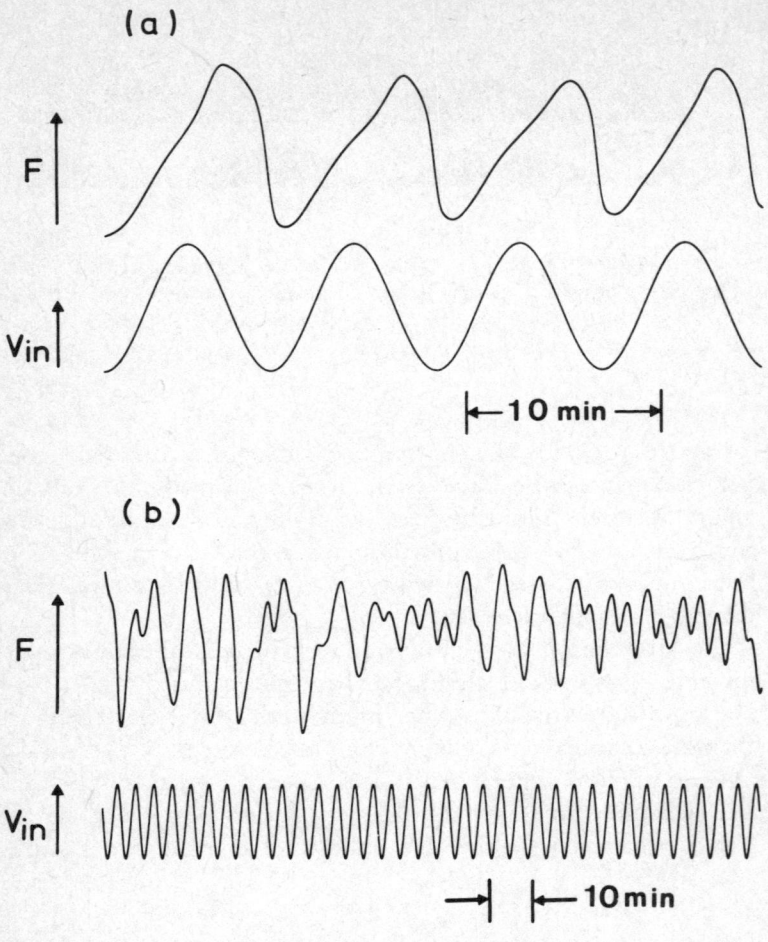

Abb. 9: Frequenzangepaßter (a) und chaotischer (b) biochemisch experimenteller Verlauf der glykolytischen Uhr in Hefe bei sinusförmiger Zuckerzufuhrrate V_{in}, unten in (a) und (b). Dargestellt ist die Fluoreszenz F von NADH, oben in (a) und (b).

diesem Fall liegen die Trägerperiode im Minutenbereich und die modulierende Periode im Bereich von Stunden. Diese Verhältnisse zeigen, daß ein einfaches dynamisches System, das aus einem allosterischen und einem klassischen Enzym zusammengesetzt ist, zwei Uhren – im Minuten- und im Stundenbereich – gleichzeitig zum Vorschein bringen kann.

Messungen der NADH-Fluoreszenz in Extrakten aus Hefezellen bestätigen den Reichtum an Wellenformen, wie er sich aus dem glykolytischen Modell bei oszillierender Substratzufuhr ergibt.[10, 16] Man findet eine Vielfalt periodischer, quasiperiodischer und chaotischer Schwingungen in den theoretisch vorhergesagten Bereichen von Zufuhramplituden und Frequenzen. In Abb. 9a ist als Beispiel für eine biochemische experimentell beobachtete stabile Wellenform eine periodische glykolytische Schwingung (oben, F) bei sinusförmiger Zufuhrrate (unten, V_{in}) dargestellt. Bemerkenswert ist, daß sich die Periode der glykolytischen Uhr voll an die Periode der äußeren Anregung anpaßt, obwohl die Periode bei konstanter Zufuhrrate (siehe Abb. 3) in diesem Fall das 1,4fache beträgt. Das biochemische Experiment in Abb. 9b unterscheidet sich von dem in Abb. 9a nur in der Frequenz der Zufuhrrate und führt zu einer typisch chaotischen Schwingung.

3. Kopplung zwischen Glykolyse und Membranpotential

Das Auftreten der Vielfalt von Schwingungsarten, wie sie im vorherigen Abschnitt beschrieben wurde, ist auf die Kopplung zweier schwingender Systeme zurückzuführen. Diese Kopplung kann an dem einfachen zellulären System der Hefe direkt demonstriert werden. Wie vor kurzem experimentell gezeigt, kann die Oszillation der Glykolyse mit der Oszillation des elektrochemischen Potentials der Zellmembran gekoppelt sein.[11, 7] Zur Darstellung der beiden Prozesse benutzt man die Messung der NADH-Fluoreszenz als Indikator der Glykolyse sowie die Rhodamin-6G-Fluoreszenz als Indikator des Membranpotentials. Die Frequenzanpassung beider biophysikalisch registrierter Oszillationen ist in Abb. 10 wiedergegeben und verläuft in gleicher Form wie die in Abb. 9 a gezeigte Kopplung. Die Potentialoszillationen beruhen auf einer ATP-getriebenen Protonenpumpe der Zellplasmamembran. Eine der Kopplungskomponenten zwischen dieser Protonenpumpe und der Glykolyse ist das ATP-System, das mit beiden Prozessen stoichiometrisch und regulativ reagiert. Der glykolytische Prozeß wird möglicherweise zusätzlich durch die Wirkung des oszillierenden Membranpotentials auf die Glukoseaufnahme der Hefezellen beeinflußt.[7]

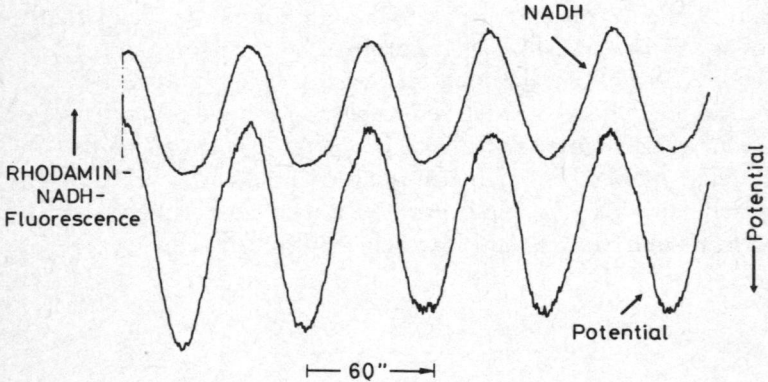

Abb. 10: Frequenzanpassung zwischen Membranpotential (Rhodamin-Fluoreszenz, unten) und glykolytischer Uhr (NADH-Fluoreszenz, oben)

4. Ausblick

Die glykolytische Uhr ist das Paradebeispiel einer chemischen Uhr, deren Grundlage der regulierte anaerobe Zuckerabbau ist. Dieser Prozeß ist der einfachste chemische Energiewandler der Biologie und kommt in allen bis heute bekannten biologischen Arten, einschließlich den anaeroben Bakterien und höheren Organismen, zum Teil in abgewandelter oder rudimentärer Form vor. Aufgrund der experimentellen biochemischen Erfahrungen und theoretischen Untersuchungen kann man allgemein die möglichen Funktionen biochemischer Uhren wie folgt zusammenfassen – sie arbeiten:

1. Als »Taktgeber« zur zeitlichen Organisation von Organismen. Eine biochemische Uhr kann die unzähligen intrazellulären Prozesse wie auch die Wechselwirkung zwischen einzelnen Zellen in multizellulären Verbänden zeitlich organisieren. Ein klassisches Beispiel ist der Prozeß der Assoziation von Millionen von Schleimpilzzellen im Falle von Dictyostelium discoideum, der zur Bildung eines multizellulären Aggregats führt und durch räumliche Oszillationen von zyklischem AMP gesteuert wird.[5]
2. Zur »Dissipationsersparnis« im Sinne einer Verringerung der Verluste von freier Energie gegenüber dem stationären Zustand.[17]
3. Als »Frequenzgenerator« für andere schwingungsfähige Systeme, wodurch eine Vielfalt neuer dynamischer Zustände erzeugt werden kann.[4]
4. Als »Zufallsgenerator«, wenn Chaos auftritt, mit dem Zweck der Anpassung des Organismus an neue Umweltbedingungen durch Ausprobieren. Diese Funktion könnte sowohl bei der Chemotaxis und Signalerkennung wie auch bei der Evolution realisiert sein.
5. Als »Informationsspeicher« im Sinne eines chemischen Gedächtniselements, wenn verschiedene dynamische Zustände bei einem festen Satz von Kontrollparametern auftreten. Das Verhalten des Systems wird in diesen Fällen nicht nur von den Werten der Kontrollparameter bestimmt, sondern auch von der Vorge-

schichte des Systems. Analoge Vorgänge könnten den Gedächtnischarakter einzelner Oszillatoren in neuronalen Netzen bestimmen. Jeder Oszillator könnte singulär an eine einzelne Zelle gebunden sein.

6. Als »Trägerschwingung« für endogene niederfrequente Modulation. Die Beobachtung von zwei verschiedenen Uhrentakten in einem einfachen dynamischen Prozeß zeigt, daß die Periode der Trägerschwingung im Minutenbereich und die modulierende Periode im Stundenbereich liegen kann, womit das alte Problem der Kopplung von Langzeit- und Kurzzeitrhythmen verständlich wird.

Bei diesen Funktionen, die chaotischen Funktionen ausgenommen, wäre die »Hyperstabilität« eine nützliche Eigenschaft, wenn die Anfälligkeit des Systems auf externe Störungen minimalisiert werden soll. Bei der chaotischen Funktion dagegen könnte Instabilität als makroskopische Fluktuationsquelle zur Optimierung der Beziehungen zur Umwelt erwünscht sein. Die Variabilität des Systems, verursacht durch die chaotischen Schwingungen, läßt sich durch eine Informationsentstehungsrate in bits/min quantifizieren.[9, 18] Die Informationsentstehungsrate im biochemischen Experiment von Abb. 9b beträgt 0.21 bits/min.

Die Mannigfaltigkeit der Schwingungsarten, die ein dynamisches System aufweisen kann, könnte man als eine »Bibliothek« von Wellenformen betrachten. Wir haben hier den Reichtum an Wellenformen der zum glykolytischen System gehörenden »Bibliothek« dargestellt. Das Umschalten von einer Wellenform in eine andere wird entweder durch Änderung der Kontrollparameter oder durch Übergänge im Phasenraum zwischen verschiedenen koexistierenden Trajektorien erzielt. Diese Übergänge können durch physikalische oder biochemische Pulse erreicht werden, nach Art der hier besprochenen Metabolitpulse. Die allgemeine Struktur des glykolytischen Modellsystems, zusammengesetzt aus einem allosterischen und einem sogenannten klassischen Michaelis-Enzym, findet sich in vielen biochemischen Reaktionszügen der Zelle. Man kann erwarten, daß die hier vorgestellten Eigenschaften der glykolytischen Uhr auch in anderen Zweigen der Biochemie realisiert sind.

Literatur

1 Belousov, B. P.: Sb. Ref. Radiats. Med. 1958, Megdiz, Moskau 1959, 145
2 Boiteux, A., Goldbeter, A. und Hess, B.: Proc. Natl. Acad. Sci. USA *72*, 1975, 3829
3 Glansdorff, P. und Prigogine, I.: Thermodynamic Theory of Structure, Stability and Fluctuations. Wiley Intersci. Publ., London 1971
4 Hess, B., in: Die Zeit und das Leben, Nova Acta Leopoldina *225*, 46, 1977, 103
5 Hess, B.: 8. Fritz-Lipmann-Vorlesung. Hoppe-Seyler's Z. Physiol. Chem. *364*, 1983, 1
6 Hess, B. und Boiteux, A.: Ann. Rev. Biochem. *40*, 1971, 237
7 Hess, B., Boiteux, A. und Kuschmitz, D., in Sund, H. und Ullrich, V., Hg.: Biological Oxidations. Springer Verlag, Berlin 1983, 249
8 Hess, B. und Chance, B.: Naturwissenschaften *46*, 1959, 248
9 Hess, B. und Markus, M., in Frehland, E., Hg.: Synergetics – from Microscopic to Macroscopic Order. Springer Verlag, Berlin 1984, 6
10 Hess, B. und Markus, M., in Rensing, L. und Jaeger, N., Hg.: Temporal Order. Springer Verlag, Berlin 1985, 179
11 Hess, B., Kuschmitz, D. und Markus, M., in Ricard, J. und Cornish-Bowden, A., Hg.: Dynamics of Biochemical Systems. Plenum Press, N. Y. 1984, 213
12 Lotka, A. J.: Z. Phys. Chem., Leipzig *72*, 1910, 508
13 Lotka, A. J.: J. Am. Chem. Soc. *42*, 1920, 1595
14 Markus, M. und Hess, B.: Proc. Natl. Acad. USA *81*, 1984, 4394
15 Markus, M. und Hess, B.: Arch. Biol. Med. Exp., 18, 261
16 Markus, M., Kuschmitz, D. und Hess, B.: FEBS Lett. *172*, 1984, 235
17 Richter, P. H. und Ross, J.: Biophys. Chem. *12*, 1980, 285
18 Shaw, R.: Z. Naturforsch. *36*a, 1981, 80
19 Zhabotinskii, A. M.: Dokl. Nauk SSSR *157*, 1964, 392

Bernd-Olaf Küppers

Wissenschaftsphilosophische Aspekte der Lebensentstehung

1. *Einleitung*

Ein augenfälliges Merkmal der gegenwärtigen Wissenschaftsentwicklung ist die Tatsache, daß die einzelnen Wissenschaftszweige immer enger zusammenrücken. Innerhalb der Naturwissenschaften ist diese Entwicklung ganz wesentlich darauf zurückzuführen, daß die Physik als Basiswissenschaft in zunehmendem Maß auch den Bereich der komplexen Phänomene methodisch in den Griff bekommt.

Komplexe Phänomene par excellence sind die Lebenserscheinungen. So ist es kein Wunder, daß biologische, chemische und physikalische Fragestellungen immer häufiger ineinandergreifen. Der damit verbundene Trend zur interdisziplinären Forschung ist von einem konzeptionellen Wandel innerhalb der Wissenschaften begleitet – einem Wandel, der sich sowohl auf der methodischen als auch der begrifflichen Ebene vollzieht.

Neue Begriffe, die in die Wissenschaftssprache eingebracht werden, sind in der Regel nicht sauber definiert. So werden bei der Grundlegung einer Theorie deren Grundbegriffe zunächst über ein intuitives Vorverständnis in die Theorie eingeführt und erst nach der Nukleationsphase der Theorie in Form eines Iterationsprozesses zwischen Theorie- und Begriffsbildung präzisiert. Dementsprechend kann ein und derselbe Begriff, sofern er sich im Kontext verschiedener Theorien herausbildet, auch ein breites Spektrum von Bedeutungen besitzen.

Geradezu paradigmatisch für die Mehrdeutigkeit eines wissenschaftlichen Grundbegriffs ist der Begriff der Selbstorganisation, wie ja auch die Beiträge dieser Vorlesungsreihe belegen.

Will man einen solchen mehrdeutigen Begriff präzisieren, so ist es unerläßlich, daß man ihn auf eine wohldefinierte wissenschaftliche Problemstellung bezieht.

In dem vorliegenden Beitrag soll der Begriff der Selbstorganisation im Kontext der modernen Theorie der Lebensentstehung analysiert werden. Diese Theorie gründet sich vollständig auf die Gesetzmäßigkeiten der Physik und Chemie. Sie zeigt, daß selbst so extrem komplexe Strukturen wie die Lebewesen das Ergebnis *ungerichteter* Naturprozesse sein können, in deren Verlauf sich die unbelebte Materie spontan zu belebten Systemen organisiert.

Der Schwerpunkt der folgenden Ausführungen wird allerdings nicht so sehr auf dem naturwissenschaftlichen Aspekt des Problems liegen als vielmehr auf der wissenschaftsphilosophischen Frage, was im Grenzbereich von Physik, Chemie und Biologie unter dem Begriff »Selbstorganisation« zu verstehen ist und welche Erklärungsstruktur das Modell von der Selbstorganisation lebender Systeme gegenüber traditionellen physikalischen Erklärungsmodellen besitzt.*

2. Die materiellen Wurzeln lebender Systeme

Es gehört zu den charakteristischen Eigenschaften eines Lebewesens, daß es hierarchisch organisiert und auf allen Organisationsstufen nach zweckorientierten Kriterien aufgebaut ist. Selbst auf der zellulären Ebene der biologischen Makromoleküle begegnet man im Bereich des Lebendigen noch extrem planvollen und zweckmäßigen Strukturen.

Ein eindrucksvolles Beispiel ist das Hämoglobin. Dieses ist ein Bestandteil der roten Blutkörperchen und hat im lebenden Orga-

---

* Eine ausführliche wissenschaftsphilosophische Analyse der hier zur Diskussion stehenden Probleme hat der Autor als Buch unter dem Titel »Der Ursprung biologischer Information – Zur Naturphilosophie der Lebensentstehung« vorgelegt (Piper, München 1986).

nismus die Aufgabe, das Gewebe mit Sauerstoff zu versorgen. Darüber hinaus transportiert das Hämoglobin ein Abfallprodukt des Zellstoffwechsels, nämlich Kohlendioxyd, in die Lunge zurück.

Das Hämoglobin ist ein Riesenmolekül, das aus vier gleichartigen Untereinheiten aufgebaut ist. Jede Untereinheit für sich besteht aus einer langen Proteinkette, deren Grundbausteine die zwanzig natürlichen Aminosäuren sind. Bei der Atmung wird der Sauerstoff an das Hämoglobinmolekül gebunden und anschließend von der Lunge zu seinem Bestimmungsort, dem Gewebe, transportiert. Sauerstoffaufnahme und -abgabe sind jeweils mit einer außerordentlich diffizilen Änderung in der Struktur des Hämoglobinmoleküls verbunden. Die Strukturänderung selbst ist reversibel und hat eine gewisse Ähnlichkeit mit der pulsierenden Aktivität der Lunge; daher bezeichnet man das Hämoglobin auch als »molekulare Lunge«.[1]

Die räumliche Faltung der Proteinketten und damit die biologische Funktion des Hämoglobinmoleküls ist vollständig durch die spezielle Abfolge ihrer Proteinbausteine bestimmt. Der Austausch eines einzigen Bausteines kann zu partiellem oder gar totalem Funktionsverlust des Moleküls führen.

Das Hämoglobinmolekül ist ein Beispiel dafür, wie sich die Zweckmäßigkeit lebender Organismen bis in die komplexe Architektur ihrer molekularen Träger hinein fortsetzt. Bereits in einer einfachen Bakterienzelle gibt es schätzungsweise eine Million solcher molekularen Funktionsträger, darunter zwei- bis dreitausend verschiedene Arten. Jeder Funktionsträger ist auf eine ganz bestimmte Aufgabe spezialisiert, die für die Aufrechterhaltung der Lebensfunktionen im allgemeinen unentbehrlich ist.

Daß eine solche Vielfalt von Strukturen und Funktionen tatsächlich nach einem linearen »Baukastenprinzip« mit nur zwanzig Klassen von Proteinbausteinen möglich ist, beweist eine einfache Rechnung. Die kleinsten *katalytisch* aktiven Proteinmoleküle der lebenden Zelle bestehen aus wenigstens einhundert Bausteinen. Für eine solche Proteinkette existieren bereits

$$20^{100} \approx 10^{130}$$

alternative Anordnungsmöglichkeiten ihrer Bausteine. Dies zeigt, daß schon auf der untersten Komplexitätsstufe lebender Systeme eine nahezu unbegrenzte Vielfalt von Strukturen möglich ist.

Die makromolekularen Strukturen, die man in den Lebewesen vorfindet, sind nun insofern einzigartig, als sie eine spezifische Auswahl *optimierter* Strukturen aus einer nahezu unbegrenzten Vielzahl physikalisch möglicher Alternativen repräsentieren. Die Vermutung liegt nahe, daß für den Aufbau und die koordinierte Wechselwirkung solcher molekularen Funktionsträger innerhalb der Zelle ein Programm, also eine Information, existiert.

In der Tat haben die Ergebnisse der modernen Biologie gezeigt, daß der zum Aufbau eines lebenden Organismus notwendige Plan für alle Lebewesen einheitlich in einer bestimmten Sorte von Zellmolekülen gespeichert ist: den sogenannten Nukleinsäuren.

Die Nukleinsäuren gehören – wie die Proteine – zur Klasse der biologischen Makromoleküle, d. h. sie sind selbst wieder aus kleineren Molekülereinheiten zusammengesetzt. Diese Bausteine, die sogenannten Nukleotide, sind im Nukleinsäuremolekül linear angeordnet, etwa vergleichbar mit der Anordnung von Perlen in einer Perlenkette.

In ihrer linearen Abfolge besitzen die Nukleotide eine ähnliche Funktion wie die Schriftsymbole einer Sprache. Das Alphabet der genetischen Molekularsprache besteht dabei aus nur vier verschiedenen Symbolen, nämlich den vier Klassen von Nukleotiden. Man kennzeichnet diese im allgemeinen durch die Initialen ihrer chemischen Bezeichnungen, im Fall einer Desoxyribonukleinsäure (DNS) mit

> A(denosinphosphat)
> G(uanosinphosphat)
> C(ytidinphosphat)
> T(hymidinphosphat).

Die genaue Abfolge der Nukleotide in den Erbmolekülen verschlüsselt die gesamte genetische Information, insbesondere also auch die Baupläne für alle in der lebenden Zelle vorkommenden Proteine.

Auf diese Weise schließt sich der Kreis des »lebendigen« Wechselspiels zwischen biologischer Information und biologischer Funktion: Die genetische Information verschlüsselt bei allen Lebewesen den Plan für eine komplexe molekulare Maschinerie, deren wesentliche Aufgabe darin besteht, sich reproduktiv zu erhalten und ihren eigenen Bauplan möglichst effizient von Generation zu Generation weiterzugeben.

Damit der Bauplan an die Tochterzelle weitergegeben werden kann, muß das Erbmolekül jedoch zuvor kopiert werden. Die Grundlage dieses Reduplikationsprozesses bildet eine physikalisch-chemische Wechselwirkung, der zufolge sich die Grundbausteine einer Nukleinsäure nach dem sogenannten Schlüssel-Loch-Prinzip gegenseitig »erkennen« und paarweise aneinanderlagern. Nur die Nukleotide A und T einerseits sowie G und C andererseits können jedoch stabile Molekülpaare bilden, wodurch eine eindeutige komplementäre Symbolzuordnung gegeben ist.

Bei der Reduplikation des genetischen Materials wird in einem ersten Schritt von der zu kopierenden Nukleinsäure durch Anlagerung und Verknüpfung der komplementären Bausteine eine Negativkopie hergestellt. In einem zweiten Schritt schließlich wird das Negativ wieder in ein Positiv umgekehrt. Aufgrund der Brownschen Molekularbewegung wird der Kopierprozeß jedoch fortwährend gestört, so daß immer mit einer bestimmten Wahrscheinlichkeit Fehler (Mutationen) auftreten.

Ein quantitatives Maß für die materielle *Komplexität* eines lebenden Systems ist die Informationsmenge, die in seinen Erbmolekülen enthalten ist: Die kleinsten Lebewesen, die noch über einen autonomen Stoffwechsel verfügen, sind die Bakterien. Deren genetische Information ist in einem DNS-Molekül mit annähernd vier Millionen Nukleotiden verschlüsselt. Dies entspricht etwa dem Umfang eines tausend Seiten starken Buches. Im menschlichen Genom sind bereits über eine Milliarde molekularer Symbole zur Kodierung der Erbinformation notwendig, was – um bei demselben Bild zu bleiben – einer Bibliothek von mehreren tausend Bänden entspricht.

3. Zur physikalischen Deutung der Lebensentstehung

Je tiefer die Molekularbiologen mit den Methoden der Physik und Chemie in die vielfältigen Geheimnisse der Lebenserscheinungen einzudringen vermochten, desto genauer ließ sich mit den Begriffen der Physik und Chemie die Frage nach den Besonderheiten lebender Systeme stellen: Gibt es Leben als besonderes, das heißt irreduzibles Phänomen oberhalb der bloßen Materie?

Diese Frage ist so schwierig und umfangreich, daß wir die Diskussion auf einen bestimmten Aspekt beschränken müssen. Im Vordergrund unserer Betrachtung soll hier ausschließlich das Problem der Entstehung des Lebens stehen. Wir wollen uns dabei auf den eigentlichen Übergang vom Unbelebten zum Belebten beschränken und klammern von vornherein komplizierte Probleme wie etwa die Morphogenese oder die Entstehung des Zentralnervensystems aus.

Wie wir gesehen haben, bildet das komplexe, genau aufeinander abgestimmte Zusammenspiel der biologischen Makromoleküle die Grundlage aller Lebenserscheinungen. Auf das Problem der Lebensentstehung bezogen, läßt sich die oben gestellte Frage nun folgendermaßen präzisieren: Können aufgrund der herrschenden Gesetze der Physik und Chemie die biologischen Makromoleküle (1) spontan aus ihren Grundbausteinen entstehen und (2) sich selbst zu belebten Systemen organisieren?

Der erste Teil der Frage gehört zum Themenbereich der präbiotischen Chemie, also jenem Bereich der organischen Chemie, der sich mit dem Studium chemischer Reaktionen unter den (vermuteten) Reaktionsbedingungen der Urerde befaßt. Obschon auf dem Gebiet der präbiotischen Chemie noch eine Reihe von Problemen experimentell ungelöst ist (wie beispielsweise die abiotische Kondensation von Nukleotiden zu Nukleinsäuren), so läßt doch die Fülle der bisher vorliegenden Ergebnisse den Schluß zu, daß sich die Proteine und Nukleinsäuren bereits unter präbiotischen Reaktionsbedingungen spontan und unabhängig voneinander bilden konnten.[2]

Eine mit komplexen makromolekularen Strukturen angereicherte »Ursuppe« ist zwar eine *notwendige* Voraussetzung für die Entstehung lebender Systeme, nicht aber, wie wir sogleich sehen werden, auch schon eine *hinreichende* Voraussetzung. Und damit kommen wir zum zweiten Teil unserer Frage: Ist es möglich, daß sich biologische Makromoleküle selbst zu belebten Systemen organisieren?

Wir können zunächst einen naiven wissenschaftlichen Standpunkt einnehmen und fragen, ob ein lebendes System in Form eines einzigartigen Zufallsaktes entstehen kann. Diese Frage läßt sich auf zwei Ebenen diskutieren, nämlich einmal auf der phänotypischen Ebene der molekularen Maschinerie eines lebenden Systems und zum anderen auf der genotypischen Ebene der biologischen Information. Die molekulare Maschinerie besteht im wesentlichen aus dem zellulären Netzwerk der Proteine, während die biologische Information in der detaillierten Abfolge der DNS-Bausteine verschlüsselt ist.

Betrachten wir zunächst die phänotypische Ebene. Der Physiker Eugene Wigner hat einmal abgeschätzt, wie wahrscheinlich nach den Gesetzen der Quantenmechanik die Existenz einer selbstreproduktiven molekularen Maschinerie ist.[3] Seine Berechnungen laufen im wesentlichen darauf hinaus, die Struktur der quantenmechanischen Transformationsmatrix zu bestimmen, die den Übergang von einem unbelebten Materiezustand zu einem belebten Materiezustand beschreibt. Unter der Annahme, daß die quantenmechanische Transformationsmatrix eine Zufallsmatrix ist, konnte Wigner zeigen, daß die Zahl der Gleichungen, die die Transformation beschreiben, sehr viel größer ist als die Zahl der Komponenten der Zustandsvektoren, die als Unbekannte in die Gleichungen eingehen. Es ist deshalb nahezu ausgeschlossen, daß die Unbekannten die Transformationsgleichungen erfüllen. Nach den Gesetzen der Quantenmechanik, so argumentiert Wigner folgerichtig, ist die zufällige Entstehung eines selbstreproduktiven Materiesystems infolge einer gigantischen Fluktuation beliebig unwahrscheinlich.

Aber vielleicht, so könnte man dem entgegenhalten, war die Entstehung einer komplexen Maschinerie gar nicht notwendig. Vielleicht reichte die Entstehung eines einzelnen informationstragenden Makromoleküls bereits aus, um in der mit komplexen Substanzen angereicherten »Ursuppe« den Aufbau eines lebenden Systems zu instruieren, so wie im Verlauf der Ontogenese sich ein komplexer Organismus aus der befruchteten Eizelle heraus entwickelt.

Hier stellt sich das Wahrscheinlichkeitsproblem hinsichtlich der Lebensentstehung auf der genotypischen Ebene. Ist es möglich, so fragen wir jetzt, daß biologische Information rein zufällig, das heißt quasi als Nebenprodukt, bei der spontanen Synthese eines DNS-Moleküls entsteht? Um diese Frage zu beantworten, wollen wir einmal von den für unser Problem günstigsten Voraussetzungen ausgehen. Und zwar nehmen wir an, daß in einem präbiotischen Szenarium bereits DNS-Moleküle mit hinreichend großen Kettenlängen vorhanden sind, also etwa Nukleinsäuren von der Länge eines Bakteriengenoms. Jedes DNS-Molekül soll jedoch das Produkt einer Zufallssynthese sein. Ferner soll es bezüglich der Sequenzmuster keinerlei Instruktion durch irgendwelche Wechselwirkungskräfte geben. Die Wahrscheinlichkeit dafür, daß man in einem solchen Szenarium eine Nukleinsäure vorfindet, die eine definierte Sequenz, zum Beispiel die eines Ur-Gens besitzt, ist dann umgekehrt proportional zur Zahl der (kombinatorisch) möglichen Sequenzalternativen.

Schon in dem einfachen Fall des Bakterienbauplans nimmt die Zahl der Sequenzalternativen die unvorstellbare Größe von $10^{2.4 \text{ Millionen}}$ an. Die Erwartungswahrscheinlichkeit für die Nukleotidsequenz eines Bakterienbauplans ist damit so gering, daß noch nicht einmal die Größe unseres Universums ausgereicht hätte, um eine Zufallssynthese des Bakterienbauplans wahrscheinlich werden zu lassen. So beträgt beispielsweise die Gesamtmasse des Universums, ausgedrückt in Masseeinheiten des Wasserstoffatoms, etwa 10^{78} Einheiten. Selbst wenn die gesamte Materie des Weltalls aus DNS-Molekülen von der strukturellen Komplexität eines Bakterienbauplans bestehen würde, so würden wir, wenn diese DNS-Moleküle Zufallsprodukte wären, mit an Sicherheit grenzender Wahrscheinlichkeit darunter nicht den heutigen Bauplan eines Bakteriums vorfinden.

Nun ließe sich natürlich einwenden, daß wir bei unseren statistischen Überlegungen bereits von der Komplexität eines Bakterienbauplans ausgegangen sind, daß aber der historische Prozeß der Lebensentstehung möglicherweise über einfachere Lebensformen verlaufen ist. Eine entsprechende wahrscheinlichkeitstheoretische Analyse des Problems zeigt jedoch, daß noch nicht einmal ein optimiertes Enzymmolekül in Form einer Zufallssynthese entstehen kann. Selbst die kleinsten katalytisch wirksamen Proteinmoleküle der lebenden Zelle bestehen aus wenigstens einhundert Aminosäureresten und besitzen damit bereits über 10^{130} Sequenzalternativen. Da sich nach den Gesetzen der Physik und Chemie keine der Sequenzalternativen bevorzugt bildet, wird sich unter Gleichgewichtsbedingungen immer eine beliebige Gleichverteilung der makromolekularen Sequenzen einstellen, wobei der Erwartungswert für ein informationstragendes Makromolekül praktisch Null ist. Im Rahmen der traditionellen Physik und Chemie bleibt die Existenz lebender Systeme offenbar ein Rätsel.

Dennoch haben Physiker und Chemiker für den Ursprung des Lebens immer wieder Erklärungshypothesen entwickelt. So glaubte der französische Biochemiker Jacques Monod, daß die Existenz des Lebens auf einen *singulären* Zufallsprozeß zurückzuführen sei, der sich mit an Sicherheit grenzender Wahrscheinlichkeit nicht noch einmal im Weltall wiederholt hat bzw. wiederholen wird.[4] Niels Bohr hatte dagegen gefordert, daß das Leben an sich als Grundtatsache in der Biologie angenommen werden müsse, für die es keine nähere physikalische Begründung gebe.[5] Der Physiker Walter Elsasser ging noch einen Schritt weiter und postulierte ganz im Sinn des kritischen Neovitalismus die Existenz lebensspezifischer Gesetze, die die Lebensvorgänge in systemerhaltender Weise ausrichten, die aber nicht auf physikalische Gesetzmäßigkeiten reduzierbar sein sollen.[6]

Die statistischen Probleme, die im Zusammenhang mit dem Phänomen der Lebensentstehung auftreten, scheinen darauf hinzudeuten, daß Lebewesen irreduzible Strukturen sind, die sich nicht vollständig im Rahmen der Gesetzmäßigkeiten der Physik und Chemie erklären lassen. In diesem Sinn etwa hat sich der Physikochemiker Michael Polanyi in einer Reihe von Abhandlungen zum Problem der biologischen Informationsentstehung geäußert.[7] Die Gedanken Polanyis zu diesem Problemkreis sind insofern bemerkenswert, als sie in sehr klarer Form die erkenntnistheoretischen Schwierigkeiten widerspiegeln, die bei der physikalisch-chemischen Interpretation der Lebensentstehung auftreten.

Eine besondere Rolle spielt in den Überlegungen Polanyis das sogenannte Prinzip der »Kontrolle« der Naturgesetze durch systemspezifische Randbedingungen. Was hiermit gemeint ist, läßt sich am ehesten anhand der Analogie zwischen Maschine und Lebewesen verdeutlichen. Nach Polanyi besitzt eine Maschine zwei Beschreibungsebenen: die materielle Ebene der Einzelteile, die vollständig durch die Grenze der Physik und Chemie erklärbar ist, sowie die übergeordnete Ebene der Randbedingungen (zum Beispiel Grenzbedingungen zwischen den Einzelteilen), durch die die Konstruktion der Maschine bestimmt wird. Das Konstruktionsprinzip, mithin die Arbeitsweise einer Maschine, gehorcht bestimmten technologischen Kriterien, die ihrerseits jedoch irreduzibel, also durch die Gesetze der Physik und Chemie nicht begründbar sind. Ausschließlich mit den begrifflichen und methodischen Mitteln der Physik und Chemie kann man das Wesen einer Maschine weder erklären noch beschreiben, ja man kann noch nicht einmal eine Maschine als Maschine identifizieren.

Die am Modell der Maschine gewonnenen Schlußfolgerungen glaubt Polanyi insofern auf lebende Strukturen übertragen zu können, als diese unter anderem komplexe biochemische Maschinen darstellen. Auch die belebten Systeme sollen demnach bestimmten (irreduziblen) Wirkungsprinzipien gehorchen, die unabhängig von den physikalisch-chemischen Gesetzmäßigkeiten existieren und unter deren Kontrolle die jenen Gesetzmäßigkeiten genügenden materiellen Bestandteile stehen.

Polanyi hat diesen Gedanken am Beispiel der DNS-Struktur im einzelnen erläutert. Zwar lege, so konzediert Polanyi der Theorie des molekulargenetischen Determinismus, die Nukleotidsequenz im Genom eines lebenden Organismus die Information für dessen Aufbau fest, doch sei die detaillierte Abfolge der Nukleotide in der Primärsequenz eines DNS-Moleküls nicht aus physikalisch-chemischen Gesetzen ableitbar; denn jede der zahlreichen kombinatorisch möglichen Sequenzalternativen, so folgert Polanyi in

Übereinstimmung mit unserem heutigen Wissen über die Nukleinsäurechemie, besitze nach den herrschenden Naturgesetzen dieselbe A-priori-Wahrscheinlichkeit. Mit den Gesetzen der Physik und Chemie allein lasse sich daher die Auswahl einer ausgezeichneten Nukleotidsequenz, derjenigen nämlich, die eine biologisch sinnvolle Information trägt, nicht erklären. Vielmehr stelle die jeweilige Nukleotidsequenz der Erbmoleküle eine irreduzible, systemspezifische Randbedingung für das Wirken der Gesetze der unbelebten Natur in einem belebten System dar.

Wir stoßen hier auf den wissenschaftsphilosophischen Kern des Problems der Lebensentstehung. Das, was an biologischen Strukturen »planmäßig«, d. h. informationsgesteuert ist, besitzt eine Funktion im Hinblick auf die Aufrechterhaltung und Fortentwicklung jener spezifischen Ordnung, wie wir sie bei lebenden Systemen vorfinden. Damit kommt der biologischen Information eine definierte »Bedeutung«, d. h. Semantik, zu. Eine Theorie der Entstehung des Lebens muß daher zwangsläufig eine Theorie der Entstehung *semantischer* Informationen umfassen. Die zentrale wissenschaftsphilosophische Frage im Hinblick auf das Problem der Lebensentstehung ist also die, inwieweit sich der Begriff der *semantischen* Information überhaupt objektivieren und zum Forschungsgegenstand der Naturwissenschaften machen läßt.

4. Molekulare Selbstorganisation und die Entstehung biologischer Information

Wie sich am Beispiel der menschlichen Sprache zeigt, kann es Semantik in einem *absoluten* Sinn offenbar nicht geben, sondern immer nur *relativ* in bezug auf einen semantischen Referenzrahmen. So hat zum Beispiel das Wort »Selbstorganisation« nur im Kontext der deutschen Sprache eine definierte Bedeutung, nicht aber im Kontext einer anderen Sprache. Davon abgesehen, hängt die

Bedeutung des Wortes »Selbstorganisation« auch innerhalb der deutschen Sprache wieder von dem jeweiligen Sinnzusammenhang ab, in dem es seine Verwendung findet.

Auch die genetische Information besitzt keine absolute Semantik, sondern nur eine relative Semantik, nämlich bezogen auf die spezifischen Umweltbedingungen, an die das betreffende Lebewesen angepaßt ist. Der Prozeß Informationserzeugung, auf den es uns hier ankommt, erfolgt *evolutiv* nach dem von Darwin postulierten Prinzip der natürlichen Selektion.

Es drängt sich nun geradezu die Frage auf, ob das Prinzip der natürlichen Selektion auch bereits im molekularen, a priori unbelebten Bereich gültig ist und die Entstehung informationstragender Makromoleküle erklären kann. Die systemtheoretisch orientierte Biologie, wie sie insbesondere von Ludwig von Bertalanffy vertreten wurde, hat diese Frage stets verneint.[8] Heute wissen wir jedoch, daß das Phänomen der natürlichen Selektion nicht an belebte Systeme gebunden ist, sondern unter bestimmten Bedingungen auch auf der extrazellulären Ebene der biologischen Makromoleküle auftritt.

Anhand einer einfachen Plausibilitätsbetrachtung können wir uns klarmachen, welche Voraussetzungen für eine molekulare Selektion erfüllt sein müssen. Zunächst steht fest, daß ein molekularer Selektionsprozeß keinesfalls unter Gleichgewichtsbedingungen möglich ist; denn im Gleichgewicht wird sich immer eine dem Massenwirkungsgesetz entsprechende Gleichverteilung unter den Sequenzalternativen eines potentiellen Informationsträgers einstellen. Da jedoch nur ein winziger Bruchteil aller Sequenzalternativen populationsmäßig besetzt sein kann, kommt es im Gleichgewicht aufgrund von Fluktationen bestenfalls zu einer zufälligen Driftbewegung im Sequenzraum.

Eine selektive Selbstorganisation ist dagegen nur in Nichtgleichgewichtssystemen möglich. Damit solche Systeme nicht in den »toten« Zustand des thermodynamischen Gleichgewichts abfallen, muß ihnen ständig freie Energie zugeführt werden. Nichtgleichgewichtssysteme sind daher im thermodynamischen Sinn »offene« Systeme. Neben dieser physikalischen Voraussetzung muß aber auch noch eine materielle Voraussetzung erfüllt sein.

Die Moleküle, die ein Selektionsverhalten zeigen sollen, müssen im Sinne einer autokatalytischen Reaktion selbstreproduktiv sein; denn nur die Selbstreproduktivität gewährleistet, daß es in einem Nichtgleichgewichtssystem zu einer Selektion, d. h. zu einer irreversiblen Konzentrationsverschiebung kommt, in deren Verlauf eine durch die Anfangsbedingungen vorgegebene Zufallsverteilung sukzessiv eingeengt wird.

Unter der Bedingung, daß ein Materiesystem offen und selbstreproduktiv ist, konnte Manfred Eigen zeigen, daß das Prinzip der natürlichen Selektion ein physikalisch begründbares Extremalprinzip ist, das bereits in unbelebten Materiesystemen in Erscheinung tritt.[9] Die einzige Stoffklasse, die aufgrund ihrer chemischen Eigenschaften alle Voraussetzungen für eine selektive Selbstorganisation erfüllt, sind die Nukleinsäuren. Und tatsächlich ist es inzwischen auch experimentell gelungen, das Phänomen einer molekularen Selektion an isolierten Nukleinsäuren in offenen Systemen nachzuweisen.

Die Evolutionsexperimente mit Nukleinsäuren sind an anderer Stelle ausführlich beschrieben worden.[10] Hier soll mit Hilfe eines einfachen Gedankenexperiments gezeigt werden, daß ein Selektionsmechanismus im Sinne Darwins die statistischen Probleme, die im Zusammenhang mit der Entstehung des Lebens auftreten, wirklich lösen kann.

Zu diesem Zweck gehen wir von einer Zufallssequenz von der Länge des Bakterienbauplans aus und berechnen die Zahl der Einzelschritte, die in einem Mutationsverfahren zur Zielsequenz führen. Wir gehen dabei *selektiv* nach der Methode von Versuch und Irrtum vor, das heißt, wir fixieren immer solche Positionen in unserer Testsequenz, die mit der Zielsequenz übereinstimmen. Die »fixierten« Positionen sind natürlich von weiteren Mutationen ausgeschlossen, während alle anderen Positionen frei variieren können. Im Mittel führt in einer solchen Testsequenz (bei vier Klassen von Bausteinen) ein Viertel aller Punktmutationen zum Erfolg, so daß selbst eine Zielsequenz von der Komplexität eines Bakteriengenoms (etwa vier Millionen Nukleobide) mit einer für irdische Verhältnisse durchaus realistischen Zahl von etwa sechzehn Millionen Punktmutationen erreicht werden kann. Die selektive Methode, nach der eine definierte Sequenz aus einer Menge von $10^{2.4 \text{ Millionen}}$ kombinatorisch möglichen Alternativen ausgewählt wird, ist also der reinen Zufallsmethode, die nach einem »Alles-oder-nichts-Prinzip« vorgeht, bei weitem überlegen. Allerdings setzt das selektive Verfahren die Existenz einer Wertebene voraus, nach der ein Versuch (d. h. eine Punktmutation) als »fehlerhaft« verworfen oder als »vorteilhaft« fixiert wird. Nach der molekulardarwinistischen Interpretation der biologischen Informationsentstehung kann sich unter gewissen physikalischen Voraussetzungen eine solche Wertebene in Form eines Selbstorganisationsprozesses der Materie selbsttätig aufbauen und ständig auf ein höheres Niveau heben.

Bei der vorausgegangenen Überlegung handelt es sich nur um ein Gedankenexperiment. Es macht aber deutlich, daß tatsächlich aus einer sinnlosen Anfangssequenz eine sinnvolle Information als Ergebnis zufälliger Variation und Selektion entstehen kann. Eine *exakte* Begründung des molekulardarwinistischen Ansatzes besitzen wir heute in Form einer kohärenten physikalisch-chemischen Theorie der Lebensentstehung, die zugleich die Möglichkeiten und Bedingungen ihrer experimentellen Überprüfung enthält.[11]

5. Zur Erklärungsstruktur von Selbstorganisationsmodellen

Abschließend soll noch der Frage nachgegangen werden, in welchem Sinn denn nun die Physik der Selbstorganisation für das Problem der biologischen Informationsentstehung eine Erklärung liefert und worin der konzeptionelle Wandel gegenüber den traditionellen physikalischen Erklärungsmodellen besteht. Um diese Frage zu beantworten, müssen wir eine kurze Bemerkung über den Gesetzesbegriff in den Naturwissenschaften vorwegschicken.

Man pflegt zu sagen, man habe für ein natürliches Ereignis eine wissenschaftliche Erklärung, wenn man eine allgemeine Gesetzmäßigkeit formulieren kann, die es ermöglicht, das Eintreten eines solchen Ereignisses aus seinen Randbedingungen abzuleiten.

Der hier in groben Umrissen skizzierte Erklärungsbegriff wird in den Naturwissenschaften durch das Experiment operationalisiert: Im Experiment wird die Natur über die Vorgabe von Randbedingungen gezielt bestimmten Einschränkungen unterworfen, um ihr Verhalten unter diesen Einschränkungen zu analysieren. Durch Variation wie auch durch Einengung oder Erweiterung der experimentellen Randbedingungen läßt sich so das gesetzmäßige Verhalten der Materie erschließen.

Es wird sich für die weitere Diskussion als zweckmäßig erweisen, wenn wir den Begriff der wissenschaftlichen Erklärung etwas präzisieren. Hierzu eignet sich insbesondere die Art der Begriffsexplikation, wie sie von Carl Gustav Hempel und Paul Oppenheim im Rahmen des logischen Empirismus vorgeschlagen wurde.[12] Das sogenannte H-O-Schema der wissenschaftlichen Erklärung basiert im wesentlichen auf zwei Klassen von Aussagen: den Sätzen $A_1,...,A_m$, welche die sogenannten *Antezedensbedingungen* beschreiben, die dem zu erklärenden Ereignis, dem sogenannten *Explanandum* (E), vorausgehen, sowie den Sätzen $G_1,...,G_n$, welche die allgemeinen *Gesetzmäßigkeiten* formulieren, die dem Explanandum E zugrunde liegen.

Nach dem H-O-Schema besteht der eigentliche Vorgang der Erklärung von E darin, E aus den Prämissen ($A_1,...,A_m$; $G_1,...,G_n$), die zusammen das Explanans bilden, logisch abzuleiten. Genaugenommen gilt dieses Erklärungsschema nur für deterministische Gesetze. Solche Gesetze bilden zusammen mit den Antezedensbedingungen das Gerüst für die sogenannten *deduktiv-nomologischen* Erklärungen (oder kurz: DN-Erklärungen).

Die DN-Erklärungen sind das Kernstück des vom logischen Empirismus entwickelten Erklärungsmodells. Allerdings ist das Modell der DN-Erklärungen in sich nicht problemfrei. Und zwar treten die Schwierigkeiten insbesondere bei der genaueren Bestimmung des Explanandums zutage. Im einfachsten Fall kann das Explanandum eine kontingente Aussage sein wie beispielsweise eine Aussage über den Ort eines Körpers zur Zeit t. In komplizierten Fällen kann das Explanandum aber auch eine Aussage sein, die einen gesetzmäßigen Zusammenhang, etwa ein physikalisches Gesetz, wiedergibt.

Trotz (oder gerade wegen) dieser Schwierigkeiten stellt das DN-Schema der wissenschaftlichen Erklärung einen geeigneten *Systematisierungsrahmen* dar, innerhalb dessen die Feinstruktur wissenschaftlicher Erklärungsmodelle besonders deutlich zutage tritt. Insbesondere lassen sich am DN-Modell auch die spezifischen Merkmale des molekulardarwinistischen Erklärungsmodells herausarbeiten.

Zuvor müssen wir jedoch die Frage klären, was denn im Kontext biologischer Theorienbildung überhaupt als Explanans und Explanandum anzusehen ist. Betrachten wir zunächst das Explanandum. Hier können wir zwei Fälle unterscheiden, je nachdem, ob sich das Explanandum auf die phänotypische Expression des genetischen Materials (Fall 1) oder auf das genetische Material selbst (Fall 2) bezieht. Die phänotypische Expression des genetischen Materials ist das, was wir gemeinhin als Lebenserscheinung bezeichnen. Das genetische Material repräsentiert im Sinne Polanyis eine biologische Randbedingung: bestimmte makromolekulare Strukturen, welche semantische Information tragen.

Entsprechend unterscheidet sich in den beiden Fällen das Explanans. Im ersten Fall besteht das Explanans aus einer Reihe von Sätzen, welche die physikalischen Milieubedingungen, die biologischen Randbedingungen sowie die allgemeinen Gesetzmäßigkeiten beschreiben. Im zweiten Fall reduziert sich das Explanans, da die biologischen Randbedingungen nunmehr selbst zum Explanandum werden, auf die Vorgabe der physikalischen Milieubedingungen sowie der allgemeinen Gesetzmäßigkeiten. Dieser Fallunterscheidung entsprechen zwei Klassen von biologischen Theorien:

1. *Ontobiologische Theorien:* Die ontobiologischen Theorien gehen von einem bereits lebenden System aus. Bei der ontobiologischen Erklärung sind die biologischen Randbedingungen sowie

die physikalischen Milieubedingungen vorgegeben; die verschiedenen Lebenserscheinungen werden hieraus mit Hilfe allgemeiner Gesetzmäßigkeiten abgeleitet.

2. *Entwicklungsbiologische Theorien:* Die entwicklungsbiologischen Theorien erklären hingegen biologische Phänomene aus ihrer Entwicklungsgeschichte. Der entscheidende Vorgang einer entwicklungsbiologischen Erklärung ist mithin die Ableitung der biologischen Randbedingungen. Da die biologischen Randbedingungen die Information für den Aufbau eines lebenden Organismus verschlüsseln, ist deren Erklärung gleichbedeutend mit der Erklärung des Ursprungs planvoller Strukturen.

Neben der Klassifizierung in ontobiologische und entwicklungsbiologische Theorien haben wir auch eine Klassifizierung bezüglich der allgemeinen Gesetze, die das Explanans konstituieren (siehe Tabelle S. 100). So bestehen im Rahmen des reduktionistischen Forschungsprogramms die allgemeinen Gesetze ausschließlich aus denen der Physik und Chemie, während im Rahmen vitalistischer Theorienbildung zu den physikalisch-chemischen Gesetzen noch wenigstens ein lebensspezifisches, d. h. irreduzibles Gesetz hinzukommt.

Betrachten wir auf diese Fallunterscheidung hin noch einmal die Erklärungsstruktur der ontobiologischen und der entwicklungsbiologischen Theorien. Der Bedingungskomplex für ein biologisches Phänomen besteht im Kontext der ontobiologischen Theorien aus einer Kombination von biologischen Randbedingungen und physikalischen Milieubedingungen. Das reduktionistische Forschungsprogramm impliziert, daß jeder Lebenserscheinung ein derartiger Bedingungskomplex zugrunde liegt, aus dem das jeweilige Phänomen allein unter Zuhilfenahme physikalisch-chemischer Gesetzmäßigkeiten (im Prinzip) abgeleitet werden kann (sogenannter *genetischer Determinismus*). Werden in das Explanans hingegen noch lebensspezifische Gesetze mit aufgenommen, so resultiert hieraus die *klassische* Variante des Vitalismus.

Wie bei den ontobiologischen Theorien können wir auch bei den entwicklungsbiologischen zwei Erklärungsmodelle unterscheiden, den *Molekulardarwinismus* und den *wissenschaftlichen*

Vitalismus. Im Molekulardarwinismus manifestiert sich wieder das reduktionistische Forschungsprogramm mit seinem alleinigen Rückgriff auf die Gesetze der Physik und Chemie, während in dem auf der pseudowissenschaftlichen Ebene begründeten Vitalismus irreduzible Gesetze in das Explanans mit aufgenommen werden.

Wir wollen die weitere Diskussion auf das molekulardarwinistische Erklärungsmodell beschränken. Im Rahmen des Molekulardarwinismus wird unter einer entwicklungsbiologischen Erklärung eine Erklärung lebender Systeme im Sinne Darwins, d. h. auf der Basis der natürlichen Evolution verstanden, so daß wir den Erklärungsvorgang auch als *evolutionäre* Erklärung bezeichnen können. Da eine Evolution im Darwinschen Sinn bereits im abiotischen, molekularen Bereich möglich ist, treten evolutionäre Erklärungsmodelle schon auf der physikalisch-chemischen Ebene auf. Die Molekulartheorie der Evolution ist hierfür ein Beispiel.

Wie die vorausgegangene Analyse zeigt, spielen in den evolutionären Erklärungsmodellen die Randbedingungen eine weitaus wichtigere Rolle als in den traditionellen Modellen physikalischer Erklärung. Während nämlich in den Erklärungsmodellen der traditionellen Physik die Randbedingungen als *kontingente* Größen angesehen werden, besteht das Wesen evolutionärer Erklärungen gerade in der Erklärung der Existenz *spezifischer* Randbedingungen wie beispielsweise der biologischen Randbedingungen. Genau hierin besteht der konzeptionelle Wandel, der für die Physik der Selbstorganisation und Evolution molekularer Strukturen charakteristisch ist. In einem Selbstorganisationsprozeß sind die Randbedingungen bezüglich der Systemdynamik nicht mehr kontingent, sondern stehen zur Dynamik in einem rückkoppelnden Bezug. Dieses Charakteristikum läßt sich geradezu für eine Definition des Begriffes »Selbstorganisation« verwenden: Als *Selbstorganisation* sei jeder selbsttätig ablaufende Prozeß bezeichnet, in dessen Verlauf die Gesetze der Physik und Chemie ihre zunächst unspezifischen Randbedingungen auf spezifische Weise transformieren.

Bei der *biologischen* Selbstorganisation manifestiert sich das Ergebnis des Selbstorganisationsprozesses in der spezifischen Primärstruktur der informationstragenden biologischen Makromoleküle, welche im Sinne Polanyis die Eigenschaft einer biologischen Randbedingung besitzen. Allerdings, und dies kompliziert den Sachverhalt beträchtlich, besteht der Gesamtprozeß der biologischen Selbstorganisation aus einer Vielzahl von Einzelprozessen, in deren Verlauf die zunächst unspezifischen physikalischen Randbedingungen sukzessiv in biologische Randbedingungen transformiert werden.

Dem Erklärungsanspruch des Molekulardarwinismus sind jedoch, was die Ableitbarkeit der biologischen Randbedingungen betrifft, Grenzen gesetzt. Diese Grenzen sind im wesentlichen darauf zurückzuführen, daß (1) die evolutionäre Entstehung der biologischen Randbedingungen auf Zufallsereignissen, nämlich den Genmutationen, beruht und daß (2) der historische Evolutionsprozeß in Rahmenbedingungen eingebettet war, die sich nicht vollständig rekonstruieren lassen.

Die erste Einschränkung ist prinzipieller Art und damit nicht eliminierbar. Denn die »Richtung« der evolutionären Prozesse hängt ganz entscheidend von den mikrophysikalischen Mutationsereignissen ab, welche ihrerseits völlig indeterminiert sind. Darüber hinaus entwickeln sich die biologischen Randbedingungen in Form eines kontinuierlichen Rückkopplungsprozesses, bei dem das Ergebnis der primären Optimierungsphase zur Randbedingung der nachfolgenden Phase wird.

Die zweite Einschränkung läßt sich wenigstens *teilweise* eliminieren. Man kann nämlich ein sich selbst organisierendes System von der Komplexität seiner *historischen* Randbedingungen befreien und unter die idealisierten Randbedingungen des Experiments stellen. Allerdings ist dies nur für die abiotische Komponente der historischen Rahmenbedingungen möglich; denn die biotische Komponente ist wegen ihres rückkoppelnden Bezugs zum Prozeß der evolutionären Optimierung wiederum von den grundsätzlich indeterminierten Genmutationen abhängig. Dementsprechend beschreibt die Molekulartheorie der Evolution nur die allgemeinen Prinzipien und Mechanismen, denen gemäß biologische Information entstehen kann, nicht aber die Entstehung von Information in ihren semantischen Einzelheiten.

		Explanans		Explanandum
		Antezedens-bedingungen	Allgemeine Gesetze	
Entwicklungsbiologische Theorien	(a) Genetischer Determinismus	Physikalische Milieu-bedingungen *und* biologische Rand-bedingungen	Gesetze der Physik und Chemie	Alle Lebens-erscheinungen
	(b) Klassischer Vitalismus	Physikalische Milieu-bedingungen *und* biologische Rand-bedingungen	Gesetze der Physik und Chemie *und* lebens-spezifische Gesetze	Alle Lebens-erscheinungen
Ontobiologische Theorien	(a) Molekular-darwinismus	Physikalische Milieu-bedingungen	Gesetze der Physik und Chemie	Biologische Rand-bedingungen
	(b) Wissen-schaftlicher Vitalismus	Physikalische Milieu-bedingungen	Gesetze der Physik und Chemie *und* lebensspezifi-sche Gesetze	Biologische Rand-bedingungen

Tabelle: Die wichtigsten Klassen von biologischen Theorien und deren Erklärungsstruktur

Literatur

1 Perutz, M.: Hämoglobin – eine Lunge im Molekülformat. Bild der Wissenschaft 4, 350, 1972

2 Miller, S. L. und Orgel, L. E.: The Origins of Life on Earth. Prentice-Hall, New Jersey 1974

3 Wigner, E.: The probability of the existence of a self-reproducing unit. In: The Logic of Personal Knowledge: Essays in Honor of Michael Polanyi. Routledge and Kegan Paul, London 1961

4 Monod, J.: Zufall und Notwendigkeit. Piper Verlag, München 1971

5 Bohr, N.: Atomphysik und menschliche Erkenntnis, Bd. II. Vieweg, Braunschweig 1966

6 Elsasser, W.: The Chief Abstractions of Biology. North-Holland Publ., Amsterdam 1975

7 Polanyi, M.: Life transcending physics and chemistry. Chemical and Engineering News 45, 56, 1967

8 Bertalanffy, L. v.: Biologie und Weltbild. In Lohmann, M., Hg.: Wohin führt die Biologie? Deutscher Taschenbuch Verlag, München 1977

9 Eigen, M.: Self-organization of matter and the evolution of biological macromolecules. Naturwissenschaften 58, 465, 1971

10 Küppers, B.-O.: Towards an experimental analysis of molecular self-organization and precellular Darwinian evolution. Naturwissenschaften 66, 228, 1979

11 Küppers, B.-O.: Molecular Theory of Evolution. Springer Verlag, Heidelberg ^{2}1985

12 Hempel, C. G. und Oppenheim, P.: Studies in the logic of explanation. Philos. Sci. 15, 135, 1948

Alfred Gierer

Physik der biologischen Gestaltbildung [*]

1. Physikalische Grundlagen der Biologie

Zu den Zielen der modernen Biologie gehört es, Eigenschaften der belebten Natur auf Grund physikalischer Gesetze und Vorgänge zu verstehen. Die Physik ist die allgemeinste Naturwissenschaft, die sich auf alle Ereignisse in Raum und Zeit bezieht. Die Frage, ob und in welchem Sinne auch Lebensvorgänge physikalisch erklärbar sind, ist für das menschliche Welt- und Selbstverständnis von besonderem Interesse. In dieser Hinsicht hat die molekulare Genetik in den letzten Jahrzehnten wesentliche Fortschritte erbracht. Struktur, Vermehrung und Mutation der Erbsubstanz DNS sowie die von ihr gesteuerte Eiweißsynthese wurde auf molekularer und damit physikalischer Grundlage in wesentlichen Zügen geklärt. Die Ergebnisse betreffen Grundeigenschaften aller Lebewesen, vom Bakterium bis zum Menschen. Höhere, vielzellige Organismen zeichnen sich jedoch darüber hinaus durch zwei Merkmale besonders aus, die Einzeller nur ansatzweise zeigen: komplexes Verhalten und komplexe Gestalten.

Das Verhalten der Tiere und Menschen ist eine Funktion ihres Nervensystems. Dessen Wirkungsweise ist noch weitgehend ungeklärt. Dennoch kann man die Vermutung begründen, daß ein physikalisches Verständnis möglich ist: Leistungen des Nervensystems lassen sich formal beschreiben. Alles was formalisierbar ist, ist aber auch mechanisierbar, z. B. durch digitale Computer-

[*] Vortrag anläßlich der 111. Versammlung Deutscher Naturforscher und Ärzte, Hamburg, 21.–25. September 1980

elemente[1]; und da die Leistung einer Nervenzelle zwar anders, aber in jedem Falle reicher ist als die eines digitalen Schaltelements, kann im Prinzip jede formal beschriebene Leistung auch durch geeignet konstruierte Nervennetze erzielt werden. Diese Überlegung begründet allerdings nur, daß und nicht wie das Nervensystem auf physikalischer Basis zu erklären ist. Wie es funktioniert und wo die Grenzen seiner Leistungen liegen, kann nur die weitere Forschung ergeben. Auch ist es zumindest zweifelhaft, ob alle Eigenschaften von Nervensystemen, z. B. in bezug auf das Bewußtsein, auch formalisierbar sind.[2]

Das zweite charakteristische Merkmal höherer Lebewesen ist ihre sehr spezifische räumliche Struktur. Sie entsteht in jeder Generation neu aus der relativ uniformen Eizelle und letztlich aus deren noch einförmigerer Vorstufe, dem Ooblasten. Die Neubildung von Strukturen kennen wir auch aus dem anorganischen Bereich, wie z. B. die Bildung von Wolken am anfangs blauen Himmel. Das besondere Merkmal biologischer Strukturen ist aber, daß sie im Detail reproduzierbar, also vorhersagbar sind, daß sie artspezifisch sind, weil sie von Genen bestimmt werden, und daß sie in einer genau regulierten Folge von Ereignissen entstehen. Besonders eindrucksvoll sind Regeleigenschaften, die sich bei künstlichen Eingriffen in die Entwicklung zeigen. Manchmal kann ein halber Embryo ein ganzes Tier bilden; alle Teile werden zunächst auf eine entsprechend kleinere Größe heruntergeregelt. Bestimmte Einflüsse führen zu verdoppelten Anlagen, z. B. zu einem doppelköpfigen Gebilde, andere zu drastischen Symmetrieänderungen. Solche Eigenschaften haben oft zu Zweifeln geführt, ob sie mit der gewöhnlichen Physik vereinbar sind.

2. Grundprozesse der biologischen Gestaltbildung

Welche Prozesse bestimmen nun Form und Gestalt eines Organismus? Aus der Eizelle entstehen im Laufe der Entwicklung viele verschieden differenzierte Zellen, wahrscheinlich als Folge der Aktivierung verschiedener Gene. Zelldifferenzierung erklärt aber für sich nicht die räumliche Ordnung; ein Klumpen verschieden differenzierter Zellen ist noch kein Tier. Bei der Bildung räumlicher Strukturen lassen sich drei Grundmechanismen unterscheiden: das Aussortieren von Zellbestandteilen oder Zellen zu bestimmten energetisch günstigen räumlichen Konfigurationen (self-assembly); Ordnung in der Zeit, die Ordnung im Raum erzeugen kann, etwa indem in einem auswachsenden Organ eine räumliche Folge von Strukturen zeitlich nacheinander angelegt wird; und schließlich die Bildung von definierten Strukturen innerhalb zunächst homogener Zellen oder Zellgewebe, sei es mit oder ohne Wachstum. Der letztere Prozeß – die innere räumliche Selbstorganisation – spielt bei der Entwicklung vielzelliger Organismen eine Hauptrolle und ist wesentlicher Bestandteil ihres Generationszyklus; ich möchte mich hauptsächlich auf diese Art der biologischen Strukturbildung konzentrieren.

Ein instruktives und typisches Beispiel hierfür ist die seit Jahrhunderten bekannte Regeneration des Polypen *Hydra* aus Teilen der Bauchregion (Abb. 1). Jedes Teilstück macht ein neues Tier mit Kopf und Fuß. Dabei wächst der neue Kopf nicht nach, sondern wird im wesentlichen aus dem vorhandenen Gewebe geformt. Der Ort des Kopfes im Regenerat ist vorhersagbar; er entsteht an der Stelle, die dem ursprünglichen Kopf am nächsten war. Daraus folgt, daß die gleiche Stelle des ursprünglichen Tieres Kopf oder Fuß bilden kann, je nach dem, wie das regenerierende Stück herausgeschnitten wurde. Die Entscheidung für Kopfbildung beruht also nicht auf einer lokalen Eigenschaft des Gewebes, sondern auf einer Kommunikation der Zellen über das ganze regenerierende Gewebestück hinweg. In einem herausgeschnittenen Teilstück ist schon nach wenigen Stunden die künftige Kopfregion aktiviert.[3] (Dies läßt sich nachweisen, indem man die akti-

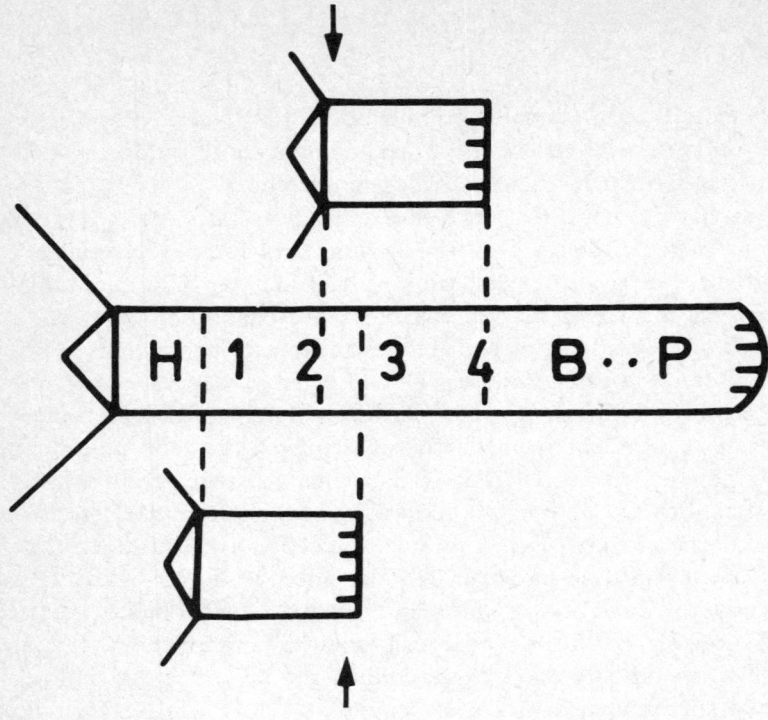

Abb. 1: Regeneration von Hydra *(schematisch: Kopf* H*, Bauchregion* 1–4*, Knospungsregion* B*, Fuß* P*). Jede Sektion der Bauchregion kann ein neues Tier mit Kopf und Fuß regenerieren. Der Kopf wird an der Stelle gebildet, die dem ursprünglichen Kopf am nächsten war. Die gleiche Stelle des ursprünglichen Tiers (Pfeil) kann also Kopf oder Fuß bilden.*

vierte Region in Gewebe anderer Hydren verpflanzt und dort die Induktion von Köpfen untersucht.) Es hat sich ein »morphogenetisches Feld« gebildet, wahrscheinlich eine gradierte Verteilung eines Stoffes, der an einem Ende des regenerierenden Gewebestücks, am Ort hoher Konzentration, die Kopfbildung auslöst. Die Orientierung dieses morphogenetischen Feldes wird durch eine leicht asymmetrische Verteilung in der Kopf-Fuß-Richtung des ursprünglichen Tiers festgelegt.[4] Die Form des morphogenetischen Gradienten ist jedoch von Details der Anfangsbedingungen unabhängig und entsteht nach Beginn der Regeneration neu.

Die Regeneration von *Hydra* ist somit ein geeignetes Modell für den experimentellen Nachweis, daß morphogenetische Felder der Bildung sichtbarer Strukturen vorangehen und deren räumliche Ausbildung regeln.

Es liegt nahe, zunächst nach ihrer chemischen Natur zu fragen. Es gibt klare experimentelle Evidenz,[5,6] daß organische Substanzen, die in natürlichen Geweben vorkommen, bereits in sehr kleinen Konzentrationen in spezifischer Weise in die Regelung der Morphogenese eingreifen können. Da aber die Bildung morphogenetischer Felder nur eine unter mehreren denkbaren Regelfunktionen solcher Substanzen ist und da ein direkter Test für Morphogene aus technischen Gründen bisher nicht vorliegt, ist auch die chemische Basis morphogenetischer Felder noch nicht bekannt. Um deren Bildung auf physikalischer Grundlage zu analysieren, muß man zunächst eine sehr allgemeine Annahme über das hierfür relevante Teilgebiet der Physik machen. Nähme man etwa an, dies wäre Magnetismus, so wäre die Dynamik morphogenetischer Felder auf die Maxwellschen Gleichungen zurückzuführen. Die molekularbiologisch vernünftige Annahme ist jedoch, daß es sich um Konzentrationsverteilungen von Molekülen handelt, die durch Wechselwirkung und Bewegung von Molekülen in Zellen, auf Membranen und in interzellulären Strukturen entstehen. Dann gelten für einen sehr weiten Bereich verschiedener Mechanismen Gesetze eines einfachen Grundtyps: Konzentrationen der Substanzen ändern sich mit der Zeit als Funktion der Konzentration der verschiedenen Substanzen (dies beschreibt die physikalisch-chemische Wechselwirkung) sowie als Funktion der räumlichen Verteilung der betreffenden Substanzen (die z. B. Ausbreitungseffekte durch Diffusion bestimmt). Die Grundvoraussetzung – Konzentrationen ändern sich als Funktionen von Konzentrationen – »entmystifiziert« den zunächst abstrakten Begriff der morphogenetischen Felder, indem man sie als Produkte gewöhnlicher Molekularbiologie betrachtet; zugleich stellt die entsprechende Gesetzesform aber viel strengere Bedingungen an die Theoriebildung als alle Erklärungsversuche mit Worten. Man kann so weit gehen zu fragen, ob auf dieser Grundlage überhaupt räumliche Konzentrationsmuster entstehen können. Daß dies der Fall ist, hat Turing[7] 1952 nachgewiesen: Zwei Substanzen mit auto- und kreuzkatalytischer Wechselwirkung können unter bestimmten Umständen spontan Konzentrationsmuster bilden. Verschiedene Arbeitsgruppen haben seither mathematische Eigenschaften solcher Systeme weiter aufgeklärt.[8]

3. Bildung räumlicher Strukturen durch Autokatalyse und »laterale Inhibition«

Kann derartige Reaktionskinetik helfen, die Entwicklungsbiologie zu verstehen? Um dies zu klären, haben wir nach Bedingungen zur Erzeugung morphogenetischer Felder gesucht, die nur bekannte molekularbiologische Eigenschaften erfordern und die zugleich die für die biologische Entwicklung charakteristischen Regeleigenschaften ergeben. Die folgenden Bedingungen ergaben sich aus dieser Analyse[9]. Für die Bildung räumlicher Konzentrationsverteilungen ist ein kurzreichweitiger autokatalytischer, also aktivierender Effekt nötig, gekoppelt an eine längerreichweitige »laterale« Inhibition von ausreichender Stärke und Geschwindigkeit. Reichweite ist hierbei als mittlerer Abstand zwischen Produktion und Zerfall der Moleküle definiert, die durch die Gesetze der physikalischen Chemie als Funktionen von Diffusion und Zerfallszeit berechenbar sind. Beginnen wir mit einer annähernd gleichmäßigen Verteilung im Raum, so kann ein kleiner Anfangsvorteil in einem Teilbereich durch Selbstverstärkung zu einer starken lokalen Aktivierung führen. Im aktivierten Bereich werden Hemmstoffe gebildet, die sich infolge ihrer größeren Reichweite über einen weiteren Bereich ausbreiten und dort Aktivierung verhindern. Auf diese Weise kann sich eine stabile räumliche Ungleichverteilung von Stoffkonzentrationen bilden. Die Form des entstehenden Musters ist von den Reichweiten der Aktivierung und der Inhibition bestimmt; im einfachsten Fall ist es eine gradierte Verteilung, in größeren Feldern sind symmetrische und periodische Muster möglich.

Die reaktionskinetischen Bedingungen lassen sich in eine mathematische Form bringen, die es erlaubt, viele verschiedene molekulare Modelle zu konstruieren, die zur räumlichen Musterbildung führen. Ein Beispiel: Aktivatoren und Inhibitoren werden von Enzymen erzeugt, die ihrerseits durch die Anlagerung von je zwei Aktivatormolekülen in einen aktiven Zustand umschnappen. Die Inhibitormoleküle hemmen das Aktivator-bildende Enzym. Sie werden schnell gemacht und diffundieren weit.

Dieses Beispiel ist eines von vielen möglichen Modellen, die zu ungleichen räumlichen Verteilungen führen, und nur biochemische Methoden können letztlich eine Entscheidung über den Mechanismus erbringen. Es ist jedoch bemerkenswert, daß keine sehr komplizierten Systeme und keine Eigenschaften nötig sind, die nicht in der gewöhnlichen Molekularbiologie bekannt sind.

Derartige Modelle auf der Basis von Autokatalyse und lateraler Inhibition können in einfacher Weise die Regeleigenschaften biologischer Systeme wiedergeben, an denen jede Theorie experimentell zu prüfen ist. Dies läßt sich demonstrieren, indem man den Mechanismus der Aktivierung und Inhibition durch zwei relativ einfache Gleichungen formal beschreibt und die Musterbildung im Computer verfolgt (Abb. 2, S. 110). Konzentrationsmuster entstehen aus annähernd gleichförmigen Anfangsbedingungen, die die Orientierung, aber nicht die Form bestimmen. Hierdurch wird die Bildung einer polaren Struktur richtig wiedergegeben, wie sie etwa bei der Regeneration eines Teilstückes des Polypen *Hydra* (s. Abb. 1) erfolgt. Im Abstand zu einem Zentrum der Aktivierung kann ein zweites Zentrum induziert werden. Hierdurch läßt sich die Induktion sekundärer Zentren, etwa die Bildung doppelköpfiger Embryonen, erklären. Bestimmte Versionen der Theorie ergeben eine Regelung, bei der in einem kleineren Teilstück ein vollständiges Muster in verkleinertem Maßstab gebildet wird (so bilden z. B. kleine Teilstücke der *Hydra* Tiere mit entsprechend kleinen Köpfen). Während das einfachste Muster eine gradierte Verteilung ist, können sich in weiteren Feldern

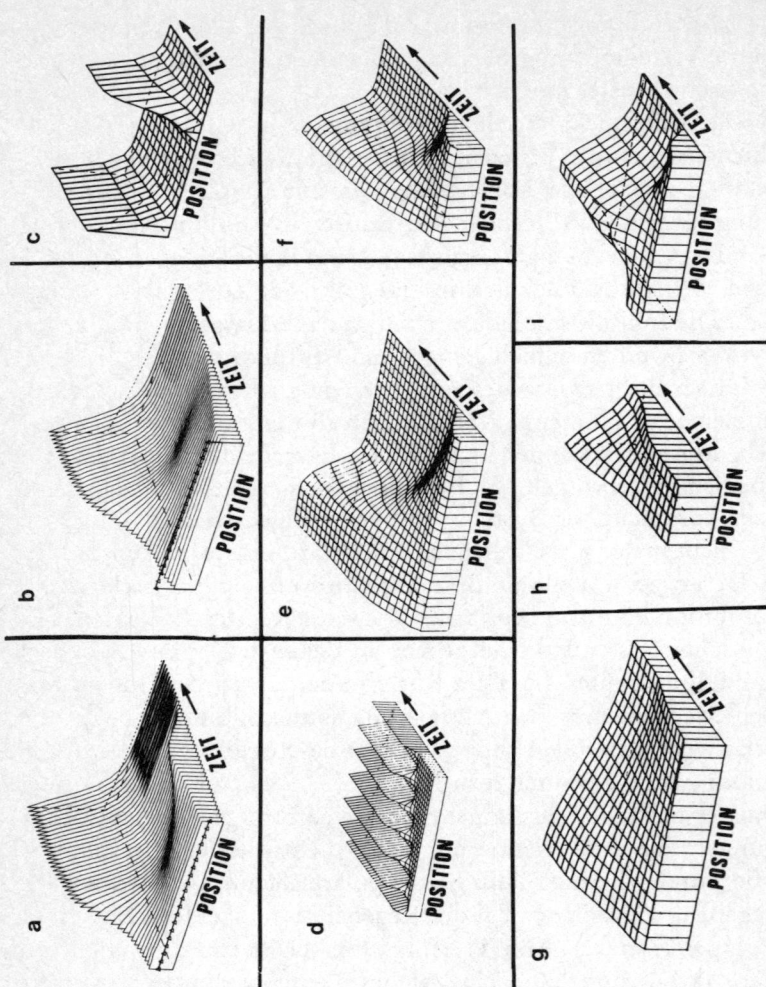

Abb. 2: Bildung räumlicher Konzentrationsverteilungen aus annähernd gleichförmigen Anfangsbedingungen auf der Basis von Autokatalyse und lateraler Inhibition. (a, b) Bildung einer gradierten Verteilung, initiiert (a) durch einen kleinen Zufallsvorteil (links) oder (b) durch eine sehr leicht gradierte Anfangsverteilung Morphogen-bildender Enzyme (▲-▲-▲-▲). (c) In gewisser Entfernung von einem etablierten Zentrum der Aktivierung (links) kann ein kleiner Stimulus (Mitte rechts) zur Bildung eines zweiten aktivierten Zentrums führen. (d) Bei kürzeren Reichweiten der Aktivatoren

symmetrische und periodische Muster bilden. Die Berechnungen lassen sich auf zwei und drei Dimensionen ausdehnen. In der Entwicklungsbiologie sind zweidimensionale morphogenetische Felder innerhalb von Zellschichten besonders wichtig. Abb. 3 zeigt Gradienten, symmetrische und periodische Verteilungen in zwei Dimensionen. Kombinationen und Schachtelungen von einfachen Systemen können zu komplexeren Mustern führen. Auch kompliziertere Regelvorgänge nach experimentellen Eingriffen in die Entwicklung durch Schnitte und Verpflanzungen von Geweben lassen sich auf der Grundlage der Theorie erklären.

Eine genauere mathematische Analyse des Modells, das den gezeigten Rechnungen zugrunde liegt, hat die Notwendigkeit der Bedingungen kurzreichweitiger Autokatalyse und langreichweitiger lateraler Inhibition für die Musterbildung bestätigt.[10] Die Bedingungen gelten noch allgemeiner für alle musterbildenden Systeme mit zwei Stoffen im Rahmen der allgemeinen Reaktionskinetik. Dies läßt sich zeigen, indem man in die Gleichungen der allgemeinen Stabilitätstheorie[11] von vornherein die Begriffe der lateralen Inhibitionstheorie – Reichweiten und Lebensdauern von Molekülen und Ordnungen von Reaktionen – einführt und die Bedingungen für die Entstehung räumlicher Ungleichheiten ermittelt.[12]

Das Konzept läßt sich darüber hinaus in gewissem Umfang von zwei auf mehrere Komponenten ausdehnen, wenn man sie in zwei Gruppen von Substanzen mit kurzer bzw. langer Reichweite auf-

und Inhibitoren wird, ausgelöst an einem Rand, ein periodisches Muster gebildet. (e, f) Proportionsregelung ist möglich, wenn die Höhe der Aktivierung durch Saturierungseffekte begrenzt ist; der aktivierte Teilbereich ist der Größe des Gesamtstücks annähernd proportional, solange sie in der Reichweite der Inhibition liegt. (g, h) Eine genauere Proportionsregelung über eine ganze gradierte Verteilung hinweg ergibt sich, wenn im Ausgangszustand die Reichweite der Aktivierung so groß ist, daß sich gar kein Muster bilden kann und dann durch graduelle Verminderung der Zellkommunikation, z. B. durch Schließen von interzellulären Verbindungen, ein Gradient initiiert wird. Wenn sich von da an die Zellkommunikation nicht mehr ändert, erhält man stabile Gradienten mit guter Proportionsregulation. (i) Bestimmte Parameterbereiche ergeben symmetrische Muster.

111

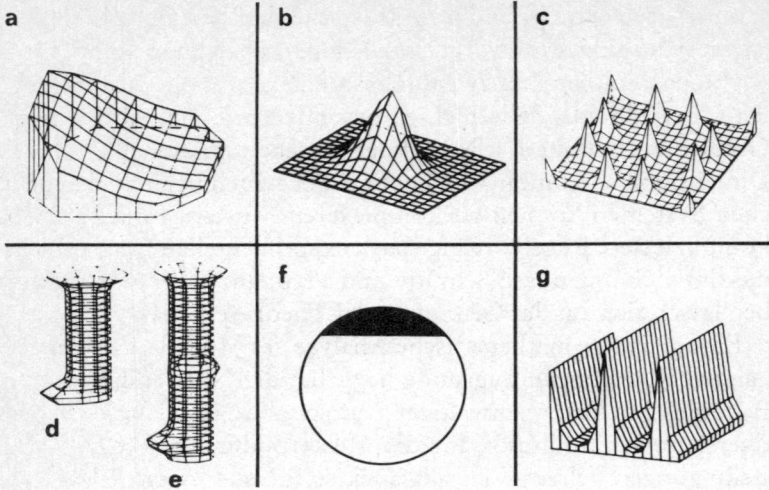

Abb. 3: Beispiele der Musterbildung in zweidimensionalen Feldern, z. B. in Zellschichten. Das gebildete Muster hängt im wesentlichen von der Reichweite der Aktivatoren und Inhibitoren ab. (a) Gradierte Verteilung, die »Positionsinformation« in einer Dimension festlegt (zusammen mit einem zweiten Gradienten in anderer Richtung kann man ein zweidimensionales Koordinatensystem für die Morphogenese erhalten). Bei kleineren Aktivatorreichweiten kann sich ein Gipfel der Aktivierung innerhalb der Schicht (b) bzw. ein periodisches Muster (c) bilden. Auf einem wachsenden Zylinder ergeben sich Aktivierungen auf entgegengesetzten Seiten (d, e), wie es der Anordnung von Knospen der Hydra, aber auch den Blattständen vieler Pflanzen entspricht. (f) Aktivierung eines Pols auf einer Kugel. (g) Ist die Ausbreitung der Inhibitoren in einer Dimension gering, in der anderen aber groß, so kann sich ein periodisches Muster in einer Dimension bilden.

teilen kann.[12] Wenn die kurzreichweitige Gruppe, für sich betrachtet, aktivierende Eigenschaften hat und die langreichweitige Gruppe einer autokatalytischen Explosion des Gesamtsystems hemmend entgegenwirkt, ist die Bildung von Konzentrationsmustern aus annähernd uniformen Anfangsverteilungen möglich. Ein Beispiel ist ein System aus vier Substanzen, das ein Streifenmuster erzeugt, bei dem sich zwei verschiedene Aktivierungen im

Raum abwechseln und sich wechselseitig durch zwei stärker diffusible Stoffe unterstützen. Eine weitere Verallgemeinerung solcher Modelle der »lateralen Hilfe« führt zu Induktionswellen, die eine festgelegte Sequenz verschieden aktivierter Bereiche im Raum erzeugt.[13] In der Entwicklungsbiologie findet man die Eigenschaften, die auf solche Induktionswellen hinweisen, besonders bei bestimmten Regenerationsvorgängen; ein Beispiel ist die interkalare Regeneration von zuvor herausgeschnittenen Teilen von Insektenbeinen.[14]

4. Zelldifferenzierung und Formbildung

Morphogenetische Felder sind zumeist unsichtbare räumliche Verteilungen. Wirkliche Muster und sichtbare Gestalten entstehen erst durch die Reaktion der Zellen auf lokale Werte der morphogenetischen Felder durch Differenzierung, Vermehrung, Bewegung sowie durch solche Änderungen der Zellformen, die sich auf die Gewebeform auswirken. Wenn das morphogenetische Feld die Bildung relativ stabiler Stoffe reguliert oder die Wahrscheinlichkeit der Differenzierung von Zellen im Gewebe beeinflußt, so kann ein morphogenetischer Gradient zu einer stabilen gradierten Verteilung von Zellbestandteilen oder Zellen führen. Wenn hingegen die Differenzierung von Zellen zu einem bestimmten Typ immer und nur dort ausgelöst wird, wo die Morphogenkonzentration einen Schwellenwert überschreitet, so bewirkt ein kontinuierlicher morphogenetischer Gradient eine Unterteilung des Gewebestücks in verschieden differenzierte Bereiche mit scharfer Grenze.

So interessant die Phänomene der morphogenetischen Felder und der Zelldifferenzierung für die Entwicklungsbiologie sind, ergeben sie für sich doch noch keine Erklärung der eigentlichen Morphogenese, nämlich der Entstehung wirklicher Formen im Raum. Formen sind eigentlich Krümmungsmuster der Oberflä-

113

chen von Organen und Organismen. Biologische Formen und Gestalten, die unserer sinnlichen Erfahrung der Natur unmittelbar zugänglich sind, wurden merkwürdigerweise in der Biologie der letzten Jahrzehnte durch abstrakte Aspekte der Biochemie und Genetik weitgehend verdrängt. Tatsächlich sind die an der Gestaltbildung beteiligten Prozesse so vielfältig, daß man keine allgemeine Erklärung erwartet, die es etwa mit der molekularen Genetik an Geschlossenheit aufnehmen kann. Jedoch gibt es einen relativ einfachen Prototyp, der in der Entwicklungsbiologie eine beträchtliche Rolle spielt: die Bildung von Strukturen durch die Evagination oder Invagination von zunächst annähernd flachen Zellschichten, zum Beispiel bei der Gastrulation, Neurulation oder Bildung von Organanlagen. Man könnte vermuten, morphogenetische Felder wirkten dabei als Signale zu einer einmaligen und irreversiblen Kontraktion einer Oberfläche von Zellschichten. Dem widerspricht jedoch die Selbstregelung solcher Prozesse; sie können z. B. oft durch Hemmstoffe aufgeschoben oder aufgehoben und wiederholt werden.[15] Diese Selbstregelung läßt vermuten, daß die Formbildung die Annäherung an einen neuen Gleichgewichtszustand darstellt, der seinerseits durch das morphogenetische Feld bestimmt wird. Solche Vorgänge lassen sich als Annäherung an einen Zustand kleinsten Potentials[16] beschreiben. Hierbei kann man das Prinzip der kleinsten Energie auf Fließgleichgewichte verallgemeinern. Zum Potential können sowohl membrangebundene Moleküle als auch intrazelluläre Strukturen, z. B. Fasern, beitragen.

Voraussetzung für eine Gestaltbildung ist die Stabilität der formbildenden Zellschicht gegen Verklumpen oder Zerfall. Diese Stabilität ist an bestimmte Voraussetzungen gebunden. Die Analyse[16] zeigt, daß sie mit einer einfachen linearen (also proportionalen) Beziehung des Potentials zu den verschiedenen Kontaktflächen der Zelle mit anderen Zellen, Innen- und Außenmedium unvereinbar ist. Molekularbiologisch bedeutet dies, daß keine starre gleichmäßige Verteilung von Molekülen an der Zelloberfläche, wie kompliziert auch immer deren Zusammensetzung sein mag, für sich zu einer stabilen Zellschicht führen kann. Andererseits ergeben relativ einfache, »nichtlineare« Effekte, z. B. ein Zusammenlaufen von Molekülen der Zellmembran an einem Pol (capping) oder ein Einfluß intrazellulärer Fasern auf die Zellform, die Stabilität einer Zellschicht gegenüber einer ganzen Reihe von Störungen und Verformungen. Aktivierung eines Bereiches einer Zellschicht durch ein morphogenetisches Feld führt dann zu Biegemomenten, Krümmung und der Bildung einer definierten neuen Struktur, wenn eine weitere Voraussetzung erfüllt ist: Die Zellschicht muß in bezug auf ihre beiden Grenzflächen unsymmetrisch sein. Diese Asymmetrie ist in der Biologie die Regel und oft direkt im Mikroskop zu sehen. Sie unterscheidet Zellschichten von den meisten technischen Materialien und stellt die logische Voraussetzung dafür dar, daß eine lokale Aktivierung durch ein morphogenetisches Feld zu einem Biegemoment und zur Krümmung des Gewebes in einer definierten Richtung führt (anderenfalls wären Invagination und Evagination gleichberechtigt, ein Biegemoment könnte nur Null sein).

Für Modellrechnungen eignet sich die technische Schalentheo-

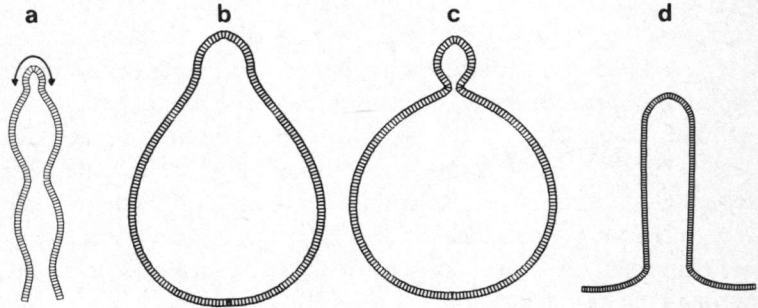

a   b   c   d

Abb. 4: Modelle der Formbildung von Zellschichten am Beispiel rotationssymmetrischer Formen (die Computerbilder zeigen Schnitte durch die dreidimensionale Struktur, die die vertikale Achse der Rotationssymmetrie enthalten). Vorausgesetzt wird ein morphogenetisches Feld, das eine (Pol-)Region aktiviert (s. Abb. 3b, f) und dort Biegemomente, Krümmung und Form induziert. Der Berechnung liegt die technische Schalentheorie zugrunde. (a) Beispiel einer offenen Struktur (↔ aktivierte Polregion), (b, c) Evagination aus einer geschlossenen Kugel. Längliche Strukturen können z. B. dadurch entstehen, daß um eine stark aktivierte Region herum ein größeres Gebiet schwächer aktiviert wird (d).

rie, die von Ingenieuren und Architekten entwickelt wurde und etwa der Konstruktion dünner Betondecken zugrunde liegt, die große Flächen überspannen. In der Technik spielen dabei tangentiale Kräfte die Hauptrolle, während die Form der Schalen so gewählt wird, daß Biegemomente möglichst vermieden werden, da sie z. B. eine Schalendecke zum Einsturz bringen würden. Für die biologische Anwendung ist hingegen die entgegengesetzte Näherung der Schalentheorie geeignet, die die Biegemomente betont und tangentiale Kräfte als klein voraussetzt.

Ich möchte einige Modellrechnungen für einfache dreidimensionale rotationssymmetrische Strukturen erläutern. Aktivierung einer einzelnen Teilregion einer Zellschicht kann zu einer relativ komplexen Struktur führen, als Folge der Wechselwirkung von Krümmungen in den beiden Dimensionen der Oberfläche der Zellschicht (Abb. 4a). Aktivierung eines Teilbereiches einer geschlossenen Kugel führt zu Evagination (Abb. 4b, c). (Das entgegengesetzte Vorzeichen des Effektes der Aktivierung auf die Zellschicht würde Invagination ergeben.) Längliche Formen und noch kompliziertere Strukturen mit ungleichmäßiger Krümmung können auf verschiedene Weise entstehen, etwa durch starke Aktivierung eines kleinen und schwächere Aktivierung eines umgebenden größeren Bereichs, wie es im Fall des Knospungsmodells (Abb. 4d) dargestellt ist. Man wird nicht erwarten, daß die skizzierte Theorie [17] der Formbildung von Zellschichten auf alle Fälle anwendbar ist; wenn die Formbildung stark durch tangentiale Kräfte, Reibung oder sterische Behinderung mitbestimmt ist, ist sie im Rahmen dieser Theorie nicht darstellbar. Sie ist aber vermutlich eine gute Näherung für die Fälle, in denen die einem Potentialansatz entsprechenden Selbstregeleigenschaften experimentell beobachtet werden.

5. Ähnlichkeiten und Unterschiede zwischen biologischen und nichtbiologischen Strukturbildungen

Die Überlegungen und Analysen über die Bildung von morphogenetischen Feldern durch Autokatalyse und laterale Inhibition sowie über die Reaktion der Zellen auf solche Felder durch Differenzierung und Formänderungen zeigen, daß Grundprozesse der biologischen Gestalt- und Musterbildung und ihre Selbstregulation auf Grund physikalischer Gesetze darstellbar sind. Wenn auch die chemischen Grundlagen dieser Prozesse weitgehend ungeklärt sind und Überraschungen und Komplikationen bergen können, so legt doch die Tragweite einfacher physikalisch begründeter Modelle sehr nahe, daß die biologische Gestalt- und Musterbildung auf gewöhnlicher Molekularbiologie beruht und völlig im Gültigkeitsbereich der bekannten physikalischen Grundgesetze liegt. Physikalische Erklärungen heben aber den Unterschied zwischen belebter und unbelebter Natur nicht auf. Welche Eigenschaften biologischer Strukturbildung sind gemeinsam und welche verschieden von Strukturbildungen in anderen Bereichen?

Selbstverstärkung, wie sie der skizzierten biologischen Theorie zugrunde liegt, gibt es ganz offensichtlich sowohl bei der Strukturbildung in der anorganischen Physik, etwa bei der Entstehung von Kristallen und Galaxien, Wolken und Dünen, als auch im sozialen Bereich bei der Ausbildung sozioökonomischer Ungleichheiten, der Bildung städtischer Zentren oder der Ausbildung von Verkehrsstaus. Andererseits ist es für den biologischen Bereich charakteristisch, daß komplexe Strukturen im Generationszyklus genau reproduziert werden. Im Laufe der Entwicklung eines Organismus entstehen Strukturen, Teilstrukturen und deren Unterstrukturen in genetisch festgelegter räumlicher Anordnung und Orientierung. Alle interessanten Strukturen eines Elefanten finden sich an definierten Stellen in definierter Orientierung, wie Vorder- und Hinterbeine, Rüssel und Stoßzähne; so selbstverständlich uns dieser Sachverhalt erscheint, im Sinne der Strukturtheorie bedeutet er, daß im Gegensatz zum anorganischen Bereich bei der biologischen Gestaltbildung der echte, also der statistische

Symmetriebruch keine große Rolle spielt. Die Orientierung einer Teilstruktur ist vielmehr durch die Anfangsbedingungen festgelegt. Dagegen kann die Form selbst grundsätzlich nicht in verborgener Weise räumlich vorgebildet sein. Dies läßt sich an einem einfachen Gedankenexperiment zur Regeneration von *Hydra* (s. Abb. 1) zeigen. Nehmen wir an, wir schneiden ein Zehntel der Länge einer *Hydra* heraus, lassen das Stück regenerieren und wachsen, schneiden wiederum ein Zehntel der Länge heraus und wiederholen den Prozeß achtmal. Wäre die Endstruktur in der Anfangsstruktur räumlich vorgebildet, so müßte sie in einer 10^{-8} cm dicken Schicht des ersten Tieres als Muster vorkommen. Dies entspricht dem Durchmesser eines Atoms und kann auf Grund der Quantenindetermination keine stabile, definierte räumliche Struktur enthalten. Es folgt also zwingend, daß in jeder Runde der Regeneration die räumliche Struktur jeweils neu gebildet wird. Die laterale Inhibitionstheorie gibt sowohl die Unabhängigkeit der Form als auch die Abhängigkeit der Orientierung von Details der Anfangsbedingungen richtig wieder, wie es der Logik des Generationszyklus entspricht.

6. Mathematik und Materie als Erklärungsgrundlagen biologischer Entwicklung

Ein umfassendes Verständnis der Grundprozesse der biologischen Gestalt- und Musterbildung erfordert schließlich eine Kombination physikalisch-mathematischer Analysen mit strukturellen biochemischen Erkenntnissen. Damit wird sowohl der reduktionistischen These widersprochen, der Nutzen der Mathematik beschränke sich auf die Aufstellung solcher Hypothesen, die die experimentelle Aufklärung molekularer Strukturen erleichtern, als auch der formalistischen Meinung, die Erklärung der Strukturbildung liege ausschließlich in formalen Prinzipien wie Katastrophen, dissipativen Strukturen, Bifurkationen usw., die von jedem chemischen Detail abstrahieren. Tatsächlich ist biologische Form eine Systemeigenschaft, die sich ebensowenig direkt aus der Struktur von Molekülen ablesen läßt wie die Form von Wolken und Wellen aus der chemischen Formel für Wasser. Auch wenn wir alle an der biologischen Formbildung beteiligten Moleküle kennen würden, wären außerdem phänomenologische Theorien und mathematische Fakten erforderlich, um die Form selbst zu verstehen. Andererseits wird eine rein mathematische Theorie auch dann, wenn sie Phänomene gut wiedergibt, so lange nicht befriedigen, wie sie nicht durch biochemische Fakten bestätigt wird.

Es ist psychologisch verständlich, daß Biochemiker und Molekularbiologen mehr den strukturellen Aspekt des Problems schätzen, während Mathematiker und Physiker der formalen Seite mehr abgewinnen. Biologen sind der Mathematik gegenüber oft skeptisch, betonen aber den holistischen Aspekt, daß das Ganze mehr ist als seine Teile. Diesem wichtigen Sachverhalt wird die moderne Systemtheorie gerecht, aber doch nur mit Mathematik. Ein Verständnis der biologischen Gestaltbildung erfordert eine interdisziplinäre Kombination von Analysen und Fakten der Biologie, Physik, Chemie und Mathematik. Diese Notwendigkeit nimmt uns allerdings nicht die Freiheit, den einen oder anderen Aspekt interessanter zu finden. Schließlich ist der relative Erklärungswert des Materiellen und Mathematischen Gegenstand einer Jahrtausende alten philosophischen Auseinandersetzung, die sich auf Pythagoras und Plato für die Mathematik und auf Demokrit, Epikur und später Marx für die Materie zurückführen läßt und wohl kaum im wissenschaftlichen Sinne objektiv entscheidbar wäre.

Literatur

1 McCulloch, W. S. und Pitts, W. H.: Bull. Math. Biophys. *5*, 115, 1943
2 Gierer, A.: Ratio *12*, 40, 1970
3 Webster, G. und Wolpert, L.: J. Embryol. Exp. Morph. *16*, 91, 1966
4 Gierer, A. et al.: Nature *239*, 98, 1972
5 Schaller, C. H.: J. Embryol. Exp. Morph. *29*, 27, 1973
6 Berking, S.: W. Roux' Arch. *181*, 215, 1977
7 Turing, A.: Phil. Trans. R. Soc. *237*, 32, 1952
8 Prigogine, I. und Nicolis, G.: Quart Rev. Biophys. *4*, 107, 1971
9 Gierer, A. und Meinhardt, H.: Kybernetik *12*, 30, 1972
10 Granero, M. J., Porati, A. und Zanacca, D.: J. Math. Biol. *4*, 21, 1977
11 Glansdorff, P. und Prigogine, J.: Thermodynamic Theory of Structure, Stability and Fluctuations. Wiley, London 1971
12 Gierer, A.: Progr. Biophys. molec. Biol. 37, I, 1981
13 Meinhardt, H. und Gierer, A.: J. Theor. Biol. *85*, 429, 1980
14 Bohn, H.: W. Roux' Arch. *165*, 303, 1970
15 Spooner, B. S. und Wessels, N. K.: Proc. Nat. Acad. Sci. USA *66*, 360, 1970
16 D'Arcy Thompson, W.: On Growth and Form. Univ. Press, Cambridge 1952
17 Gierer, A.: Quart. Rev. Biophys. *10*, 529, 1977

Günter Wagner

Evolution der Evolutionsfähigkeit*

1. Evolutionsfähigkeit: ein Problem oder eine Trivialität?

Nach gültiger neodarwinistischer Auffassung ist Evolution, d. h. Wandel und Anpassung der Arten, eine gewissermaßen mechanische Folge der Gesetze von Vererbung und Reproduktion. Erbliche Variation entsteht bei der Vervielfältigung des Erbmaterials spontan. Es sind unvermeidliche, zufällige Fehler, die das Rohmaterial für die Evolution liefern. Die Auswahl der vorteilhaften Varianten besorgt die Selektion, die ihrerseits wieder aus der Tatsache folgt, daß mehr Nachkommen erzeugt werden, als Eltern der übernächsten Generation sein können.

Evolutionsfähigkeit ist also direkt mit den Grundeigenschaften des Lebens verbunden. Jeder Zustand der Materie, der mit Fug und Recht als belebt gelten kann, setzt die Existenz eines Informationsspeichers und die Möglichkeit zur Selbstreproduktion voraus. Sobald diese beiden Grundphänomene des Lebendigen gegeben sind, ist Evolution im Darwinschen Sinn möglich, d. h. es gibt spontane erbliche Variation, und es gibt Selektion. Schon die einfachsten molekularen Vorstufen des Lebens, die zur Selbstreplikation fähig sind, haben sich nach dem Prinzip von Mutation und Selektion entwickelt, was Ende der 70er Jahre von Eigen, Schuster[13] und Küppers[26] überzeugend dargelegt worden ist.

Wenn man Evolution als eine notwendige Folge gewisser Mate-

* Die in diesem Beitrag dargestellten Arbeiten wurden mit finanzieller Unterstützung der Stiftung Volkswagenwerk durchgeführt. Der Autor dankt Herrn Dr. Fritsch für wertvolle Hinweise.

riezustände auffaßt, wie z. B. Eigen, so scheint die Frage nach den Bedingungen der Evolutionsfähigkeit kein Problem zu sein. Man kennt die Elementarmechanismen der Evolution und hat damit das Wesentliche verstanden.»... Darwinian natural selection is an almost inevitable process that requires only a supply of genetic variability to work in virtually any type of population structure.«[9] Trotzdem ist die Kritik an dem neodarwinistischen Erklärungsmodell auch wissenschaftsintern nicht verstummt. Freilich bestreitet kaum noch jemand die Realität des Mutations-Selektions-Mechanismus. Die Auseinandersetzungen betreffen vielmehr die Frage, wie weit der Erklärungsanspruch des neodarwinistischen Modells reicht.

Die Anwendbarkeit des Mutations-Selektions-Modells ist heute nur noch in zweierlei Hinsicht unklar, und zwar im Bereich der Makroevolution (s. u.) und bei der Evolution komplexer funktioneller Systeme. Viele Probleme, die früher Anlaß zur Kritik am Neodarwinismus gaben, wie die Entstehung der genetischen Phänomene und die Evolution des Sozialverhaltens, können im Prinzip als gelöst gelten.[21, 54]

Bei genauerer Betrachtung erweisen sich alle verbliebenen Probleme als in ihrem Kern auf die Frage nach der Evolutionsfähigkeit komplexer Organismen zurückführbar. Aufs offensichtlichste ist das bei jenen Kritiken am Neodarwinismus zu erkennen, deren Argumentation an der Zufälligkeit der Mutationen ansetzt. Es ist undenkbar, so wird manchmal argumentiert, daß so wunderbare Wesen wie Insekten und Säugetiere aus zufälligen, richtungslosen Mutationen hervorgegangen sein sollen, ebenso wie es undenkbar ist, daß ein Goethe-Gedicht durch einen Druckfehler schöner wird. Ein Pantheon wird schließlich nicht durch Steinwürfe errichtet! Diese Art der Argumentation ist gewöhnlich für außerhalb der Naturwissenschaft stehende Kritiker des Neodarwinismus (Philosophen, Theologen) charakteristisch, hat aber auch in den Naturwissenschaften ihre Vertreter gefunden.[12]

Dabei werden relativ einfache Wahrscheinlichkeitsüberlegungen angestellt, die zeigen sollen, daß die Verbesserung komplexer, funktionell integrierter Systeme durch zufällige Veränderungen zu unwahrscheinlich ist, um als Erklärung zu befriedigen. Dieses Argument könnte man »Komplexitätsargument« nennen.

Weniger deutlich als beim Komplexitätsargument ist der Bezug zur Evolutionsfähigkeit bei der Kontroverse um das Verhältnis zwischen Mikro- und Makroevolution. Der Begriff der Mikroevolution umfaßt alle Evolutionsvorgänge, die von Häufigkeitsänderungen einzelner Gene bis zur Artbildung reichen. Es sind also alle Vorgänge gemeint, die als Veränderungen *in* einer Population verstanden werden können. Als Makroevolution bezeichnet man dagegen die Evolutionsvorgänge am überartlichen Niveau, z. B. die Dynamik der Arthäufigkeiten und die Entstehung höherer Systemkategorien (Gattungen, Familien ...). Manchmal wird dieser letzte Aspekt der Evolution auch als »Megaevolution« von der Makroevolution abgegrenzt.[40, 1]

Von einem strikt neodarwinistischen Standpunkt aus betrachtet, ist die Makroevolution nichts anderes als eine einfache Folge der Mikroevolution, gewissermaßen nur eine Anhäufung einer großen Zahl mikroevolutiver Vorgänge. In dieser Perspektive läßt sich die Makroevolution vollständig durch Prinzipien der Mikroevolution erklären. Diese Deutung der Makroevolution wird aber seit der Mitte der 70er Jahre immer stärker in Frage gestellt. Angeregt ist diese neueste Kritik am Neodarwinismus von einer Gruppe amerikanischer Paläontologen um S. J. Gould.[14, 41] Die Kontroverse ist unter dem Titel Punktualismus-Gradualismus-Streit bekannt geworden.

Die Punktualisten, allen voran S. J. Gould, unterstellen dem Neodarwinismus, er sage eine ständige, langsame und graduelle Umwandlung der Arten als den wichtigsten Evolutionsmodus voraus, was aber die Fossilbefunde nicht bestätigen. Deswegen schlagen die Punktualisten ein neues Evolutionsmodell vor, bei dem morphologische Veränderungen sich auf kurze Episoden während der Artbildung beschränken, sonst aber die Arten phänotypisch über lange Zeiträume mehr oder weniger unverändert bleiben (Stasis). Der Verlauf der Evolution ist dann, nach diesem Modell, stärker durch die Artbildungs- und Aussterbedynamik bedingt als durch populationsgenetische Prozesse. Die radikalste Konsequenz aus diesem Modell ist die Behauptung, die Makroevolution sei kausal vollständig von der Mikroevolution und den dort wirksamen Faktoren unabhängig.

Diese Kontroverse hat inzwischen viele Facetten gewonnen und auch schon Folgekontroversen ausgelöst, so daß es im Rahmen dieser Arbeit unmöglich ist, ihr gerecht zu werden. Interessant im Zusammenhang mit dem Problem der Evolutionsfähigkeit komplexer Organismen ist jedoch, daß in der Punktualismus-Gradualismus-Diskussion der Begriff des »constraint« eine zentrale Rolle spielt.

Unter »constraints« versteht man alle Faktoren, die die Wirksamkeit der natürlichen Selektion beschränken: »Constraints are features of ontogenetic mechanisms and morphogenetic design which limit the power of selection to mold phenotypic traits.«[42]

Der Begriff »constraint« ist für die Punktualisten deshalb so wichtig, weil sonst nicht verständlich wäre, warum morphologische Veränderungen auf Artbildungsvorgänge beschränkt sein sollen und der Phänotyp während der Zeit zwischen den Aufspaltungen unverändert bleiben kann, wie es das Modell der Punktualisten fordert. Es wird also behauptet, phänotypische Veränderungen durch Mutation und Selektion seien nicht immer möglich, langsame graduelle Modifikation finde in großen Populationen von höheren Organismen nicht statt; nur unter ungewöhnlichen Bedingungen, wie z. B. in kleinen isolierten Populationen oder unter extremem Umweltstreß, erfolge eine quantensprungartige Veränderung.

Das Modell des Punktualismus setzt also voraus, daß größere Populationen höherer Organismen nicht im Sinne der neodarwinistischen Theorie evolutionsfähig sind. Die natürliche Selektion hat, nach Auffassung der Punktualisten, keinen entscheidenden Einfluß auf den Verlauf der Makroevolution. Eine Wirkung der natürlichen Selektion auf die Anpassung an lokale Umweltbedingungen wird zugegeben.

Dieses Modell ist tatsächlich nicht leicht zu widerlegen, schon gar nicht allein mit dem Verweis auf die Kenntnis der bekannten populationsgenetischen Mechanismen. Denn es wird hier nicht die Existenz der Evolutionsmechanismen, wie Mutation, Rekombination, Selektion, Drift usw., geleugnet, sondern es wird bestritten, daß diese Mechanismen bei der Evolution komplexer Organismen eine wichtige Rolle spielen. Der Angriff bezieht sich also auf die Evolutionsfähigkeit komplexer Systeme von Merkmalen; es geht um eine Systemeigenschaft, die nicht unmittelbar aus der Kenntnis der Elementarmechanismen ableitbar ist. Das macht auch die Schwierigkeit der Diskussion aus, denn beide Seiten, die Punktualisten wie die Gradualisten, berufen sich meist auf intuitive Argumentationen, die ihrerseits wieder auf nur partiell relevante Beobachtungen gestützt sind (siehe z. B. die Artikelserie in Heft 3 des Bandes 36 der Zeitschrift »Evolution«).

Eine Lösung ist nicht zur Hand. Aber es mag nützlich sein, das Problem der Evolutionsfähigkeit höherer Organismen in das Zentrum dieses Beitrags zu rücken und zu fragen, ob Evolutionsfähigkeit nicht ein entscheidender Faktor in der Makroevolution und vielleicht selbst Gegenstand der Evolution sein könnte.

2. Systembedingungen der Evolution

Die Frage, von der wir in unseren Überlegungen ausgehen wollen, könnte etwa lauten: Kommt die Fähigkeit zu Anpassung und Veränderung durch Mutation und Selektion wirklich allen Systemen zu, die nur die beiden Grundvoraussetzungen, spontane erbliche Variabilität und Reproduktion, aufweisen, unabhängig davon, wie sie sonst strukturiert sind? Ist Evolutionsfähigkeit wirklich eine notwendige Folge der Grundeigenschaften des Lebens?

So allgemein formuliert, ist diese Frage längst eindeutig beantwortet worden. Die Antwort kam, sobald elektronische Rechenanlagen allgemein zugänglich waren. Sehr früh wurde das Mutations-Selektions-Prinzip auf Rechenanlagen nachgeahmt und die Frage untersucht, ob nicht beliebige Systeme (z. B. Computerprogramme) durch zufällige Veränderungen und Selektion verbessert werden könnten. Die Antwort war ein emphatisches Nein.[12]

125

Wie naiv uns der Versuch von Eden, Computerprogramme optimieren zu wollen, heute auch erscheinen mag, die ersten Versuche, eine Theorie der Evolutionsfähigkeit von Organismen zu entwickeln, reichen bis in die Anfänge der moderen populationsgenetischen Forschung zurück. Bereits in dem klassischen Werk von Fisher[17] wird dieses Problem thematisiert. Fisher ging es um die Faktoren, die die Erfolgswahrscheinlichkeit von Mutationen bestimmen. Merkwürdigerweise hat dieser frühe Ansatz fast keine Spuren in der späteren evolutionsbiologischen Forschung hinterlassen. Nur vereinzelt wurde danach dieses Thema von Mathematikern wieder aufgegriffen[4,3], ohne jedoch in die biologische Forschung hineingewirkt zu haben. Eine Ausnahme machen die Überlegungen zum Ursprung der Sexualität, in denen der Einfluß der sexuellen Reproduktion auf die Evolutionsfähigkeit einen zentralen Platz einnimmt.[31]

Eine weitere Entwicklung, die aber bislang auch fast ohne Auswirkung auf die Biologie war, ist die Theorie stochastischer Optimierungsverfahren. Das ist ein Zweig der Optimierungstheorie, der von dem Berliner Flugzeugtechniker I. Rechenberg[35] entwickelt wurde und »Evolutionsstrategie« genannt wird, weil es sich um eine technische Nachahmung und Anwendung des Mutations-Selektions-Prinzips handelt. Die theoretischen Ergebnisse, Grundlage für die Anwendung der Evolutionsstrategie, sind der einzige wirklich gut entwickelte Teil einer Theorie der Evolutionsfähigkeit. Deswegen soll eine Beschreibung dieser Theorie an den Beginn meiner Ausführungen gestellt werden. Bevor aber auf die Bedingungen der Evolutionsfähigkeit eingegangen werden soll, ist eine weitere Qualifikation der Fragestellung notwendig.

Evolution findet auf allen Organisationsniveaus des Lebendigen statt; sie ist auf der Ebene der Moleküle ebenso wie auf der organismischen und auf der des Ökosystems nachweisbar.[34]

Aussagen über Evolution beziehen sich aber meist nur auf eine willkürlich gewählte Beschreibungsebene. Entsprechend können Aussagen über die Bedingungen und die Rate der Evolution sehr unterschiedlich ausfallen, je nachdem, auf welche Beschreibungsebene sie sich beziehen. Insbesondere kann als gesichert gelten, daß die Rate der morphologischen Evolution in starkem Maße von der der molekularen Evolution unabhängig ist. Es sind sowohl Fälle bekannt geworden, wo Arten stärkere morphologische Unterschiede aufweisen, als aufgrund ihrer molekularen Ähnlichkeit zu erwarten wäre,[24] als auch Fälle, wo große molekulare Divergenz mit sehr konservativen morphologischen Verhältnissen gepaart sind, z. B. die lungenlosen Salamander der Gattung *Plethodon*[51] oder die Arten der Ciliatengattung *Tetrahymnea*.[52]

Die folgenden Überlegungen beziehen sich alleine auf das Problem der Evolutionsfähigkeit phänotypischer Merkmale, also auf die organismische Ebene der Evolution. Als Argumentationsgrundlage dienen jene populationsgenetischen Mechanismen, die auch die Basis der neodarwinistischen Tradition sind. Neue Evolutionsmechanismen werden weder angenommen noch deren Existenz zu belegen versucht.

2.1 Das Evolutionsfenster

Die »Evolutionsstrategie« ist eine Methode zur Optimierung technischer Systeme, die auf einer einfachen Nachahmung der biologischen Evolution beruht. Das Verfahren besteht in der Einführung zufälliger Veränderungen in die Eigenschaften und Abmessungen des Systems (Mutationen) und der anschließenden experimentellen Prüfung, ob die Änderungen eine Verbesserung der Eigenschaft (z. B. Wirkungsgrad) erbracht haben. Sollte das der Fall sein, wird diese veränderte Anlage Ausgangspunkt für weitere »Mutationen«. Es ist dabei nützlich, sich das System nicht konkret, d. h. in seiner materiellen Realisation, vorzustellen, sondern als eine Liste von Zahlen (die Parameter, z. B. Abmessungen), die das System beschreiben. Die Qualität oder, biologisch gesprochen, die Fitness jeder möglichen Zahlenkombination kann man sich als eine Funktion vorstellen, die jedem möglichen System eine Zahl, den Fitnesswert oder den Qualitätswert, zuordnet. Wenn man sich die Parameter des Systems als Dimensionen eines Raums vorstellt, des Zustandsraums, so wird darin jedes mögliche System durch einen Punkt in diesem Raum repräsentiert, und die Fitness ist so etwas wie ein hyperdimensionales »Gebirge«. Evolution besteht dann darin, daß die Population durch Versuch und Irrtum in diesem Fitnessgebirge in immer höhere Regionen vorstößt.

Für sich genommen führt dieses Zufallsverfahren bei technischen Optimierungsproblemen meist nicht zu einer Verbesserung. Wie erinnerlich, haben das auch schon Bossert, Bremermann und Eden Ende der 60er Jahre bemerkt. Der entscheidende und geniale Schritt, den Rechenberg als erster vollzogen hat, war, daß er sich die Frage gestellt hat, unter welchen Voraussetzungen dieses Zufallsverfahren überhaupt Erfolg haben kann. Das Resultat ist die Theorie der Evolutionsstrategie, die für die Evolutionsforschung von großem Interesse ist. Die Bedingungen für die Effektivität des Mutations-Selektions-Verfahrens lassen sich in zwei Gruppen einteilen: die eine betrifft das Fitnessgebirge und die zweite den Mutationsvorgang selbst.

Die erste Voraussetzung für die Möglichkeit, mit Mutation und Selektion zu evolvieren, ist eine geeignete Fitnessfunktion. Nicht in allen Fitnesslandschaften ist Evolution überhaupt möglich. Die Voraussetzung ist, bildlich gesprochen, daß die Fitnesslandschaft nicht zu »zerklüftet« ist. Es dürfen die nächsten Punkte mit höherer Fitness nicht zu weit entfernt und im Zustandsraum nicht zu »dünn« gesät sein. Ideal sind möglichst »glatte« und stetig ansteigende Landschaften, was soviel heißt wie, daß benachbarte Punkte im Zustandsraum auch sehr ähnliche Fitnesswerte haben sollten. Diese Bedingung war offensichtlich in den Computerexperimenten von Eden nicht erfüllt (s. o.). Eine kleine Änderung in einem Computerprogramm hat meist sehr große Auswirkungen auf die Funktion des Programms, weswegen Computerprogramme auch nicht mit der Mutationsmethode optimierbar sind.

Eine weitere fundamental wichtige Eigenschaft von Organismen muß also sein, daß kleine genetische Änderungen im Durchschnitt nur kleine Wirkungen auf die physiologischen Eigenschaften haben dürfen, wenn Evolution möglich sein soll.

Die zweite Voraussetzung für die Effektivität des Mutations-Selektions-Verfahrens ist mit dem Phänomen des »Evolutionsfensters« verbunden. Rechenberg hat gefunden, daß die Evolutionsgeschwindigkeit sehr empfindlich von der mittleren »Mutationsschrittweite« abhängt. Unter Mutationsschrittweite versteht man in diesem Zusammenhang den mittleren phänotypischen Effekt, den eine Mutation hat. Sehr kleine Schritte sind natürlich auch mit sehr kleinen Fortschrittsgeschwindigkeiten verbunden, auch in »glatten« Fitnesslandschaften. Was bei sehr großen Mutationsschrittweiten passiert, hängt von der Gestalt der lokalen Fitnesslandschaft ab. Wenn man sich z. B. bis auf eine Entfernung d an ein Optimum (einen Gipfel in der Fitnesslandschaft) angenähert hat, so werden bei zu großen Schrittweiten (s≫d) die Mutationen immer über das Ziel hinausschießen und nicht zu Verbesserungen führen. Ähnliches passiert in sogenannten Korridormodellen, wo Fortschritt nur entlang eines Grates im Fitnessgebirge möglich ist. In diesem Fall treffen die Mutationen bei zu großen Schrittweiten zu häufig neben den Grat und tragen nicht zum Fortschritt bei.

Aus diesen Beispielen sieht man, und das kann auch exakt bewiesen werden,[35] daß es für das Mutations-Selektions-Verfahren optimale Mutationsschrittweiten geben muß. Wie groß die optimale Mutationsschrittweite ist, hängt von der Topographie der lokalen Fitnesslandschaft ab. Der Begriff »Evolutionsfenster« bezeichnet dabei den Ausschnitt (eben das Fenster) aus der Skala der Mutationsschrittweiten, der sich um die optimale Schrittweite erstreckt. Der Ausdruck »-fenster« soll andeuten, daß Mutationsschrittweiten, die außerhalb dieses Evolutionsfensters liegen, nur äußerst selten zu weiterem Fortschritt führen. Evolution ist prinzipiell nur mit Mutationsschrittweiten möglich, die im Rahmen des Evolutionsfensters liegen.

Für die Evolutionsbiologie folgt aus der Rechenbergschen Theorie, daß Organismen nur dann nach dem Mutations-Selektions-Prinzip evolutionsfähig sind, wenn die mittleren phänotypischen Effekte der Mutationen in gewissen Grenzen liegen, eben im Rahmen des Evolutionsfensters. Wo diese »gewissen Grenzen« liegen, kann nicht generell gesagt werden, sondern hängt von den jeweiligen Selektionsbedingungen und von der Form des Fitnessgebirges ab. Wie kann also dann die Evolution höherer Organismen überhaupt möglich sein? Wie erreicht Rechenberg die Optimierung seiner Systeme, denn er kann ja auch nicht vorhersehen, wie die Qualitätsfunktion aussieht?

Die Antwort ist einfach, aber von weitreichender Konsequenz. Die Mutationsschrittweite muß selbst einer Optimierung unterliegen. Das läuft auf die Vorstellung hinaus, daß in der Evolution nicht nur die Merkmale an die Erfordernisse der Umwelt angepaßt werden müssen, sondern zusätzlich noch das genetische System an die Bedingungen der Evolutionsfähigkeit. Es wird neben der Evolution der Merkmale eine Evolution der Evolutionsfähigkeit gefordert.

2.2 Die Bedeutung der Sexualität

Nach der Rechenbergschen Theorie ist die Evolutionsfähigkeit der Organismen nur dann garantiert, wenn man annimmt, die phänotypische Mutationsschrittweite, und damit die Evolutionsfähigkeit selbst, unterliege einer Evolution. Das ist eine weitreichende Konsequenz, und es mag Zweifel geben, ob dieses Resultat überhaupt in dieser Form auf die organismische Evolution übertragbar ist. Ich möchte diese Frage in zwei Teilprobleme zerlegen und zunächst untersuchen, unter welchen Voraussetzungen die Rechenbergsche Theorie gültig ist. Erst im nächsten Schritt soll gefragt werden, was passiert, wenn diese Voraussetzungen nicht mehr gelten.

Die Rechenbergsche Theorie ist eine Theorie stochastischer Optimierungsalgorithmen. Als solche ruht sie nicht unmittelbar auf der populationsgenetischen Theorie, d. h. sie geht nicht von populationsbiologischen Grundsätzen aus, um ihre Schlußfolgerungen zu begründen. In der Evolutionsstrategie wird die beste vorhandene Parameterkombination ausgewählt, ohne daß Selektion durch wirkliche Konkurrenz der Genotypen erfolgt. Die Geschwindigkeit der Veränderung hängt in dieser Theorie nur von der Häufigkeit erfolgreicher Mutationen ab und nicht auch von der Selektionsintensität und den populationsdynamischen Vorgängen (z. B. Generationszeit). Demnach ist die Theorie nur auf solche Evolutionsvorgänge anwendbar, deren Geschwindigkeit allein von der Mutationsrate bestimmt werden. Das ist z. B. der Fall, wenn die Wartezeit auf eine weitere erfolgreiche Mutation länger ist als die Zeit, die notwendig ist, um ein neues Gen zu selektieren.[30]

Eine weitere Voraussetzung für die Gültigkeit der Rechenbergschen Theorie ist das Fehlen von Genrekombination und damit von Sexualität. Sie ist strenggenommen nur auf die Evolution von asexuell reproduzierenden Populationen anwendbar. Unter diesen beiden genannten Voraussetzungen gilt die Theorie Rechenbergs allerdings streng und muß von der Evolutionsbiologie wahrgenommen werden.

Was passiert, wenn diese Voraussetzungen fallengelassen werden, ist noch nicht vollständig untersucht. Klare Ergebnisse liegen nur für den Fall vor, daß beide Voraussetzungen nicht gelten, also für quantitative, polygene Merkmale in sexuell reproduzierenden Populationen.[7, 8, 46, 48] Der Grund ist, daß für diesen Fall in den letzten Jahren eine sehr kompakte Theorie entwickelt wurde,[28] die die mathematische Analyse des Problems überhaupt erst ermöglicht hat.

Die Ergebnisse sind zunächst etwas verwirrend. Einerseits gibt es auch in dieser Theorie Phänomene, die qualitativ dem des Evolutionsfensters entsprechen, aber nicht unter all den Umständen, unter denen es nach der Rechenbergschen Theorie zu erwarten wäre. Ein »Evolutionsfenster« liegt vor, wenn mit steigender Variation der Merkmale die Evolutionsgeschwindigkeit sinken kann, falls die Varianz einen gewissen optimalen Wert überschreitet. Dieses Phänomen ist für quantitative Merkmale kontraintuitiv, denn die Rate der Veränderung eines Merkmals, z. B. unter künstlicher Selektion, ist etwa proportional der Menge an additiver genetischer Varianz.[15]

Evolutionsfenster treten nur in Fitnessgebirgen gewisser Gestalt auf, wie z. B. in sogenannten Korridormodellen.[46]

Korridormodelle sind Fitnesslandschaften (s. o.) von funktionell gekoppelten Merkmalen. Ein Beispiel für funktionell gekoppelte Merkmale ist z. B. das Körpergewicht und die respiratorische Oberfläche (Lungen- oder Kiemenoberfläche). Je größer die Biomasse eines Tieres ist, desto größer ist auch sein absoluter Sauerstoffbedarf. Entsprechend muß auch seine respiratorische Oberfläche mit der Körpergröße wachsen. Jede Abweichung vom optimalen Verhältnis von Körpergewicht zu respiratorischer Oberfläche führt zu einer Verminderung der Lebensfähigkeit des Organismus. Das führt dazu, daß die Fitnesslandschaft funktionell gekoppelter Merkmale wie ein Grat in einem Gebirge aussieht. Die Fitness steigt entlang einer Linie an, die z. B. das optimale Körpergewichts-Oberflächen-Verhältnis markiert; in beide Richtungen quer zu dieser Linie fällt die Fitness stark ab. Die Population hat dann die Tendenz, auf und entlang diesem Grat zu evolvieren. In solchen Fitnesslandschaften kommt es also dazu, daß steigende Variabilität der Merkmale zu einer Verringerung der Evolutionsgeschwindigkeit führen kann.

Ganz anders in sogenannten Kugelmodellen. Das sind Fitnesslandschaften mit einem Optimum (Gipfel), von dem aus die Fitness nach allen Seiten hin gleichmäßig abfällt. In diesem Fall gibt es kein Evolutionsfenster, d. h. die Evolutionsgeschwindigkeit steigt monoton mit der Menge an additiver genetischer Varianz an.[48]

Kugelmodelle können als einfache Modelle der Fitnesslandschaften von funktional unabhängigen Merkmalen gelten. Demnach sollten Evolutionsfenster nur bei funktionell gekoppelten Merkmalen auftreten. Das darf aber nicht gleich als Beweis für die Übertragbarkeit der Rechenbergschen Ergebnisse auf die Evolution sexuell reproduzierender Populationen gedeutet werden, denn die Ursache für das Auftreten von Evolutionsfenstern ist bei asexuellen und sexuellen Populationen nicht die gleiche. Wie erinnerlich, war die Ursache bei asexuellen Populationen die sinkende Trefferrate bei steigender Mutationsschrittweite. In den Modellen sexueller Populationen, die in den Arbeiten von Bürger[7,8] und Wagner[46,48] analysiert wurden, ist aber die Mutationsrate gar nicht geschwindigkeitsbestimmend. Der Grund, warum trotzdem die Evolutionsgeschwindigkeit sinken kann, wenn die Variabilität der Merkmale ein gewisses Maß übersteigt, liegt darin begründet, daß verschiedene Anteile der Variation einen entgegengesetzten Einfluß auf die Evolutionsrate haben können. Einen fördernden Einfluß auf die Evolutionsrate hat nur der Anteil an der phänotypischen Variation, der entlang der Evolutionsrichtung verteilt ist (genaugenommen nur die additive genetische

Fraktion dieses Anteils an der phänotypischen Variation). Im Kugelmodell hat der Rest der Varianz *keinen* Einfluß auf die Evolutionsrate, weswegen in diesen Modellen die Evolutionsrate auch monoton mit der Menge der Varianz ansteigt. Nicht so in Korridormodellen. Dort hat der Anteil der phänotypischen Varianz, der orthogonal zur Evolutionsrichtung verteilt ist, einen hemmenden Einfluß auf die Evolutionsrate. Das Phänomen des Evolutionsfensters entsteht also aus zwei entgegengesetzten Effekten steigender Gesamtvarianz; jener, der entlang der Evolutionsrichtung verteilt ist, fördert die Evolutionsgeschwindigkeit, jener, der quer zur Evolutionsrichtung verteilt ist, hemmt die Evolution. Das Evolutionsfenster ist jener Bereich der Gesamtvarianz, in dem der fördernde Einfluß den hemmenden Einfluß überwiegt.

Interessant an diesem Ergebnis ist die Rolle, die der phänotypischen Varianz bei der Bestimmung der Evolutionsrate bzw. der Evolutionsfähigkeit zukommt. Diese Rolle wird in dem folgenden Abschnitt näher beleuchtet. Zuvor sollen aber noch die Folgerungen über den Einfluß der Sexualität auf die Rate der phänotypischen Evolution und die Evolutionsfähigkeit zusammengefaßt werden.

Auffällig ist, daß Populationen mit sexueller Vermehrung einer viel geringeren Zahl an Einschränkungen ihrer Evolutionsfähigkeit unterworfen sind als asexuelle Populationen. Nach Rechenberg ist die Evolutionsfähigkeit in asexuellen Populationen in allen Fitnesslandschaften durch das Evolutionsfenster eingeschränkt. Evolution ist überhaupt nur mit gleichzeitiger Optimierung der Mutationsschrittweite möglich. Diese Einschränkung wirkt um so stärker, je mehr Merkmale betroffen sind, d. h. je komplexer der Phänotyp der Art ist. Bei Rekombination und sexueller Vermehrung sind hingegen nur stark funktionell gekoppelte Merkmale in ihrer Evolutionsfähigkeit beschränkt. Die Evolutionsfähigkeit sexuell reproduzierender Organismen ist also wesentlich höher als die asexueller Populationen, und der Vorteil der Sexualität ist um so größer, je größer die Komplexität der Organismen ist. Es wäre interessant zu untersuchen, ob dieses Ergebnis nicht die Tatsache erklären kann, daß die Häufigkeit parthenogenetischer Arten mit der Komplexität der Organismen abnimmt.

2.3. Die phänotypische Varianz als Evolutionsfaktor

In der populationsgenetischen Theorie spielt die phänotypische Varianz eine untergeordnete Rolle. Sie wird gewissermaßen als eine lästige verdeckte Form der evolutiv eigentlich bedeutsamen Variation, der additiven genetischen Varianz, aufgefaßt. Evolutiv ganz so unbedeutend scheint sie aber nach den im letzten Abschnitt beschriebenen Resultaten nicht zu sein.

Es wurde gezeigt, daß in Fitnesslandschaften gewisser Gestalt (s. o.) die phänotypische Variation der Merkmale einen wesentlichen Einfluß auf die Evolutionsrate haben kann. Noch weiterreichende Resultate sind von R. Bürger[7,8] erzielt worden. Er konnte zeigen, daß nicht nur die Menge der phänotypischen Varianz, sondern auch die Struktur der Kovarianzmatrix einen entscheidenden Einfluß auf die Evolutionsfähigkeit der Population haben kann. Eine starke phänotypische Korrelation von Merkmalen ist geradezu eine Voraussetzung für die evolutive Entstehung funktioneller Kopplungen.[7] Exakter lautet die Bedingung, daß ein Eigenvektor der Kovarianzmatrix in die Evolutionsrichtung weisen muß.

Man mag nun fragen, wie wahrscheinlich es ist, daß eine Population mit einer Fitnesslandschaft konfrontiert wird, in der die phänotypische Variation eine Rolle spielt, wo doch auch gezeigt wurde, daß es sich dabei nicht um ein generelles Phänomen handelt.[7,48] Wirklich entscheiden läßt sich die Frage gegenwärtig noch nicht, weil in keinem einzigen Fall die Fitnesslandschaft einer Art genau genug bekannt ist. Generell gilt aber auch ein Resultat, wonach das Korridormodell die einfachste Fitnesslandschaft ist, in der die phänotypische Variation eine Rolle spielt, und wonach in allen noch komplizierteren (stärker nichtlinearen) Fitnessgebirgen die phänotypische Variation eine Rolle spielen wird. Phänotypische Variation ist also ein Evolutionsfaktor in allen Fitnesslandschaften, die nicht zu »langweilig«, d. h. zu »glatt«, sind.

Nur in wenigen Fällen wurde versucht, die Fitnesslandschaft für die Evolution höherer Organismen zu rekonstruieren.[33,43,39] In allen diesen Studien kann man erkennen, daß die Autoren die »realen« Fitnesslandschaften für viel komplexer halten, als es einem Theoretiker recht sein kann. Sollte sich diese Vermutung bestätigen, so wären praktisch immer die Voraussetzungen dafür vorhanden, daß phänotypische Variation einen Einfluß auf die Evolutionsfähigkeit höherer Organismen hat.

In der quantitativen Genetik wird die phänotypische Varianz grob in drei Anteile aufgeteilt[15] – in die additive genetische Varianz V_A, die nichtadditive genetische Varianz V_N und die sogenannte Umweltvarianz V_E:

$$V_P = V_A + V_N + V_E.$$

Die Selektion erzielt nur bei dem additiven genetischen Anteil der Varianz permanente Veränderungen; V_A bestimmt auch den Erfolg von Züchtungsmaßnahmen. Der Ausdruck »Umwelt«-Varianz zeigt an, daß man die Ursache für diesen »nichtgenetischen« Anteil an der phänotypischen Varianz in den unterschiedlichen Umweltbedingungen sah, denen die Organismen während ihrer Individualentwicklung ausgesetzt waren. Entsprechend betrachtete man die Umweltvarianz mehr als eine Störung der eigentlichen Verhältnisse und weniger als ein biologisches Phänomen. Das hat sich in den letzten Jahren zu wandeln begonnen, seit man bemerkt hat, daß ein großer Anteil der sogenannten Umweltvarianz gar nicht durch Umwelteinwirkungen zu erklären ist. Durch den Vergleich von Inzuchtstämmen und künstlicher Herstellung eineiiger Zwillinge konnten Gärtner und seine Mitarbeiter zeigen, daß ein Großteil der Umweltvarianz eine aktive Leistung des Organismus ist, die selbst wieder genetisch reguliert werden kann.[20, 19]

Wenn aber die Umweltvarianz eine genetisch determinierte Eigenschaft einer Population ist, so erhebt sich die Frage, welche Rolle diese Eigenschaft in der Evolution der Art spielt. Nach der populationsgenetischen Theorie spielt die Umweltvarianz in dreierlei Hinsicht eine Rolle. Einerseits verringert die Umweltvarianz den Selektionsdruck, der auf dem Genpool liegt.[27] Andererseits »glättet« die Umweltvarianz die Fitnesslandschaft für die genetische Variation,[25] und drittens bewirkt sie, daß das Muster der phänotypischen Variation anders aussehen kann als das der genetischen Varianz. So können z. B. Merkmale, die genetisch stark korreliert sind, phänotypisch schwach korreliert sein, wenn die Umweltkovariation der Merkmale gegenüber der genetischen Kovariation ein umgekehrtes Vorzeichen hat.

Wenn aber dem Muster der phänotypischen Variation eine wichtige Rolle bei der Bestimmung der Evolutionsfähigkeit sexueller Populationen zukommt, so muß man diese Rolle eigentlich primär der Umwelt- oder der »intangiblen« Varianz zuschreiben, denn diese bestimmt ja, wie das vorhandene Muster der genetischen Varianz modifiziert wird, um die phänotypische Variation zu ergeben. Selbstverständlich folgt daraus nicht unmittelbar, daß das Muster der Variation tatsächlich nach den Bedürfnissen der Evolutionsfähigkeit entstanden ist. Diese Frage ist nicht geklärt und auch schwierig zu beantworten; etwa gleich schwierig wie die Frage, ob eine gewisse morphologische Struktur wirklich eine »Anpassung« ist oder nicht.[2]

Aus empirischen Untersuchungen geht hervor, daß die Muster der phänotypischen Variation etwa so gestaltet sind, wie es den Anforderungen der Evolutionsfähigkeit entspricht. Funktionell gekoppelte Merkmale sind in der Regel stärker korreliert als funktionell unabhängige Merkmale. Dieses Phänomen ist »morphologische Integration« genannt worden.[32] Ähnliches gilt auch für die genetischen Korrelationsmatrizen.[10] Ferner ist der Grad der Integration von funktionell unabhängigen Merkmalen geringer, als man durch Zufall erwarten kann, und der von funktionell gekoppelten Merkmalen höher als zufällig.[47]

3. Gibt es eine evolutive Modifikation der Evolutionsfähigkeit?

Nach dem unter Ziffer 2 Gesagten ist die Evolutionsfähigkeit an gewisse Voraussetzungen in den Eigenschaften des genetischen Systems gebunden und nicht schon durch die Existenz genetischer Variation und Überproduktion von Nachkommen garantiert. In asexuellen Populationen ist die phänotypische Expressivität der Mutationen entscheidend, in sexuellen Populationen sowohl das Muster der phänotypischen wie das der genetischen Variation. Ferner ist das Muster der Variation hoch geordnet, wie das Phänomen der morphologischen Integration ausweist, und zwar in einer Weise, wie man es aus der Theorie der Evolutionsfähigkeit erwarten sollte.

Was ist aber die Ursache dieser Koinzidenzen? – Diese Frage kann zur Zeit noch nicht wirklich schlüssig beantwortet werden. Einzig die Frage, welche Voraussetzungen gegeben sein müßten, um eine evolutive Modifikation der Evolutionsfähigkeit zu ermöglichen, und ob diese Voraussetzungen nach unserem Wissen gegeben sind oder nicht, kann mit einiger Sicherheit beantwortet werden.

Jede biologische Eigenschaft, die adaptiv erklärt werden soll, muß zwei Minimalbedingungen erfüllen: Für diese Eigenschaft muß eine erbliche Basis vorliegen, damit erbliche Variation möglich ist, und ein Selektionsmechanismus muß beschreibbar sein, der diese Eigenschaft fördert.

Der Nachweis einer genetischen Basis für das Ausmaß der intangiblen Varianz bei Säugern ist in den bereits erwähnten Arbeiten von Gärtner erbracht worden (s. o.). Inzuchtstämme von Ratten und Mäusen, die nur geringe genetische Varianz enthalten, unterscheiden sich nicht nur in der Merkmalsausprägung (in deren Mittelwerten), sondern auch in den relativen Varianzen der Merkmale, was ja nur auf unterschiedlich große intangible Varianz zurückgeführt werden kann, wenn die Tiere unter gleichen Bedingungen aufwachsen. Kreuzungsversuche deuten einen oligofaktoriellen Erbgang an. Auch für die phänotypische Expression genetischer Varianz ist eine genetische Basis nachgewiesen worden. Rendel konnte zeigen, daß man durch künstliche Selektion das Maß, in dem genetische Variabilität in phänotypische umgesetzt wird, verändern kann.[36]

Es stehen also sowohl die intangible Varianz als auch die phänotypische Expression genetischer Variation unter genetischer Kontrolle. Folglich können die Eigenschaften des genetischen Systems, die die Evolutionsfähigkeit der Population bestimmen, erbliche Variation zeigen und selbst Gegenstand der natürlichen Selektion sein. Viel schwieriger ist es, die Frage nach dem möglichen Selektionsmechanismus zu beantworten.

Zunächst ist da die Frage, auf welcher Ebene man den Selektionsmechanismus suchen sollte. Selektion findet zwischen allen Entitäten statt, die erbliche Variation und Vermehrung zeigen, also zwischen Genen und Genotypen ebenso wie zwischen Arten.[41] So könnte man zu der Meinung kommen, die Evolutionsfähigkeit wirke sich vor allem darin aus, daß Arten mit einer niedrigeren Evolutionsfähigkeit (bzw. Anpassungsfähigkeit) leichter aussterben und daher unter rezenten Arten vor allem jene gefunden werden, die eine bessere Evolutionsfähigkeit besitzen. Diese Argumentation wird unter anderem auch zur Erklärung der Häufigkeit sexueller Reproduktion angeführt.[31,41] Eine Erklärung durch Speziesselektion kommt, auch wenn sie zutreffend sein sollte, nicht ohne Rückgriff auf die populationsgenetische Ebene aus, weil nämlich jede Erklärung eines Phänomens durch Gruppen- oder Speziesselektion eine Reihe von populationsgenetischen Voraussetzungen hat. So muß vorausgesetzt werden, daß in den Arten, die durch Speziesselektion miteinander in Konkurrenz stehen, keine innerartliche Variation der in Frage stehenden Eigenschaft vorliegt,[44] weil sonst die Selektion in den Populationen viel wirksamer wäre als die Speziesselektion. Des weiteren bleibt noch zu klären, wie die Unterschiede zwischen den Arten zustande gekommen sind.

Die Ursache für die Evolution jener biologischen Eigenschaften, die die Evolutionsfähigkeit beeinflussen (z. B. das Muster der phänotypischen Variation), kann nicht allein mit Speziesselektion erklärt werden. Wir sind gezwungen, auch die möglichen populationsgenetischen Mechanismen einer Evolution der Evolutionsfähigkeit zu beleuchten.

Die populationsgenetische Theorie der Evolution genetischer Systeme hat zwar eine lange Tradition, sie geht auch auf das eingangs erwähnte Werk von R. A. Fisher[17] zurück, bietet aber noch immer ein verwirrendes Bild.[31] Von manchen Autoren wird sie als ein Gebiet bezeichnet, das nur ungelöste Fragen enthält.[38] Entsprechend findet man auch eine Vielfalt von Konzepten vor, die

z. T. nur schwer gegeneinander abzugrenzen sind: Hitchhiking[31], Hill-Robertson-Effekt[16], sekundäre Selektion[22], Selektion 2. Ordnung[29], Feedback-Selektion[45].

Die Konzepte unterscheiden sich je nach der genetischen Eigenschaft, deren Evolution erklärt werden soll (Sexualität, Selbstbefruchtung, Dominanz, Rekombinationsrate, Mutationsrate usw.). Deshalb gehe ich zunächst nur der Frage nach, wie ein Selektionsmechanismus aussehen müßte, der die Evolutionsfähigkeit einer Population verbessert.

In sehr verkürzter Form kann man sagen, nach gängiger Auffassung werde ein Gen (meist) dann durch Selektion an Häufigkeit zunehmen, wenn dadurch die mittlere Fitness der Population steigt. Die Selektionsgeschwindigkeit des Gens hängt von der Zunahme an Fitness ab, die es bewirkt. Dieser Selektionsmodus ist in dieser Form sicher nicht auf Gene anwendbar, die die Evolutionsfähigkeit (bzw. die Anpassungsgeschwindigkeit) beeinflussen. Zumindest gilt, daß sich der Einfluß auf die Anpassungsgeschwindigkeit nicht unmittelbar auch auf den Anpassungsgrad und damit auf die Fitness im Gleichgewicht auswirken muß. Man muß also fragen, ob es einen Selektionsmechanismus für Gene gibt, die zwar die Anpassungsgeschwindigkeit beeinflussen (z. B. weil sie die mittlere Mutationsschrittweite bestimmen), aber nicht den zu erreichenden Anpassungsgrad.

Relativ einfach sind die Verhältnisse, solange wir uns auf asexuelle Populationen beschränken.[45] Nehmen wir an, es gibt zwei Allele eines Gens, M1 und M2 mit den Häufigkeiten p und 1−p. Diese Allele sollen sich ferner nur in bezug auf ihre Wirkung auf die Evolutionsgeschwindigkeit unterscheiden und nicht in bezug auf den Anpassungsgrad, der erreicht werden kann. Wegen der fehlenden Genrekombination bei asexueller Reproduktion kann man sich die Population gedanklich in zwei Teilpopulationen zerlegt vorstellen, wobei jede der Teilpopulationen sich aus den Trägern jeweils eines der Allele zusammensetzt. Diese Teilpopulationen unterscheiden sich nur in der Geschwindigkeit der Anpassung. Wenn es nun zu einem Anpassungsprozeß kommt, so wird eine der Teilpopulationen (z. B. die mit M1) früher einen höheren Anpassungsgrad erreichen als die andere. Das führt vorübergehend zu der Situation, daß die »schnellere« Population eine höhere mittlere Fitness $\bar{m}_I$ hat als die andere. Genau dieser vorübergehende Unterschied in der mittleren Fitness ($\bar{m}_I - \bar{m}_{II}$) ist der Selektionswert von M1, dem Gen, das eine Beschleunigung der Anpassungsgeschwindigkeit bewirkt. Selektion auf Anpassungsgeschwindigkeit ist also ein gewöhnlicher Selektionsvorgang mit zeitabhängigem Selektionswert.[45] Die Selektionsgleichung lautet dann:

$$\dot{p} = (\bar{m}_I - \bar{m}_{II})\ p\ (1 - p).$$

Dieser Selektionsmodus ist »Feedback-Selektion« genannt worden, weil er auf einer Rückwirkung zwischen Modifikatorgenen und dem Rest des Genoms beruht.[45] Wichtig bei dieser Art von Argumentation ist das Fehlen von Rekombination.

Sehr nahe verwandt ist dieser Selektionsmodus mit dem Hitchhiking-Effekt.[31] Der Hitchhiking-Effekt bezeichnet die Häufigkeitsänderungen an all jenen Genen, die zufällig mit einem Allel gekoppelt sind, das durch Selektion gefördert wird. Dabei ist es gleichgültig, ob die Koppelung durch asexuelle Vermehrung bedingt ist oder durch die Nachbarschaft der Loci auf einem Chromosom in einer sexuell reproduzierenden Population. Als Musterbeispiel für den Hitchhiking-Effekt wird das Experiment von Cox und Gibson[11] angesehen.

Cox und Gibson beobachteten in einem Chemostat die Kompetition zwischen zwei nichtrekombinanten Bakterienstämmen, die sich nur an einem Locus unterschieden. Die einzige nachweisbare Wirkung der Allele war, daß sie sehr unterschiedliche Mutationsraten bewirkten. Der Stamm mit der höheren Mutationsrate war zu Beginn des Versuchs in der Minderzahl, verdrängte aber im Laufe der Zeit immer den Stamm mit der niedrigeren Mutationsrate.

Das war kein selbstverständliches Ergebnis, denn das Mutatorgen erzeugt ja pro Generation mehr nachteilige Mutationen als der Wildtyp und bewirkt daher im Gleichgewicht eine etwas niedrigere Fitness als der Stamm mit der geringeren Mutationsrate. Die Erklärung ist, daß vorteilhafte Mutationen, die am Beginn jedes Versuchs unter den abnormen Chemostatbedingungen relativ häufig sind, bevorzugt zuerst im Mutatorstamm auftraten. Ähnlich wie bei der Feedback-Selektion war der Mutatorstamm durch diesen »Anpassungsvorsprung« fähig, den Wildtyp zu verdrängen.

In diesem Beispiel ist zwischen Feedback-Selektion und Hitchhiking-Effekt nicht zu unterscheiden. Der wesentliche Unterschied ist jedoch, daß Hitchhiking auf alle Gene wirkt, unabhängig von deren Einfluß auf andere Gene. Hitchhiking fördert auch ein vollkommen neutrales Gen; es kommt nur darauf an, ob es zufällig mit einer neuen vorteilhaften Mutation auf einem Chromosom sitzt.

Es gibt aber Gene, die eindeutig nicht alleine durch Hitchhiking selektiert werden, da sie einen ständigen Einfluß auf die Struktur des genetischen Systems haben und auch ohne Genkoppelung an Häufigkeit zunehmen können. Man beachte, daß ein Mutatorgen, wie in dem Experiment von Cox und Gibson, keinen direkten Einfluß auf den Phänotyp oder auf die Expression anderer Gene hat. Seine Selektion kommt nur dadurch zustande, daß in seinem Träger zufällig eine vorteilhafte Mutation aufgetreten ist. Anders ist das bei jenen Genen, die das Ausmaß der intangiblen Varianz bestimmen oder die Expression der genetischen Variation an anderen Loci.

Der einfachste Fall, wo ein Gen die phänotypische Expression eines anderen Gens beeinflußt, ist die sogenannte Dominanzmodifikation. Ein Dominanzmodifikator ist ein Gen, das die Dominanzverhältnisse von Allelen an einem anderen Locus, dem Primärlocus, verändert. Eine evolutive Modifikation der Dominanzverhältnisse ist wiederholt bei Schmetterlingen beobachtet worden. Das am besten dokumentierte Beispiel ist die Evolution des Carbonariagens zu *Biston betularia* (Birkenspanner). Bei der Ausbreitung des schwarzen Carbonaria-Phänotyps in den industriellen Gebieten Englands um die Jahrhundertwende (Industriemelanismus) hat sich das Dominanzverhältnis zwischen Carbonaria- und Wildtypgen verändert. In modernen Populationen ist Carbonaria gegenüber dem Wildtyp dominant, wogegen in alten Sammlungen intermediäre Phänotypen gefunden werden. Dieser Wechsel ist durch die Selektion sogenannter Modifikatorgene bedingt, wie Kettlewell mit Kreuzungsversuchen zeigen konnte.[23]

Das Problem bei der Erklärung der Evolution der Dominanz ist, daß die Wirkung des Modifikators auf den Anpassungsgrad nicht groß genug ist, um dessen Selektion erklären zu können. Das ist schon aus den Berechnungen von R. A. Fisher hervorgegangen.[17,22] Dominanzmodifikatoren werden also aller Wahrscheinlichkeit nach nicht wegen ihrer Wirkung auf den Anpassungsgrad selektiert. Ein reiner Hitchhiking-Effekt ist auch auszuschließen, denn Dominanzmodifikatoren können an Häufigkeit zunehmen, ohne daß eine Genkoppelung zwischen ihnen besteht, wie Computersimulationen zeigen. Ist Dominanzmodifikation vielleicht ein sehr einfacher Fall für Selektion auf Anpassungsgeschwindigkeit?

Dafür spricht die Tatsache, daß die Dominanzmodifikatoren die Selektionsgeschwindigkeit am Primärlocus erhöhen. Wenn diese Vermutung stimmt, so läuft der wesentliche Vorgang in der Selektion des Modifikators während der Selektion des Primärgens ab. Die mathematische Analyse solcher Prozesse fern vom Gleichgewicht ist sehr schwierig und für dieses Beispiel erst vor wenigen Jahren gelungen.[5,6] Tatsächlich konnte gezeigt werden, daß der einzige effektive Weg, die Häufigkeit des Modifikatorgens zu erhöhen, die Selektion während der Evolution der Primärgene ist.[50] Bei dieser Form der Selektion spielt zwar genetische Koppelung auch eine Rolle, aber nicht in so entscheidendem Maß wie bei dem Hitchhiking-Effekt.

Es spricht also einiges dafür, daß auch in sexuellen Populationen Gene nach einem Prinzip selektiert werden können, das dem der Feedback-Selektion in asexuellen Populationen ähnlich ist. Gene mit einem Einfluß auf die Anpassungsgeschwindigkeit bewirken bei ihren Trägern einen Anpassungsvorsprung, der dann die Selektion dieser Gene bewirkt. Was jetzt noch fehlt, ist die mathematische Analyse eines Modells für die Evolution der Evolutionsfähigkeit im engeren Sinn. Die Schwierigkeiten, die einer solchen Untersuchung entgegenstehen, sind allerdings beträchtlich. Sie verlangt die Berücksichtigung von mehr als zwei Genen, womit ausgeschlossen ist, daß das Problem im

Rahmen der klassischen populationsgenetischen Theorie lösbar ist. Bereits drei Gene sind zu viel, um noch einer exakten mathematischen Analyse zugänglich zu sein. Auch der übliche Ausweg in die quantitative Genetik ist nicht gangbar, da das Kopplungsungleichgewicht wahrscheinlich von großer Bedeutung ist. Es bleibt nur der Weg, neue Modelle und Abstraktionen zu entwerfen, die den speziellen Anforderungen dieses Problems gerecht werden.

4. Schluß

An dieser Stelle müßte sich nun eine Besprechung der möglichen Konsequenzen der in den vorangegangenen Kapiteln dargestellten Theorie anschließen. Insbesondere wäre es interessant, den möglichen Implikationen für das Verständnis der Makroevolution nachzugehen.[37, 18] Da aber schon gegen Ende des letzten Kapitels die Zahl der offenen Fragen gegenüber der der beantworteten zugenommen hat, ist es ratsam, an dieser Stelle zu schließen, zumal da ich mich zu dem Problem der Makroevolution bereits an anderer Stelle geäußert habe.[49]

Nur ein Gegenstand scheint mir noch erwähnenswert, weil er immer wieder Ursache von Mißverständnissen ist. Es mag manchen empirisch arbeitenden Kollegen befremdet haben, daß sich die Argumentation in diesem Bericht fast ausschließlich auf mathematische Ergebnisse gestützt hat. Das ist sicher nicht auf Dauer befriedigend, aber zur Zeit notwendig und legitim. Evolutionsvorgänge sind unserem direkten empirischen Zugriff fast immer entzogen. All unser Wissen stützt sich letztlich auf indirekte Evidenzen, ganz ähnlich wie in der physikalischen Kosmologie. In einer solchen Situation ist der Rückgriff auf theoretische Modelle unerläßlich, vor allem wenn die Vorgänge zu kompliziert sind, um noch verläßlich intuitiv erfaßt werden zu können. Ein Beispiel für die Notwendigkeit exakter mathematischer Modelle bietet die Neutralismuskontroverse. In diesem Sinne fasse ich die mathematische theoretische Analyse evolutionsbiologischer Fragen als ein heuristisches Hilfsmittel auf und nicht als einen Zugang zu ewigen Wahrheiten.

Literatur

1 Arthur, W.: Mechanisms of morphological evolution. J. Wiley, Chichester 1984
2 Bock, W. J.: The definition and recognition of biological adaptation. Amer. Zool. *20*, 1980, 217–227
3 Bossert, W.: Mathematical optimization: Are there abstract limits on natural selection? In Moorhead, P. S. and Kaplan, M., Hg.: Mathematical challenges to the neo-Darwinian interpretation of evolution. Symposium monograph 5, 35–46. Wistar Inst. Press, Philadelphia 1967
4 Bremermann, H. J., Rogson, M. und Salaff, S.: Global properties of evolution processes. In Pattee, H. H., Edelsack, E. A., Fein, L. und Callanan, A. B., Hg.: Natural Automata and useful simulations. Spartan Books, Washington 1966, 3–41
5 Bürger, R.: Dynamics of the classical genetic model for the evolution of dominance. Math. Biosci. *67*, 1983a, 125–143
6 Bürger, R.: On the evolution of dominance modifiers. I A non-linear analysis. J. theor. Biol. *101*, 1983b, 585–598
7 Bürger, R.: Constraints for the evolution of functionally coupled characters. Evolution *40*, 1986, 182–193
8 Bürger, R.: Dynamical models in quantitative genetics. In Aubin, J. P. and Sigmund, K., Hg.: Dynamics of macrosystems. Springer Verlag 1985b, zum Druck vorbereitet
9 Charlesworth, B., Lande, R. und Slatkin, M.: A neodarwinian commentary on macroevolution. Evolution *36*, 1982, 474–498
10 Cheverud, J. M.: Phenotypic, genetic, and environmental morphological integration in the cranium. Evolution *36*, 1982, 499–516
11 Cox, E. C. und Gibson, T. C.: Selection for high mutation rates in chemostates. Genetics *77*, 1974, 169–184
12 Eden, M.: Inadequacies of neo-darwinian evolution as a scientific theory. In Moorhead, P. und Kaplan, M., Hg.: Mathematical challenges to the neodarwinian interpretation of evolution. Symposium Monograph 5, 5–19. Wistar Inst. Press, Philadelphia 1967
13 Eigen, M. und Schuster, P.: The hypercycle: A principle of natural self-organization. Springer Verlag, Berlin–Heidelberg 1979

14 Eldredge, N. und Gould, S. J.: Punctuated equilibria: An alternative to phyletic gradualism. In Schopf, T. J.M.: Models in Paleobiology. 1972, 82–115

15 Falconer, D. S.: Einführung in die quantitative Genetik. Eugen Ulmer Verlag, Stuttgart 1984

16 Felsenstein, J.: The evolutionary advantage of recombination. Genetics 78, 1974, 737–756

17 Fisher, R. A.: The genetical theory of natural selection. Clarendon Press, Oxford 1930

18 Frazetta, T. H.: Complex adaptations in evolving populations. Sinauer Ass., Sutherland Mass. 1975

19 Gärtner, K. und Baunack, E.: Is the similarity of monocygotic twins due to genetic factors alone? Nature 292, 1981, 646–647

20 Gärtner, K., Meyens, D. und Treiber, A.: Strain and sexspecifity in the variability of the body weight in inbred mice. Z. Versuchstierkunde 21, 1979, 259–272

21 Hofbauer, J. und Sigmund, K.: Evolutionstheorie und dynamische Systeme. Verlag P. Parey, Berlin–Hamburg 1984

22 Karlin, S. und McGregor, J.: Towards a theory of the evolution of modifier genes. Theoret. Pop. Biol. 5, 1974, 59–103

23 Kettlewell, H. D. B.: Insect survival and selection for pattern. Science 148, 1965, 1290–1296

24 King, M. C. und Wilson, A. C.: Evolution at two levels in humans and chimpanzees. Science 188, 1975, 107–116

25 Kirkpatrick, M.: Quantum evolution and punctuated equilibria in continuous genetic character. Amer. Nat. 119, 1982, 833–848

26 Küppers, B. O.: Molecular theory of evolution. Springer Verlag, Berlin 1983

27 Lande, R.: Natural selection and random drift in phenotypic evolution. Evolution 30, 1976, 314–334

28 Lande, R.: A quantitative genetic theory of life history evolution. Ecology 63, 1982, 607–615

29 Levins, R.: Fitness and optimization. In Kojima, K., Hg.: Mathematical topics in population genetics. Springer Verlag, Berlin 1970, 389–400

30 Maynard-Smith, J.: What determines the rate of evolution? Amer. Nat. 110, 1976, 331–338

31 Maynard-Smith, J.: The evolution of sex. Cambridge Univ. Press, Cambridge 1978

32 Olson, E. C. und Miller, R. L.: Morphological Integration. Univ. of Chicago Press, Chicago 1958

33 Oster, G. F. und Wilson, E. O.: Caste and Ecology in the Social Insects. Princeton Univ. Press, Princeton 1978

34 Ott, J. A.: Ökologie und Evolution. In Ott, J., Wagner, G. P. und Wu-

ketits, F. M., Hg.: Evolution, Ordnung und Erkenntnis. Verlag P. Parey, Berlin und Hamburg 1985
35 Rechenberg, I.: Evolutionsstrategie: Optimierung technischer Systeme nach Prinzipien der biologischen Evolution. Friedrich Frommann Verlag, Stuttgart–Bad Cannstadt 1973
36 Rendel, J. M.: Canalization and gene control. Logos Press, London 1967
37 Riedl, R.: Die Ordnung des Lebendigen, Systembedingungen der Evolution. Verlag P. Parey, Hamburg und Berlin 1975
38 Roughgarden, J.: Theory of Population Genetics and Evolutionary Ecology. Mac Millan, New York 1979
39 Schluter, D. und Grant, P. R.: Determinants of morphological patterns in communities of Darwin's finches. Am. Nat. *123*, 1984, 175–194
40 Simpson, G. G.: Tempo and Mode in Evolution. Columbia Univ. Press, New York 1944
41 Stanley, S. M.: Macroevolution: Patterns and process. Freeman and Co., San Francisco 1979
42 Stearns, S. C.: The role of development in the evolution of life histories. In Bonner, J. T., Hg.: Evolution and development. Springer Verlag, Berlin–Heidelberg–New York 1982, 237–258
43 Stearns, S. C. und Crandall, R. E.: Plasticity for age and size at sexual maturity: A life-history response to unavoidable stress. In Potts, G. und Wootton, R., Hg.: Fish reproduction. Academic Press, London 1984
44 Wade, M.: An experimental study of group selection. Evolution *31*, 1977, 134–153
45 Wagner, G. P.: Feedback selection and the evolution of modifiers. Acta Biotheoretica *30*, 1981, 79–102
46 Wagner, G. P.: Coevolution of functionally constrained characters: Prerequisites of adaptive versatility. BioSystem *17*, 1984 a, 51–55
47 Wagner, G. P.: On the eigenvalue distribution of genetic and phenotypic dispersion matrices: Evidence for a nonrandom organisation of quantitive character variation. J. Math. Biol. *21*, 1984 b, 77–95
48 Wagner, G. P.: The influence of variation and constraints on the rate of multivariate phenotypic evolution. Vorgelegt 1985 a
49 Wagner, G. P.: Über die populationsgenetischen Grundlagen einer Systemtheorie der Evolution. In Ott, J. A., Wagner, G. P. und Wuketits, F. M., Hg.: Evolution, Ordnung und Erkenntnis. Verlag P. Parey, Berlin und Hamburg 1985 b, 97–111
50 Wagner, G. P. und Bürger, R.: On the evolution of dominance modifiers II: A nonequilibrium approach to the evolution of genetic systems. J. theor. Biol. *113*, 1985, 475–500
51 Wake, D. B., Roth, G. und Wake, M. H.: On the problem of stasis in organismal evolution. J. theor. Biol. *101*, 1983, 211–224
52 Williams, N. E.: An apparent disjunction between the evolution of form and substance in the genus *Tetrahymnea*. Evolution *38*, 1984, 25–33

53 Williamson, P. G.: Palaeontological documentation of speciation in Cenozoic molluscs from Turkana basin. Nature *293*, 1981, 437–443
54 Wuketits, F. M.: Grundriß der Evolutionstheorie. Wiss. Buchgesellschaft, Darmstadt 1982

Gerhard Roth

Selbstorganisation – Selbsterhaltung – Selbstreferentialität: Prinzipien der Organisation der Lebewesen und ihre Folgen für die Beziehung zwischen Organismus und Umwelt *

1. Heteronomie und Autonomie

Die Beziehung zwischen Organismus und Umwelt wird als Grundlage für die Existenz allen Lebens angesehen. Lebewesen stehen in ständigem Materie- und Energieaustausch mit der Umwelt: Energie wird entweder direkt, z. B. in Form von Strahlungsenergie, aufgenommen (Photosynthese der Pflanzen und Blaualgen) oder in Form von Nahrung, bei der die in organischen Verbindungen gespeicherte Energie freigesetzt wird (Energiestoffwechsel). Gleichzeitig liefert dieser Prozeß auch notwendige Bausteine für die Synthese höhermolekularer Strukturen zur Erhaltung und zum Wachstum der Organismen (Baustoffwechsel). Der Organismus gibt an seine Umgebung in der Regel niedermolekulare und niederenergetische chemische Substanzen sowie Energie, z. B. in Form von Wärme, ab. Ursprüngliche Quelle der Energie der allermeisten Lebewesen ist die Sonnenenergie. Lebewesen können daher als komplexe Maschinen verstanden werden, die sich in den Sonnenenergiefluß direkt oder indirekt einschalten, ihn durch sich hindurchgehen und sich dadurch »antreiben«

* Den Herren U. an der Heiden, Bremen, P. M. Hejl, Siegen, C. von der Malsburg, Göttingen und G. Teubner, Florenz möchte ich für fruchtbare Diskussionen und wertvolle Anregungen bei der Erstellung dieses Aufsatzes danken.

149

lassen und einen Teil der Energie in ihren Strukturen vorübergehend speichern.

Man kann dementsprechend die biologische Evolution durchaus als einen Prozeß ansehen, der in der Optimierung der primären und sekundären Ausbeutung der in der Umwelt verfügbaren Energie besteht. Diese Optimierung richtet sich zum einen auf die stoffwechselphysiologische Verwertung aufgenommener Energie und Materie und zum anderen auf den Zugang zur Energie. Der erste Prozeß hat mit dem Aufkommen des aeroben (sauerstoffverbrauchenden) Energiestoffwechsels einen maximalen Wirkungsgrad erreicht. Hier ist die Evolution am einförmigsten verlaufen: Lebewesen sind in ihren Energiestoffwechselprozessen untereinander fast völlig gleich.

Eine ungeheure Vielfalt besteht hingegen in der Art der Nahrungs- und Energieaufnahme: autotroph (Pflanzen, Blaualgen, einige Bakterien) oder heterotroph (Tiere, Pilze, die meisten Bakterien), festsitzend oder freibeweglich, pflanzen- oder fleischfressend, ziellos sammelnd oder gerichtet jagend, extensiv oder intensiv Nahrung aufnehmend und vieles mehr. Dem Nahrungserwerb sind viele Funktionen im Bereich des Verhaltens, der Anatomie, der Sinnes- und Muskelphysiologie, der Neurobiologie gewidmet, und die Evolution dieser Bereiche wird verstanden als eine Steigerung der Energiegewinnung, also letztlich als Steigerung der Offenheit gegenüber den Energiequellen der Umwelt.

Offenheit gegenüber der Umwelt spielt natürlich auch in allen anderen Bereichen der Existenzerhaltung der Organismen eine entscheidende Rolle, z. B. beim Schutz vor Feinden (Erkennen, Flucht, Tarnung, Abwehr), bei der Interaktion mit Artgenossen (Fortpflanzung, soziales Verhalten), der räumlichen Orientierung im Biotop. Es ist vor dem Hintergrund alles bisher Gesagten nur zu verständlich, daß die Mehrzahl der Evolutionstheoretiker das Ziel der stammesgeschichtlichen Entwicklung darin gesehen haben, die Effektivität der Interaktion des Organismus mit seiner Umwelt, seine Umweltoffenheit, auf allen Gebieten zu steigern, denn dies erhöht unmittelbar die Überlebenschancen des Individuums und / oder der Art.

Gegenüber der Betonung der notwendigen Offenheit des Organismus, seiner möglichst engen Bindung an die Umwelt, wird häufig der andere fundamentale Aspekt der Existenz der Lebewesen übersehen, nämlich derjenige der *Autonomie*. Die funktionale Organisation der Lebewesen ist ein im statistischen Sinne extrem unwahrscheinlicher Prozeß, wenn man die ungeheure Menge hochspezifischer physikalischer und chemischer Prozesse bedenkt, die in komplexester räumlicher und zeitlicher Anordnung ablaufen müssen, um die Existenz auch nur einfachster Organismen zu sichern. Unter technischem Gesichtspunkt müßten derartige Gebilde extrem instabil sein, d. h. Störungen würden sofort zum Zusammenbruch führen. Dieser häufig betonten statistischen Unwahrscheinlichkeit stehen zwei unbezweifelbare Tatsachen gegenüber: 1. Leben ist innerhalb der Erdgeschichte relativ »rasch« entstanden: Bei einem geschätzten Gesamtalter der Erde von 4,5 Milliarden Jahren sind die ersten Lebewesen nach etwa einer Milliarde Jahre aufgetreten. Die biotische Phase der Erdgeschichte ist also viel länger als die abiotische. 2. Leben ist derjenige singuläre Prozeß, der auf der Erde am längsten andauert, nur die Erde selbst ist älter. Kein Gebirge, kein Diamant hat sich als derart zerfallsresistent erwiesen wie das Leben. Überdies: Keine Kraft hat das Aussehen der Erde so sehr verändert wie das Leben. Es ist denkbar, daß Leben selbst den Untergang der Erde überdauern wird. Leben hat offenbar die Fähigkeit, weiterzubestehen, während alles um es herum sich radikal ändert. Dies ist das fundamentale Phänomen der Autonomie des Lebendigen, das F. Varela[21] als erster umfassend untersucht hat. Der Grund für die ungeheure Stabilität des Lebendigen ist darin zu sehen, daß Organismen selbsterhaltende Systeme sind und sich von den Geschehnissen ihrer Umwelt, besonders den existenzbedrohenden, genügend abkoppeln können.

Wie passen nun diese beiden Sichtweisen – extreme Ausrichtung auf die Umwelt und Abkoppelung von der Umwelt – zusammen? Ist eine von beiden Sichtweisen falsch, betreffen beide nur zwei Seiten ein und derselben Sache, oder bezeichnen sie zwei verschiedene, aber miteinander verwobene Grundprozesse des Lebendigen? Um diese Frage untersuchen zu können, ist eine genauere Charakterisierung der funktionalen Organisation von Lebewesen nötig.

2. Organismen als selbsterhaltende Systeme

Lebende Systeme werden oft als sehr komplexe und »nichtlineare« Maschinen angesehen. Dies ist im heuristischen Sinn hilfreich, um vitalistischen und finalistischen Konzepten zu entgehen, und führt zu der ingenieurmäßigen oder operationalen Fragestellung: Wie machen es Lebewesen eigentlich, lebendig zu sein? Erstaunlich daran ist, warum man nicht auch umgekehrt Maschinen als einfache Lebewesen ansieht. Wenn Lebewesen, wie viele Biotheoretiker meinen, homöostatische Systeme sind, dann ist ein Kühlschrank ein besonders einfacher Organismus. Aber nur wenige werden eine solche Betrachtung hilfreich finden. Warum? Kühlschränke können eine bestimmte, extern vorgegebene Innentemperatur innerhalb eines bestimmten Bereichs der Umgebungstemperatur aufrechterhalten. Sie können nicht: 1. sich selbst herstellen; 2. auftretende Defekte reparieren; 3. unvermeidliche Verschleißerscheinungen (Abnutzung, thermodynamischer Zerfall) kompensieren. Betrachten wir statt des Kühlschranks die fortgeschrittensten existierenden oder zumindest technisch realisierbaren Maschinen, so sieht es nicht viel anders aus. Es gibt zwar bereits Maschinen, die in einem gewissen Rahmen Verschleißerscheinungen oder Defekte beseitigen durch Mechanismen, die in sie eingebaut wurden, aber auch diese Mechanismen unterliegen Defekten und Verschleißerscheinungen. Man kann natürlich auch eine Maschine konstruieren, die ständig den Zustand ihrer Komponenten überwacht und degenerierende Teile aus einem Vorratslager entnimmt. Eine solche Maschine könnte in der Tat sehr lange funktionieren. Sie wäre aber vollständig vom geordneten, spezifischen Zustand des Ersatzteillagers abhängig. Dieser letztere Zustand muß von anderen Systemen (Menschen, Maschinen) kontrolliert werden, und das Problem der Selbsterhaltung ist dann nur auf die anderen Systeme verlagert.

Ebenso lassen sich Fabriken bauen, die vollautomatisch Maschinen herstellen. Es handelt sich aber dann nach wie vor um hergestellte und nicht selbstherstellende Maschinen. Dem Idealbild eines selbstherstellenden und selbsterhaltenden Systems käme eine riesige Fabrikanlage am nächsten, die alles Rohmaterial, das sie zur Produktion und Erhaltung ihrer Komponenten benötigt, selbst gewinnt und verarbeitet (z. B. mit Hilfe selbstgebauter Bergwerksroboter). Eine derartige Fabrik wäre im wahrsten Sinne des Wortes autonom, und wie alle autonomen Systeme würde sie sehr spezifische Eigenschaften besitzen bzw. entwickeln, über die noch zu sprechen sein wird. Sie würde sich so lange aufrechterhalten, wie nicht schwerwiegende Defekte in ihren internen Selbsterhaltungsmechanismen auftreten und solange Energie und Rohmaterial verfügbar sind.

Eine derartige Fabrik ist am ehesten möglich, wenn sie konstruiert und dann sich selbst überlassen wird. Sie muß natürlich nicht in der schließlich voll funktionsfähigen Form hergestellt worden sein. Es ist aber schwer vorstellbar, daß sie sich völlig von selbst produziert, d. h. aus unspezifischen Komponenten spezifisch zusammensetzt. Ein relativ hohes extern vorgegebenes Struktur- und Funktionsniveau ist nötig, damit die Selbsterhaltung »in Gang« kommen kann.

Es ist klar, daß ein solches Gebilde den Lebewesen in wichtigen Zügen sehr ähnelt. Lebewesen sind, wie zu zeigen sein wird, selbstherstellende und selbsterhaltende oder – um mit Maturana und Varela zu sprechen – »autopoietische« Systeme. Diese beiden Autoren haben gezeigt, daß »Autopoiese« ein *Organisationsprinzip* ist und daß ein autopoietisches System aus den verschiedensten Komponenten aufgebaut sein kann, sofern sie nur Selbstherstellung und Selbsterhaltung bewirken. Die Frage, ob es bis heute nur *eine* Art von Komponenten gibt, die diese Leistung vollbringen, ist natürlich sehr wichtig, aber im Prinzip von nachrangiger Bedeutung.

Im folgenden sollen einige Begriffsdefinitionen zur Charakterisierung der Organisation von Lebewesen gegeben werden. Diese basieren auf der schon genannten Theorie autopoietischer Systeme von H. Maturana und F. Varela,[20, 10] weisen aber einige, z. T. wichtige Unterschiede zu diesem Konzept auf. Sie sind in mehrjähriger Zusammenarbeit zwischen U. an der Heiden, H. Schwegler und dem Autor entwickelt worden.[3]

Selbstorganisation: Selbstorganisierende Prozesse sind solche physikalisch-chemischen Prozesse, die innerhalb eines mehr oder weniger breiten Bereichs von Anfangs- und Randbedingungen einen ganz bestimmten geordneten Zustand oder eine geordnete Zustandsfolge (Grenzzyklus) einnehmen. Ein solcher Zustand bzw. eine solche Zustandsfolge läßt sich als Attraktor im mathematischen Sinne verstehen. Das Erreichen des bestimmten Ordnungszustands wird dabei nicht oder nicht wesentlich von außen aufgezwungen, sondern resultiert aus den spezifischen Eigenschaften der an dem Prozeß beteiligten Komponenten. Der Ordnungszustand wird »spontan« erreicht.

So bildet sich die z. T. sehr komplexe und für die Funktion entscheidende dreidimensionale Faltung eines Proteinmoleküls, z. B. eines Enzyms, spontan, sobald nur die entsprechenden Bausteine, die Aminosäuren, in der richtigen Reihenfolge vorliegen. Der Grund für diesen selbstorganisierenden Prozeß liegt darin, daß der bindungsenergetisch günstigste Zustand des Moleküls eingenommen wird. Es ist möglich, durch Zugabe bestimmter Substanzen die spezifische dreidimensionale Konfiguration aufzulösen. Entfernt man eine solche Substanz wieder, so »springt« das Molekül in seine ursprüngliche Form zurück. Ebenso können sich Phospholipidmoleküle, die hydrophob, also wasserunverträglich, sind, in wäßrigem Milieu »spontan« zu Lipidmembranen und diese wiederum zu sphärischen Gebilden zusammenfügen, die einer Zellmembran sehr ähneln.

Selbstherstellung: Ein System, das aus bestimmten konstitutiven Komponenten K1, K2… besteht, ist selbstherstellend, wenn folgende Bedingungen erfüllt sind: (I) Alle Komponenten entstehen *nach* einem bestimmten Zeitpunkt t; (II) K1, K2… sind die *einzigen* Komponenten, aus denen das System nach dem Zeitpunkt t besteht; (III) jede der Anfangsbedingungen von K1, K2… ist zumindest teilweise durch die konstitutiven Komponenten des Systems erzeugt.

Einige Erläuterungen: 1. Jedes System besteht auch aus Teilen, die nichts mit der spezifischen Organisation und Leistung zu tun haben müssen; z. B. ist es für die spezifische Leistung des Gehirns nebensächlich, daß es z. B. aus Elementarteilchen, Atomen, Proteinen aufgebaut ist. Nicht diese sind konstitutive Komponenten, wohl aber z. B. Nervenzellen. Das Erfassen der konstitutiven Komponenten eines Systems ist der wichtige Teil der Systemcharakterisierung. – 2. Es ist nicht erforderlich und auch gar nicht möglich, daß ein selbstherstellendes System *von Anfang an* aus selbsterzeugten Komponenten besteht; es genügt, daß *nach* einem Zeitpunkt t alle Systemkomponenten selbsterzeugt sind; d. h. das System kann zuerst aus extern vorgegebenen Komponenten bestehen, die es schließlich durch intern erzeugte Komponenten ersetzt (siehe das obige Fabrikbeispiel). – 3. Die Bedingung (III) ist die Hauptursache für die spezifische Leistung selbstherstellender Systeme, daß nämlich die Existenz des Systems die Voraussetzung für die Existenz seiner Teile ist. Daher lassen sich selbstherstellende Systeme als *zyklische Verknüpfung selbstorganisierender Prozesse* auffassen, wobei jeder selbstorganisierende Prozeß genau die Anfangsbedingungen für den nachfolgenden selbstorganisierenden Prozeß schafft.

Beispiele für selbstherstellende Systeme sind komplexe, farboszillierende und / oder musterbildende chemische Reaktionen (z. B. Zhabotinskii-Reaktion, Winfree-Oszillator), in denen nach einer gewissen Zeit die chemischen Komponenten vom System rhythmisch synthetisiert werden, und natürlich Organismen, die die Makromoleküle synthetisieren, aus denen sie bestehen. Wie schon oben gesagt, sind alle bisher existierenden Maschinen *keine* selbstherstellenden Systeme, weil sie Bedingung (III) nicht erfüllen.[16]

Selbsterhaltung: Systeme sind selbsterhaltend, wenn sie folgende Bedingungen erfüllen: (I) Das System bildet zu jeder Zeit ein räumlich zusammenhängendes Gebilde (*Einheit*); (II) das System bildet einen freien, vom System erzeugten Rand, der nicht unabhängig vom System existiert (*autonomer Rand*); (III) das System existiert in einer Umwelt, aus der es Energie und / oder Materie aufnimmt (*materielle und energetische Offenheit*); (IV) jede der konstitutiven Komponenten existiert nur für eine endliche Zeit (*Dynamizität*); (v) alle konstitutiven Komponenten partizipieren zu jeder Zeit an den Anfangsbedingungen der Komponenten, die zu einer späteren Zeit existieren, so daß das System sich dauernd erhält (*Selbstreferentialität*).

Erläuterungen: 1. Nicht alle selbstherstellenden Systeme sind auch selbsterhaltend. Sie gehen meist schnell zugrunde, wenn ihre konstitutiven Komponenten vergehen oder ein Zustand erreicht wird, in dem keine konstitutiven Komponenten mehr erzeugt werden. Dies ist z. B. bei oszillierenden chemischen Systemen der Fall: Wenn einige der Komponenten hinreichend verbraucht sind, kommt die Oszillation zwischen Synthese und Zerfall der Komponenten zum Erliegen. Weiterhin besitzen diese Systeme keinen autonomen Rand: Sie können nur innerhalb eines vorgegebenen Gefäßes existieren, und ihre spezifische raumzeitliche Struktur ist von diesem vorgegebenen (»erzwungenen«) Rand abhängig. Schließlich sind sie isolierte Systeme: Sie nehmen keine Materie und Energie aus der Umgebung auf, sondern verbrauchen die mitgegebene Materie und Energie. Die Existenz eines autonomen Randes, z. B. einer Zellmembran, ist somit von grundlegender Bedeutung für die Selbsterhaltung, denn über sie reguliert das System die Interaktion mit der Umwelt. – 2. Der räumlich und zeitlich zusammenhängende Rand ist die Grundlage der *Systemidentität*: Diese Identität bleibt so lange bestehen, wie ein raumzeitlich zusammenhängender Rand besteht, und zwar völlig unabhängig vom Schicksal der Systemkomponenten. Dies erlaubt, von einem identischen, individuellen Organismus auch dann zu sprechen, wenn er seine inneren Strukturen und Funktionen völlig ändert, wie dies z. B. während der Ontogenese der Tiere (insbesondere bei metamorphosierenden Tieren) der Fall ist. – 3. Das System überdauert *wesentlich* die Lebensdauer seiner konstitutiven Komponenten; nichtselbsterhaltende Systeme zerfallen, wenn ihre Komponenten zerfallen. Lebende Systeme können bei geeigneten materiellen und energetischen Umweltbedingungen *im Prinzip* unendlich lange existieren, indem die zerfallenden Komponenten stets zirkulär ersetzt werden (durch dieselben Komponenten oder andere, die die Zirkularität der Produktion der Komponenten fortführen). Alle bisher bekannten Lebewesen haben nur eine endliche Existenz; es zeigt sich aber, daß bei sehr vielen Organismen der Tod intern *aktiv* herbeigeführt wird bzw. aus Gründen erfolgt, die nichts mit den Selbsterhaltungsmechanismen zu tun haben. Nervenzellen von Tieren, die sehr alt werden, wie Schildkröten oder Krokodile, können ohne Teilung mehrere hundert Jahre existieren. Lebewesen sind also asymptotisch ewig, sie können im Prinzip den in ihnen notwendig auftretenden Zerfall *vollständig* kompensieren.

Lebewesen sind selbstherstellende und selbsterhaltende Systeme, und sie sind die einzigen bekannten Systeme dieser Art. Dies schließt, wie schon oben erwähnt, nicht aus, daß es einmal technische Systeme dieser Art geben kann.

Selbstreferentialität: Selbstreferentielle Systeme sind solche Systeme, deren Zustände miteinander zyklisch interagieren, so daß jeder Zustand des Systems an der Hervorbringung des jeweils nächsten Zustands konstitutiv beteiligt ist. Selbstreferentielle Systeme sind daher intern zustandsdeterminierte Systeme.

Erläuterungen: 1. Selbstreferentialität ist ein universales Organisationsprinzip, das nicht auf lebende Wesen beschränkt ist. Allerdings sind selbsterhaltende Systeme, Organismen, immer auch selbstreferentielle Systeme, da die zirkuläre Erzeugung der Komponenten des Systems auch die zirkuläre Erzeugung der Zustände der Komponenten einschließt. Selbstreferentielle Systeme müssen aber nicht auch selbsterhaltend sein. So ist das Gehirn, wie noch zu zeigen sein wird, ein selbstreferentielles System par excellence, aber es ist keineswegs selbsterhaltend. Neuronale Aktivität bringt zwar zirkulär stets neuronale Aktivität hervor, aber dieser neuronale Kreislauf erhält nicht das Gehirn materiell und energetisch. Dies wird vom Stoffwechsel des Körpers geleistet. Kein Teil des Körpers ist derart von ständiger Nährstoff- und Sauerstoffzufuhr abhängig wie das Gehirn. Als Organ ist das Gehirn in seiner Funktion, das »innere Milieu« sowie das überlebensfördernde Verhalten zu steuern, an der Erhaltung aller anderen Körperorgane beteiligt, die wiederum das Gehirn erhalten. Man kann auch überindividuelle Systeme wie soziale Systeme, kommunikative Systeme oder Rechtssysteme als selbstreferentielle Systeme bezeichnen. Darüber wird noch zu sprechen sein. – 2. Selbstreferentielle Systeme sind hinsichtlich ihrer Zustände *operational abgeschlossen.* Sie sind zwar – zumindest teilweise – durch externe Ereignisse *modulierbar* oder beeinflußbar, sie sind aber nicht steuerbar. Sie definieren, welche Umweltereignisse in

157

welcher Weise auf die Erzeugung ihrer Zustandsfolge einwirken können.

Diese Begriffsdefinitionen können hier natürlich nur in aller Kürze dargeboten werden. Trotz sehr vieler Gemeinsamkeiten weichen sie in einigen wichtigen Punkten von der Theorie autopoietischer Systeme von Maturana und Varela ab. Ich bin der Auffassung, daß die von An der Heiden, Schwegler und Roth entwickelten Begriffsbestimmungen gegenüber der Definition von Autopoiese der beiden Autoren operationaler und für eine Formalisierung handlicher sind. Die Entscheidung, ob ein selbstherstellendes bzw. selbsterhaltendes System vorliegt oder nicht ist einfacher zu treffen. Der vorliegende Ansatz untergliedert zudem den Begriff »Autopoiese« in die beiden Aspekte der Selbstherstellung und der Selbsterhaltung, und zwar aufgrund der Tatsache, daß es durchaus eine Reihe selbstherstellender Systeme gibt, aber nur ein selbsterhaltendes System, nämlich Lebewesen. Der Begriff der Selbsterhaltung ist also spezifischer. Eine solche Unterscheidung ist wichtig, denn sie behebt eine Reihe von Unklarheiten des Begriffs »Autopoiese«. Insbesondere kann nunmehr die Entstehung selbsterhaltender Systeme aus »nur« selbstherstellenden Systemen (Autogenese) befriedigt erfaßt werden. Weiterhin wird versucht, die funktionale Organisation selbstherstellender Systeme als zyklische, *selbstreferentielle Verknüpfung selbstorganisierender Prozesse* zu erklären. Dies erst befreit den Begriff »Autopoiese« von seinem zuweilen mystischen Beigeschmack. Unter autopoietischen Systemen werden im folgenden immer im genannten Sinne selbstherstellende und selbsterhaltende Systeme verstanden. Unsere Definition versteht sich als eine Klärung des Begriffs »Autopoiese«, nicht als entscheidende Abwandlung. Schließlich halte ich die definitorische Unterscheidung von Autopoiese und Selbstreferentialität für wichtig. Auch hierdurch können viele in der Zwischenzeit aufgekommene theoretische Verwirrungen behoben werden.

3. Autopoiese und Evolution

Wir können nun die Diskussion des oben genannten scheinbaren Widerspruchs zwischen Umweltoffenheit und Autonomie lebender Systeme wieder aufnehmen. Es zeigt sich, daß die materielle und energetische Offenheit von Organismen gegenüber der Umwelt eine unabdingbare Voraussetzung für Selbstherstellung und Selbsterhaltung ist. »Selbstherstellung« bedeutet ja keineswegs, daß alle Komponenten, aus denen ein Organismus besteht, »ex novo« geschaffen werden: Der Organismus nimmt mit der Nahrung entweder direkt niedermolekulare Bausteine auf (z. B. Zukker), oder er zerbricht hochmolekulare Nahrung und gewinnt so neben der freiwerdenden Energie niedermolekulare Bausteine, die er dann zu organismusspezifischen hochmolekularen Verbindungen zusammensetzt. Die spezifische Struktur und damit die Funktion dieser Makromoleküle ist also »selbst«, d. h. innerhalb des Organismus, hergestellt; oder noch richtiger: Der Organismus schafft die bioenergetischen Bedingungen, unter denen sich diese Strukturen selbstorganisierend bilden. Der Organismus *verfügt* also im aktiven Sinn über die Ressourcen, die die Umwelt bietet. Dies ist der Zusammenhang zwischen Umweltabhängigkeit und Autonomie.

Maturana und Varela haben Autopoiese *formal* definiert, und An der Heiden, Roth und Schwegler haben dies, wenn auch in etwas abweichender Weise, für die Begriffe »Selbstherstellung« und »Selbsterhaltung« getan. Dies bedeutet, daß ein selbsterhaltendes System dann vorliegt, wenn die genannten formalen Bedingungen erfüllt sind, gleichgültig wie sie konkret realisiert wurden. In der Tat sehen wir, daß zwar in einigen Bereichen, insbesondere in den Bereichen der genetischen Prozesse und des Stoffwechsels, die allermeisten Lebewesen mehr oder weniger gleich sind, daß sie sich aber in sehr vielen anderen Bereichen häufig fundamental unterscheiden. Es mag zudem sein, daß sich mit dem genaueren Studium einer immer größeren Zahl von Organismen auch in den erstgenannten Bereichen der Genetik und des Stoffwechsels größere Unterschiede herausstellen. Dies bedeutet: Es ist völlig gleichgültig, *wie* ein Lebewesen sich selbst erhält, die Hauptsache ist, *daß* es dies schafft.

Maturana und Varela haben in ihrer Theorie autopoietischer Systeme darauf hingewiesen, daß der einzige »Sollwert«, den Lebewesen haben, die Aufrechterhaltung der eigenen Existenz ist. Lebewesen sind also homöostatische Systeme hinsichtlich ihrer Autonomie, nicht irgendeines vorgegebenen Sollwertes. Es ist klar, daß sich im Rahmen einer solchen Theorie die biologische Evolution anders darstellt als in der weithin noch herrschenden Lehrmeinung des Neodarwinismus (bzw. der »Synthetischen Theorie«), und dies betrifft die beiden fundamentalen Beziehungen, in denen der Organismus sich befindet: zum Genom und zur Umwelt.

Um die evolutionsbiologischen Unterschiede zwischen Neodarwinismus und der Theorie autopoietischer Systeme möglichst klarwerden zu lassen und um allen Vorwürfen zuvorzukommen, es würden hier Gegenpositionen übertrieben dargestellt, will ich den Hauptvertreter des heutigen Neodarwinismus, Ernst Mayr, ausführlicher zu Wort kommen lassen. Mayr schreibt an repräsentativer Stelle und in durchaus apodiktischem Ton:

»Evolution durch natürliche Selektion ist ... ein Prozeß in zwei Stufen. In der ersten Stufe wird durch Rekombination, Mutation oder sonstige Zufälle eine genetische Variante gezeugt; in der zweiten wird durch Selektion Ordnung in die Masse der Varianten gebracht. Die erzeugten Varianten sind, da weder von den laufenden Bedürfnissen des Individuums verursacht noch von der Natur seiner Umwelt beeinflußt, immer zufallsbedingt. Die natürliche Auslese kann deshalb so erfolgreich sein, weil ihr ein unerschöpflicher Strom von Varianten zufließt ...

Biologisch gesehen besitzt jedes Individuum einen eigentümlichen Dualismus. Es gehört zu einem Genotyp (die Gesamtheit seiner Gene, von denen nicht alle ausgeprägt sein müssen) und ist ein Phänotyp (der Organismus, der aus der Translation der Gene des Genotyps hervorgegangen ist). Der Genotyp ist Teil des Genpools der Population. Der Phänotyp konkurriert mit allen anderen Phänotypen um den reproduktiven Erfolg. Dieser Erfolg, der die Darwinsche ›Fitness‹ des Individuums bestimmt, ist nicht von innen her determiniert, sondern ist das Ergebnis vielfältiger Interaktionen mit Feinden, Konkurrenten, Krankheitserregern und anderen Auslesefaktoren. Die Konstellation der Faktoren ändert sich mit den Jahreszeiten, von Jahr zu Jahr, oder von Ort zu Ort.

Die zweite Stufe der natürlichen Auslese, der eigentliche Akt der Selektion, ist ein von außen wirksames Ordnungsprinzip. In einer Population von Tausenden oder Millionen eigenständiger Individuen werden einige von ihnen bestimmte Gensätze besitzen, die sie besser mit den vorherrschenden Umweltbedingungen fertigwerden lassen als andere Individuen. Sie bekommen eine statistisch höhere Überlebenschance und werden wahrscheinlich mehr Nachkommen hinterlassen als andere Mitglieder der gleichen Population. Erst in dieser zweiten Stufe bekommt die natürliche Auslese eine gewisse Richtung. Es wird die Häufigkeit der Gene und Genkonstellationen zunehmen, die zu einer gegebenen Zeit und an einem gegebenen Ort anpassungsfähig sind, die Fitness erhöhen, Spezialisierung fördern, einer sprunghaften Ausbreitung Vorschub leisten und den evolutionären Prozeß vorantreiben ...«[11]

Es besteht nach dem hier Gesagten sowie nach zahlreichen anderen Texten Ernst Mayrs sowie der anderen Vertreter des Neodarwinismus kein Zweifel, daß allein die Selektion durch Umweltfaktoren die Richtung der Evolution der Organismen bestimmt. Interne ordnungsstiftende Faktoren spielen dabei eine nur untergeordnete Rolle. Die erfolgreicheren Organismen sind die besser an die Umweltgegebenheiten angepaßten, die Spezialisten. Je enger und williger der Organismus dem Selektionsdruck folgt, desto besser.

Zweifellos gab und gibt es neben dieser neodarwinistischen Deutung der Evolution insbesondere im deutschsprachigen Raum eine Menge anderer Konzepte. Diese spielen aber im angelsächsischen Raum, der – ob zu Recht oder nicht – in den Biowissenschaften dominiert, so gut wie keine Rolle. Die einzig auch nach außen relevante Kritik kommt wiederum aus dem angelsächsischen Raum, und zwar zum guten Teil »aus dem eigenen Hause«, nämlich von den Mayr-Kollegen Lewontin, Gould und Alberch von der Harvard University.[5,1] Wie zu zeigen sein wird, haben diese Autoren zusammen mit einigen anderen eine Kritik am Neodarwinismus entwickelt, die dem entspricht, was von der Theorie autopoietischer Systeme aus zu formulieren ist. Dabei geht es überhaupt nicht darum, Darwin zu »widerlegen« oder den Neodarwinismus in toto zurückzuweisen, sondern aufzuzeigen, daß der Neodarwinismus eine verkürzte Form der Evolutionstheorie ist, indem er das Schwergewicht auf Sonderfälle in der Evolution legt.

Das Adaptationskonzept spielt, wie bereits gezeigt, im Neodarwinismus eine zentrale Rolle. Die Organismen können nur aufgrund maximaler Anpassung an die Umwelt überleben. Das bedeutet natürlich auch für den Neodarwinismus nicht, daß der theoretisch optimale Adaptationsgrad vom Organismus wirklich erreicht wird; es kann sogar sein, daß die meisten Spezies in ihrer gesamten Evolution innerhalb der Fitness-Landschaft stets »unterhalb« des Optimum-Gipfels bleiben, weil sich dieser Gipfel mit den Veränderungen der Umwelt fortbewegt, die Organismen also stets »hinterheradaptieren«. Zudem wird von den meisten heutigen Neodarwinisten nicht mehr geleugnet, daß jede positive Veränderung des Organismus ein Kompromiß zwischen häufig divergierenden Teilveränderungen ist und sich bestimmte Merkmale deshalb nie wirklich optimal ausbilden können. Trotzdem ist zu erwarten, daß es auch hierbei bessere und schlechtere Kompromisse gibt und ein einziger Kompromiß der zumindest relativ optimale ist, der sich deshalb durchsetzt. Die Maßstäbe werden also nicht so hoch angesetzt, aber es ist nach wie vor ein Typus (natürlich eine bestimmte Merkmalskombination, die sich in mehreren Individuen finden kann, nicht unbedingt ein einziges Individuum), der sie am besten erfüllt. Das wichtige an all dem ist, daß es die Umwelt ist, die die Maßstäbe für das Überleben setzt, und zwar so, daß nur einer, der Bestangepaßte, überlebt. Bei jeder größeren Umweltveränderung findet ein »Wettrennen« um eine maximale Neuadaption statt, das nur einer gewinnt.

Aus den obigen systemtheoretischen Ausführungen zum Prinzip der Selbsterhaltung folgt hingegen etwas ganz anderes: daß nämlich selbsterhaltende Systeme, also Organismen, jegliche Veränderung erfahren können, solange diese nicht die zirkuläre Produktion ihrer Komponenten unterbricht. Anders ausgedrückt: Lebewesen müssen am Leben bleiben; wie sie dies bewerkstelligen, ist nebensächlich. Die Umwelt setzt, wie zu Beginn ausgeführt, eine *minimale* Grenze, die von jedem Organismus überschritten werden muß. Es ist gleichgültig, mit welchen Mitteln und in welchem Maße er sie überschreitet. Jede Lösung, die die minimalen Anforderungen erfüllt, ist gleich gut, es gibt keine optimale Lösung.

Das Szenario, das Ernst Mayr und der Neodarwinismus entwerfen, ist ein Sonderfall der Evolution. Verändert sich die Umwelt einer Art oder Population stärker, so gibt es zwei Normalfälle: Entweder überlebt unter den unterschiedlichen Merkmalsträgern keiner, oder es überleben gleich mehrere. Der Fall, daß genau einer überlebt, ist selten. Der Grund dafür ist hauptsächlich, daß eine Umweltveränderung in aller Regel ein sehr komplexes Ereignis ist. Steigt zum Beispiel in der entsprechenden Umwelt die Durchschnittstemperatur, so sind damit zugleich Faktoren wie Feuchtigkeit, Beutespektrum, Vorkommen von Freßfeinden mit betroffen; d. h. der höheren Toleranz eines Organismus gegenüber erhöhten Temperaturen mag eine geringere Fähigkeit, sich auf eine größere Trockenheit oder ein verändertes Beutespektrum einzustellen, gegenüberstehen und umgekehrt. Es kommt nur darauf an, irgendeinen Gleichgewichtszustand hinsichtlich der Aufrechterhaltung der Autopoiese zu finden, und diese Gleichgewichtszustände können sehr verschieden sein. Was wir also in aller Regel finden, sind Alternativkonzepte des Überlebens, nicht die Einförmigkeit des Bestangepaßten.

Nach dem Konzept des Neodarwinismus ist es jedoch nicht vorgesehen, daß sich unter denselben veränderten Umweltbedingungen verschiedene Alternativen ausbilden. Ebenso aber ist es nicht vorgesehen, daß Organismen sich in stark verändernden Umwelten so gut wie gar nicht verändern, d. h. daß sie so bleiben, wie sie sind, und die Umweltveränderungen kompensieren. Dies ist das Problem der Stasis.[24] Auch der umgekehrte Fall, daß in gleichbleibender Umwelt sich Organismen unterschiedlich ent-

wickeln, ist auf dem Boden des Neodarwinismus schwer erklär-
lich.

Ich untersuche seit vielen Jahren mit zahlreichen Kollegen, insbesondere mit David B. Wake von der University of California,
Berkeley, und mit Pere Alberch von der Harvard University, eine
Tiergruppe, die lungenlosen Salamander der Familie Plethodontidae, die unter einem gesamtzoologischen Aspekt eine der best-
untersuchten Tiergruppen überhaupt sind. Diese Salamander sind
in Teilen Nord- und Mittelamerikas derart erfolgreich, daß sie
dort zuweilen mehr als die Hälfte der Biomasse an Wirbeltieren
ausmachen. Sie sind zudem morphologisch, ökologisch und ver-
haltensbiologisch sehr divers; sie stellen eine alte taxonomische
Gruppe dar (ihr Alter beträgt weit mehr als hundert Millionen
Jahre). Die Verwandtschaftsbeziehungen zwischen den rund 240
Arten und ihre Evolution sind weitgehend aufgeklärt. Die Plethodontiden sind also eine ideale Testgruppe für Evolutionskonzepte.[22, 23, 18]

Viele dieser Tiere haben einen Beutefangmechanismus in Form
einer Schleuderzunge entwickelt, der zu den kompliziertesten
und zugleich effektivsten Beutefangmechanismen der Wirbeltiere
gehört. Trotzdem findet man in einem Biotop oft nebeneinander
solche Schleuderzungensalamander und verwandte Arten, die
eine »primitive« Klappzunge haben. Dies ist z. B. in den süd-
lichen Appalachen der Vereinigten Staaten der Fall, einer Gegend,
die geographisch und ökologisch zu den stabilsten Systemen überhaupt gehört. Diese Arten, die nachweislich dort entstanden sind,
haben alle Umweltveränderungen in gleicher Weise miterlebt.

Die Evolution eines solchen komplizierten Beutefangmechanismus, an dem gewöhnlich jeder »Adaptionist« seine helle
Freude hat, hat offensichtlich *nicht* wesentlich die Überlebenschancen des betreffenden »fortschrittlichen« Typs vermehrt und
die des »primitiven« vermindert; vielmehr überleben beide Typen
seit vielen Millionen Jahren gleich gut. Detaillierte Untersuchungen der Funktionsmorphologie des Beutefangmechanismus, der
neuronalen Beutefangsteuerung, des Beutefangverhaltens und des
Beutespektrums zeigen, daß die Ausbildung einer Schleuderzunge nur zusammen mit einer Reihe von weiteren morpholo-

gischen und neurophysiologischen Differenzierungen (z. B. im Zusammenhang mit der Tiefenwahrnehmung und der Reaktionsschnelligkeit) einen »Sinn« macht und durchaus auch Restriktionen im Beutespektrum mit sich bringt.[17,18] So finden sich in ein und demselben Biotop zwei relativ diverse Verfahren, an genügend Nahrung zu kommen, und beide sind, da sie seit vielen Millionen Jahren bestehen, gleichermaßen optimal.

Umgekehrt zeigt sich aber auch, daß derselbe Beutefangmechanismus der Schleuderzunge sich im Laufe der Evolution der Plethodontiden nachweislich mindestens fünfmal unabhängig voneinander und in ganz unterschiedlichen Biotopen (z. B. in semiaquatischen und rein terrestrischen Biotopen Nordamerikas und der Neotropen) ausgebildet hat.[23] Unsere Untersuchungen konnten wahrscheinlich machen, daß es im Bereich des Zungenskeletts funktionale Elemente gibt, die bevorzugte Objekte morphologischer Umbildung sind, z. B. weil die entsprechenden Gensequenzen instabil und für Mutationen besonders anfällig geworden sind und / oder weil die epigenetischen Prozesse auf veränderte genetische Einflüsse in gerichteter Weise reagieren.

Auf dem Niveau des Verhältnisses von Genotyp und Phänotyp zeigen die Plethodontiden ein scheinbares, für den Neodarwinismus ebenfalls schwer erklärbares Paradox: Einige Gattungen (z. B. die namensgebende Gattung Plethodon) sind genetisch äußerst divers, phänotypisch jedoch sehr homogen, während einige tropische Gattungen (z. B. Pseudoeurycea) genetisch sehr homogen, phänotypisch jedoch sehr divers sind. Dies zeigt, daß selbst innerhalb einer Tierfamilie das Verhältnis zwischen Genom und Organismus hochgradig nichtlinear sein kann. Wie P. Alberch in detaillierten ontogenetischen Untersuchungen an tropischen Salamandern gezeigt hat, können viele Mutationen durch den Phänotyp in ihrer Wirkung reprimiert, andere hochgradig verstärkt werden. Welche Wirkung eine Mutation auf den Organismus hat, hängt vom Gesamtkomplex der organismischen Prozesse ab.[2]

Wir müssen aufgrund dieser Erkenntnisse ein verändertes Bild der Evolution entwerfen, das von dem des Neodarwinismus in einigen wichtigen Punkten abweicht. Wir müssen erstens annehmen, daß es zwischen den statistisch auftretenden genetischen

Mutationen und den Merkmalsausprägungen einen Filter gibt, der in den selbstorganisierenden epigenetischen Prozessen des Organismus besteht. Der Organismus kann, wie bereits gesagt, gegenüber genetischen Mutationen als Repressor oder Verstärker wirken. Letzteres gilt besonders für solche Mutationen, die die Chronologie ontogenetischer Prozesse betreffen. So sind große Bauplanveränderungen oft durch kleine genetische Veränderungen verursacht, wenn sie den zeitlichen Bezug bestimmter frühontogenetischer Prozesse betreffen. Dies schlägt sich z. B. bei vielen Plethodontiden, aber auch beim Menschen in einem ausgeprägten Pädomorphismus nieder.[4, 18]

Das Genom spielt innerhalb der autopoietischen Organisation von Lebewesen eine besonders wichtige Rolle, aber die Gene befinden sich nicht, wie häufig fälschlich dargestellt, in einer »Kommandoposition«. Ihre funktionale Einzigartigkeit liegt in ihrer strukturellen Stabilität und in der Fähigkeit zur identischen Replikation. Diese Eigenschaften haben sie aber nur unter Mitwirkung anderer wichtiger Komponenten der Zelle – sie können sich nur mit Hilfe von Enzymen reparieren und replizieren und sind in dieser Hinsicht nicht autonom, genausowenig wie jede andere Komponente innerhalb eines autopoietischen Systems. Nur das System als Ganzes ist autonom. Dasselbe wie für die Gene (bzw. die DNA, aus denen sie bestehen) läßt sich auch für die Enzyme sagen: Diese können zwar die chemische Struktur der Gene herstellen und erhalten, aber sie können dies für sich selbst auch nur mit Hilfe der Gene. Dies ist die zyklische funktionale Verkettung der Komponenten, von der ausführlicher die Rede war. In einem solchen kreiskausalen und selbstreferentiellen System kann die Wirkung, die von der Veränderung einer Komponente, z. B. der Gene, auf den Gesamtorganismus ausgeht, niemals direkt und linear sein, denn die Veränderung involviert asymptotisch alle anderen Komponenten, und es hängt von deren Eigenschaften und Reaktionsweisen ab, ob und wie die Wirkung sich ausbreitet. Wir müssen aufgrund der spezifischen selbstreferentiellen Organisation der Organismen eine starke Eigendynamik epigenetischer Prozesse erwarten, und die embryologische, insbesondere entwicklungs-neurobiologische Forschung der letzten Jahre hat eine überwältigende Evidenz dafür geliefert.[9] Auf die unabsehbaren Folgen der offensichtlichen starken Überlappung der Wirkung von Genen auf epigenetische Prozesse (Pleiotropie) kann hier nur hingewiesen werden.

Der Organismus stellt also offenbar in seiner autopoietischen Organisation für genetische Veränderungen einen starken Selektionsfaktor dar; diese Veränderungen müssen in einem ersten Schritt mit der autopoietischen Organisation verträglich sein. Der Organismus gleicht einem elastischen Gebilde, daß sich in nichtlinearer Weise aufgrund der genetischen Veränderungen verformt. Das komplexe Resultat dieser Gen-Organismus-Interaktion ist es, was sich in der Umwelt bewähren muß, nicht die mutierten Gene allein. Daraus folgt, daß nicht nur genetische, sondern auch organismische Veränderungen durchaus ohne Umweltveränderungen auftreten können, wenn sie sich oberhalb der von der Umwelt gesetzten Minimalschwelle befinden. Umgekehrt haben alle Organismen, allerdings in höchst unterschiedlichem Maße, die Fähigkeit, Umweltveränderungen ohne genetische Veränderungen auszugleichen, und bei manchen – etwa einigen der von uns untersuchten Salamander – ist diese Fähigkeit sehr hoch ausgeprägt. Eine Evolutionstheorie, die auf der Theorie selbstherstellender und selbsterhaltender Systeme aufgebaut ist, kann also in befriedigenderer Weise, als es der Neodarwinismus vermag, die ganze Variationsbreite der Adaptations- und Selektionsprozesse erklären. Das Verhältnis zwischen Umweltselektion und Organismus ist nicht symmetrisch – die Selektion kann immer nur auf das wirken, was ihr der Organismus »anbietet«; für das Überleben des Organismus genügt es, daß er die funktionalen Mindestanforderungen für seine autopoietische Organisation erfüllt. Darüber hinaus hat er alle Freiheiten. Die ungeheure Vielfalt an Formen und Funktionen, die wir in der Natur beobachten, ist ein schlagender Beweis dafür. Die Umwelt ist also gegenüber dem Organismus »permissiv« und restriktiv, sie schreibt in den meisten Fällen nicht vor, was zu tun ist. Es ist eine gravierende Unzulänglichkeit des Neodarwinismus, diesen Sonderfall stark in den Vordergrund zu rücken.

4. Das selbstreferentielle Gehirn und seine Umwelt

Ich möchte nun zeigen, wie die oben skizzierte Theorie auf das Verhältnis von Gehirn und Umwelt anzuwenden ist. Bei keinem System ist der Kontrast zwischen dem, was es zu sein scheint, und dem, was es seiner Organisation und Funktion nach ist, so groß wie beim Gehirn. Das Gehirn scheint ein offenes System par excellence zu sein: Wir erleben, daß die Umwelt unmittelbar an uns heran- und in uns hineintritt, daß wir also in einem unmittelbaren sensorischen Kontakt mit ihr stehen. Die »Unmittelbarkeit« und direkte Gegebenheit des sinnlich Erlebten ist von den Wahrnehmungsforschern und Erkenntnistheoretikern stets besonders hervorgehoben worden und wurde ursächlich mit der Funktion des Gehirns in Verbindung gebracht. Das Gehirn ist ein Organ, das ein Verhalten erzeugen muß, mit dem sein Organismus überleben kann; es muß ihn also zweckmäßig auf die relevanten Umweltereignisse hin *orientieren*, und es muß dazu die Bedeutung der Umweltereignisse, eben ihre Relevanz, erfassen. Dies geschieht – so die traditionelle Auffassung – dadurch, daß das Gehirn mit Hilfe der Sinnesorgane *Information* über die Umwelt sammelt und diese in den unterschiedlichsten Hirnzentren auswertet.

Und doch haben schon die ersten systematischeren Untersuchungen der funktionalen Organisation des Gehirns den Forschern ein ganz anderes Bild aufgenötigt, nämlich daß es zwischen Umweltreizen und Hirn überhaupt keine eindeutige Beziehung gibt. Der Physiologe Johannes Müller hat bereits im vorigen Jahrhundert darauf hingewiesen, daß die Spezifität (Modalität, Qualität) des *erlebten* Reizes nicht von der »objektiven Natur« äußerer Ereignisse, die auf ein Sinnesorgan einwirken, sondern von der Art der internen Verarbeitungsmechanismen abhängt. Deshalb kann ein und derselbe elektrische Reiz, in verschiedenen räumlichen und funktionalen Bereichen des Gehirns appliziert, ganz verschiedene Empfindungen auslösen: Stimulation der Großhirnrinde mit einem identischen elektrischen Reiz löst im visuellen Cortex visuelle, im auditorischen Cortex auditorische und im somatosensorischen Cortex somatosensorische Halluzinationen aus. Das gleiche gilt natürlich auch für Stimulation der motorischen Zentren, für Stimulation anderer spezifischer Hirnregionen, z. B. im Thalamus, und sogar für rein »mentale« Ereignisse wie den *Entschluß* zu Körperbewegungen, der ebenfalls durch Hirnstimulation ausgelöst werden kann.[13,14,15]

Ebenso können Patienten aufgrund geeigneter Hirnreizung die Empfindung haben, den Arm gehoben oder einen bestimmten Satz gesprochen zu haben, obwohl für Außenstehende nichts dergleichen geschehen ist. Das Entgegengesetzte kann auch eintreten: Patienten, die aufgrund der Stimulation bestimmter Hirnzentren, die der sogenannten bewußten Wahrnehmung entzogen sind, Bewegungen machen oder Sätze sprechen, leugnen dies unter Umständen strikt, obwohl ihre Augen natürlich die Armbewegungen und ihr Ohr die eigenenen Worte registriert haben muß. Aber für das bewußte Gehirn existieren diese Ereignisse nicht, offenbar weil sie nicht in den für bewußte Motorik vorgesehenen Regionen des Gehirns erzeugt wurden und keine adäquate sensorisch-motorische Rückmeldung lieferten. Es ist fast überflüssig, auf all die Fälle hinzuweisen, in denen wir Dinge einfach nicht bewußt wahrnehmen, obwohl sie sensorisch durchaus registriert und vom Gedächtnis aufgenommen werden, oder in denen umgekehrt etwas gesehen, gehört, gefühlt wird, was »objektiv« gar nicht vorhanden ist.

Diesen Tatsachen entspricht der Umstand, daß sich die Wahrnehmung nicht in den Sinnesorganen, sondern in den spezifischen sensorischen Hirnregionen vollzieht. So sehen wir nicht mit dem Auge, sondern mit oder besser in den visuellen Zentren des Gehirns. Und die Wahrnehmung unserer motorischen Aktionen erfolgt nicht in unseren Muskeln und Gliedmaßen, sondern in den somatosensorischen Zentren des Gehirns. Die spezifische Aufgabe der Sinnesorgane ist es, eine Vielzahl von unterschiedlichsten physikalisch-chemischen Ereignissen, welche die Sinnesorgane erregen (Lichtquanten, Schalldruckwellen, Duftmoleküle, Vibration etc.) in ein und dieselbe Klasse von Ereignissen, nämlich elektrische Nervenpotentiale, umzuwandeln. Nur diese Art von Signalen (bzw. damit verbundene neurochemische Ereignisse) kann das Gehirn »verstehen«. Aber durch diese Übersetzungsarbeit der Sinnesorgane verlieren alle unterschiedlichen Umweltereignisse ihre Spezifität – es ist den Nervenpotentialen als solchen grundsätzlich nicht anzusehen, was in ihnen »kodiert« ist, gleichgültig ob sie von den verschiedenen Sinnesorganen oder von den Muskeln kommen oder vom Gehirn selbst erzeugt wurden. Das Gehirn muß aufgrund sekundärer Hinweise die Botschaft »erraten«. Diese Hinweise – das ist entscheidend – kann es nicht von außen, sondern nur aus sich selbst entnehmen. Das bedeutet: Obwohl das Gehirn über die Sinne mit der Umwelt in Kontakt steht und in seiner Aktivität durchaus durch Umweltereignisse beeinflußt werden kann, ist diese Beeinflussung durch die Welt ohne unmittelbar gegebene Bedeutung.

Die Wahrnehmungsinhalte müssen daher vom Gehirn selbst konstituiert werden. Wahrnehmung ist demnach Bedeutungszuweisung zu an sich bedeutungsfreien neuronalen Prozessen, ist Konstruktion und Interpretation. Es ist das elementare Charakteristikum des Gehirns als eines selbstreferentiellen Systems, daß es nur mit den von ihm selbst generierten kognitiven Ereignissen umgeht.

Diese semantische Selbstreferentialität oder »Selbstexplikation« des Gehirns findet ihr Substrat in der *funktionalen* Selbstreferentialität der neuronalen Netzwerke, aus denen das Gehirn aufgebaut ist. Ich möchte diese funktionale Selbstreferentialität anhand des visuellen Systems des Menschen erläutern. Wir finden im Gehirn einen Kreisprozeß erster Ordnung zwischen den eigentlichen visuellen Zentren im Zwischenhirn, Mittelhirn und der Großhirnrinde (Cortex). Dieser wird erweitert durch einen Kreisprozeß zwischen den visuellen Zentren und dem Gedächtnissystem im limbischen System und im temporalen Cortex, und durch weitere Kreisprozesse zwischen den visuellen Zentren und den handlungsplanenden Zentren im Vorderhirn, und zwischen den visuellen Zentren, und den die Wachheit, Bewußtheit und Aufmerksamkeit steuernden Zentren im Hirnstamm, besonders in der sogenannten Formatio reticularis. Von den Vernetzungen des visuellen Systems mit den anderen Sinnessystemen will ich hier ganz absehen. Dieses geschilderte Großsystem hat einen Eingang, die Retina, und einen Ausgang, die motorischen Endplatten an den Muskeln (wenn man von der visuellen Steuerung von internen Prozessen, etwa des Drüsensystems einmal absieht).

Über die Retina laufen ständig Erregungen in die Kreisprozesse hinein und modulieren sie. Die Bedeutung dieser von der Retina kommenden Erregung bestimmt sich in einem ersten Schritt nach topologischen Kriterien: Alles was in den visuellen Zentren an Erregung ankommt und verarbeitet wird, *ist* visuelle Wahrnehmung (Festlegung der Reizmodalität). Die Reizqualitäten (Farbe, Bewegung, Kontrast usw.) werden ebenfalls nach topologischen Kriterien gedeutet, d. h. danach, in welchen Teilgebieten des visuellen Systems welche Reizleitungsbahnen enden. So ziehen von der Retina relativ spezifische Fasern getrennt zu den unterschiedlichen visuellen Zentren, die z. B. für Bewegungssehen, Farbsehen, Detailsehen, Umgebungshelligkeit usw. zuständig sind, und ihre Erregung wird teils getrennt verarbeitet, teils konvergiert sie. Zusammengesetzte visuelle Wahrnehmungen werden durch simultane und sukzessive Aktivität der visuellen Zentren konstituiert, die für einfachere Reizeigenschaften »zuständig« sind.

Niemand hat eine Erklärung dafür, wie aus diesen Erregungszuständen, wie komplex sie auch sein mögen, visuelle Empfindung wird. Wir sind aber berechtigt anzunehmen, daß diese Empfindung ihren Inhalten nach durch eben die interne zirkuläre Bedeutungszuweisung entsteht, d. h. jede Komponente in diesem System definiert die spezifischen Eigenschaften aller anderen Komponenten. Wir können dies daran sehen, daß in einem frühen Stadium der Hirnentwicklung, also bei noch genügender neuronaler Plastizität, auch scheinbar elementare Hirnleistungen örtlich noch nicht völlig festgelegt sind und sich z. B. aufgrund von Verletzungen verschieben können. Das Gesamtsystem deutet sich dann teilweise so um, daß z. B. Farb- oder Formensehen in anderen Regionen als den normalen stattfindet. Eine frühkindliche Verlagerung der Sprachzentren ist ebenfalls bekannt. Ein besonders dramatischer Fall der internen funktionalen Reorganisation des Gehirns liegt bei Personen vor, bei denen angeborenermaßen der Cortex sich z. B. aufgrund eines Hydrocephalus nur ungenügend ausbildet. Da solche Personen durchaus geistig normal oder sogar überdurchschnittlich begabt sein können, müssen wir annehmen, daß die ursprünglich corticalen Leistungen von anderen Hirnteilen, z. B. vom Zwischenhirn, übernommen werden; d. h. diese Hirnteile lernen es, die in ihnen ankommenden Erregungen anders zu deuten.

Alle komplexeren Wahrnehmungsleistungen beruhen auf solchen kognitiven Selbstdifferenzierungsprozessen, die lernabhängig sind. Was gesehen, gehört, gespürt wird, hängt also ganz wesentlich von den zuvor gemachten sensorischen Erfahrungen ab. Diese Erfahrungen müssen keineswegs spezifisch sein – eine Art exemplarischen und stark generalisierenden Lernens scheint eine elementare Bedeutung für das frühkindliche Gehirn zu haben –, und ebenso müssen sie keineswegs bewußt sein, und die meisten sind es sicher nicht. Die Gestaltpsychologie zeigt, daß die Prozesse der kognitiven Spezifikation und Gestalt- und Ordnungsbildung in den allermeisten Fällen ohne das Zutun des Wahrnehmungssubjekts, ja häufig gegen dessen besseres Wissen (z. B. bei optischen Täuschungen) ablaufen.[12] Ob die Schemata, nach denen die Organisation unserer Wahrnehmung vor sich geht, selbst wieder erworben oder zumindest teilweise angeboren sind, ist eine offene Frage.

Wir müssen davon ausgehen, daß unsere Wahrnehmung eine vom Gehirn erzeugte Wahrnehmung ist; daß die Welt, in der wir leben, die Wirklichkeit des Gehirns ist und nicht die »objektive« Welt, in der – so glauben wir – der Organismus unseres Gehirns existiert; und daß wir auch in unserem Handeln diese Wirklichkeit nicht transzendieren können. Denn unser eigenes Handeln erleben wir wie alles andere nur in dieser Wirklichkeit. Unsere kognitive Wirklichkeit ist in sich abgeschlossen.

Wie aber, so ist zu fragen, kann ein Gehirn als kognitives System, das selbstreferentiell nur mit sich umgehen kann, ein Verhalten erzeugen, mit dem sein Organismus in dessen Welt, der »objektiven« Realität, bestehen kann? Überleben – das ist selbstverständlich – setzt Orientierung an der Umwelt voraus. Aber wie kann ein in sich derart abgeschlossenes System eine solche Umweltorientierung bewerkstelligen?

Eine befriedigende Beantwortung dieser Frage benötigt umfassende Untersuchungen theoretischer wie empirischer Art, die hier nicht dargestellt werden können und im Detail auch noch gar nicht vollständig geleistet wurden. Folgende Grundsätze lassen sich aber formulieren:

1. Ein über einfachste Reflexe hinausgehendes Nervensystem, das die Aktivität unterschiedlicher Sinnesmodalitäten und -qualitäten verbinden und ein Lern- und Gedächtnissystem aufbauen kann, ist nur auf der Grundlage der Reiz*un*spezifität der neuronalen Prozesse möglich, was wiederum ein internes Interpretationssystem der neuronalen Prozesse notwendig macht. Das Prinzip der Reizunspezifität schließt das neuronale System sozusagen von der Umwelt ab und nötigt ihm eine Selbstexplikation auf.
2. Eine komplexe Wahrnehmung im Dienst einer komplexen Verhaltenssteuerung, wie sie der Mensch zum Überleben benötigt, ist nur durch ein zirkulär organisiertes und dadurch zur kontinuierlichen Selbstevaluation fähiges neuronales System möglich. Es muß stets in der Lage sein, die Handlungserwartungen mit den Handlungsfolgen zu vergleichen und daraus Schlüsse zu ziehen, die seine weiteren Handlungserwartungen bestimmen.
3. Die notwendige kognitive Leistung des Gehirns besteht nicht in einer möglichst genauen Erfassung der Umwelt, sondern in einer Gliederung, Vergesetzlichung, Verstetigung, Gestaltung der fluktuierenden Umweltereignisse, d. h. in einer Komplexitätsreduktion. Dies ist nur in einem System möglich, das *aktiv* mit seinen eigenen Wahrnehmungsinhalten operieren kann. Die Welt wird nicht so, wie sie ist, dargestellt, sondern so, wie das Gehirn und der Organismus am besten damit umgehen können.
4. Die besondere Fähigkeit unseres Geistes, mit Handlungsplanung und Entwicklung des Begriffs »Zukunft«, setzt die Möglichkeit eines neuronalen Netzwerks voraus, seine eigenen Zustände vielfach ineinander abzubilden, d. h. sich gegenüber (intern erzeugte) der kognitiven Wirklichkeit sekundäre oder sogar tertiäre kognitive Welten zu konstruieren (z. B. die Welt unserer Vorstellungen oder abstrakter wissenschaftlicher Modelle).
5. Es läßt sich zeigen, daß für die Erzeugung umweltorientierten Verhaltens irgendeine Art isomorpher (oder auch nur partiell

isomorpher) Repräsentation der Umwelt durch das Gehirn nicht notwendig ist und im menschlichen Gehirn auch gar nicht vorliegt.

Meine Behauptung ist, daß die selbstreferentielle Organisation des Gehirns und die Erzeugung eines überlebensadäquaten Handelns nicht nur kein Widerspruch ist, sondern daß die besonderen Leistungen des menschlichen Gehirns gerade aus seiner Selbstreferentialität folgen. Das Gehirn kann in der Tat die Folgen seines Handelns und damit die Richtigkeit seiner Wahrnehmung und Erkenntnis nur an und in sich überprüfen. Die Gründe dafür, daß es dies dennoch erfolgreich tun kann sind folgende:

1. In der langen Stammesgeschichte des Wirbeltiergehirns bis hin zu dem des Menschen hat sich eine stabile, verläßliche Topologie der Sensorik und Motorik entwickelt, d. h. das menschliche Gehirn kann sich in aller Regel darauf verlassen, daß z. B. das, was an Erregung ins visuelle System gelangt, vom Auge stammt und deshalb als visuell interpretiert werden kann. Es hat aber prinzipiell keine Möglichkeit der direkten Überprüfung und ist daher durch experimentelle »Tricks« täuschbar.
2. Sinneswahrnehmungen einer bestimmten Modalität werden stets auf ihre Konsistenz mit anderen Sinneswahrnehmungen überprüft. Bei einem Widerspruch treten besondere Prüfverfahren in Kraft. Es ist sehr unwahrscheinlich, daß sich zwei Sinnessysteme gleichsinnig »irren« (z. B. das visuelle System und das Gleichgewichtssystem). Ist dies aber der Fall, so geraten wir in ein echtes Wahrnehmungschaos, die Welt stürzt buchstäblich über uns zusammen (meist rettet sich der Körper dann in die Ohnmacht).
3. Jede Sinneswahrnehmung wird in Bruchteilen von Sekunden mit früherer Erfahrung überprüft und dann erst zu bewußter Wahrnehmung. Bewußte Wahrnehmung ist also stets »gereinigte« Wahrnehmung. In diesem Sinne ist unser Gedächtnis unser wichtigstes Sinnesorgan.

Das Gehirn ist demnach ein System, das auf der Basis bestimmter stammesgeschichtlich vorgegebener und erworbener Kriterien interne Konsistenzprüfungen durchführt und das beibehält, was zur Konsistenz führt. Überblickt man die Evolution des Wirbeltiergehirns, so kann man feststellen, daß die Größe des Gehirns ziemlich streng mit der Fähigkeit zum Lernen und zu komplexem Handeln und damit zur Bewältigung einer immer komplexeren Umwelt korreliert. Ich möchte hier die Frage offenlassen, ob die Größenzunahme des Gehirns das Produkt eines externen Selektionsdrucks ist oder ob – wofür inzwischen vieles spricht – das vormenschliche Gehirn aus internen Wachstums- und Differenzierungsgründen (im Zusammenhang mit Neotenie bzw. Pädomorphismus, vgl. Gould[4]) größer und komplizierter wurde, was sich dann sekundär bewährte, indem dadurch der Mensch in die Lage versetzt wurde, unter den unterschiedlichsten Umweltbedingungen zurechtzukommen.

Bemerkenswert an dieser Entwicklung ist, daß die Kapazität der sensorischen Eingänge, d. h. die Fähigkeit der Sinnesorgane, die Umwelt zu erfassen, sich nur sehr unwesentlich steigerte oder sogar abnahm. So besitzt der optische Nerv, der den visuellen Eingang ins Gehirn darstellt, beim Frosch rund 500 000 Fasern. Beim Menschen sind es gerade doppelt soviel, und bei einem modernen Knochenfisch sind es weit mehr als beim Menschen. Aber während der Frosch nur wenige Millionen Gehirnzellen hat, die die sensorische Erregung (neben anderen Erregungen) verarbeiten, sind es beim Menschen nach neuesten Schätzungen mindestens eine halbe Billion Neuronen. Was sich hier entwickelt hat, sind die sekundären und tertiären sensorischen Verarbeitungsregionen und besonders all jene Areale, die die sensorischen Erregungen der verschiedenen Modalitäten miteinander und mit früherer sensorischer (insbesondere auch sensumotorischer) Erfahrung vergleichen und bewerten. Anstatt die Umwelt mit einer Steigerung der Kapazität der Sinnesorgane immer exakter zu erfassen, hat das menschliche Gehirn in seiner Stammesgeschichte sozusagen die entgegengesetzte Richtung eingeschlagen, nämlich auf einer vergleichsweise schmalen sensorischen Basis das interne Bewertungssystem in seiner Schnelligkeit und Leistungsfähigkeit ungeheuer zu steigern. Unsere Wahrnehmung besteht in den allermeisten Fällen darin, daß das Gehirn in kürzester Zeit die

Umwelt nach Schlüsselereignissen abtastet und die dazu am besten passenden Details aus dem Gedächtnis in Sekundenbruchteilen hinzutut, so daß ein scheinbar komplettes Umweltbild entsteht. Wir sehen also in der Regel das, was das Gehirn als die am wahrscheinlichsten vorliegende Umwelt ansieht. Erst wenn wir uns zwingen – oder gezwungen werden –, die Welt detailliert zu erfassen, merken wir, wie langsam eine genaue Umwelterfassung abläuft. Hier muß das Gehirn vielhundertfach mehr Interpretationsentscheidungen treffen.

Das menschliche Gehirn ist ganz wesentlich auf schnelle Entscheidungen ausgelegt; sehr viele Umweltdetails sind dafür völlig unwesentlich. Dies ist insbesondere auch im Bereich der sozialen Interaktion der Fall – es war für unsere Vorfahren absolut überlebensnotwendig, in kürzester Zeit zu erkennen, wer ein sich ihm nähernder Artgenosse ist und was er »im Schilde« führt. Zahlreiche Experimente der Wahrnehmungsforschung haben gezeigt, daß das menschliche Gehirn extrem auf Personenidentifikation anhand von Schlüsseldaten der Körperbewegung sowie auf Gesichtererkennung spezialisiert ist. Wäre das menschliche Gehirn ein gegenüber der Welt wirklich »offenes« System, so wäre es in jeder Sekunde von der Flut der Umweltereignisse überwältigt und zu keiner Entscheidung fähig.

5. Autopoiese und Gesellschaft

Seit dem Aufkommen der Theorie autopoietischer Systeme wird darüber diskutiert, ob diese Theorie auch auf überindividuelle Systeme wie Gesellschaft und soziales Handeln angewandt werden kann. Diese Diskussion ist insbesondere im deutschsprachigen Raum durch kürzliche Veröffentlichungen von P. Hejl[6], N. Luhmann[8], G. Teubner[19] und anderen belebt worden. Ich kann hier auf diese Diskussion nur kurz und allein unter systemtheoretischem Aspekt eingehen.

176

Die Frage, ob Gesellschaft oder bestimmte Systeme sozialen Handelns, wie Kommunikation oder Rechtssysteme, als autopoietisch angesehen werden kann, hängt mit der näheren Definition des Begriffs der Erzeugung (Produktion) der Komponenten im autopoietischen Netzwerk zusammen. An der Heiden, Roth und Schwegler haben, wie gezeigt, diesen Begriff auf physikalisch-chemische Produktion beschränkt. Danach sind nur lebende Systeme autopoietisch. Wie ebenfalls ausgeführt, ist danach das Gehirn kein autopoietisches System, da es durch seine Aktivität nicht die Komponenten erhält, aus denen es besteht (Nervenzellen, Gliazellen etc.); es ist hingegen ein selbstreferentielles System, da es seine Zustände zirkulär organisiert.

Es ist von verschiedenen Autoren darauf hingewiesen worden, daß eine solche zirkuläre Organisation von Zuständen ebenfalls eine *Produktion* von Komponenten, eben des Systems neuronaler Erregungen, ist. Betrachte man *dieses* System und nicht das anatomische System »Gehirn«, so sei es im strikten Sinne autopoietisch. Dieses Argument ist aber unter neurophysiologischem Aspekt nicht ganz zutreffend, denn Nervenpotentiale »produzieren« im physikalischen Sinn niemals andere Nervenpotentiale, dies tun die Nervenzellmembranen, wenn man auch sagen kann, daß Nervenpotentiale Bedingungen herstellen, unter denen neue Nervenpotentiale an der Membran entstehen können (ob sie entstehen, hängt von vielen anderen Faktoren ab). Es bleibt der grundsätzliche Einwand, daß in Hinblick auf den Organismus das Gehirn nicht selbsterhaltend ist, und dies trifft natürlich auch auf die neuronale Erregungsverarbeitung zu: Sie verschwindet sofort, sobald das materielle Gehirn verschwindet; sie ist in ihrer *Existenz* vollkommen vom Gehirn abhängig und führt keinerlei materielles Eigenleben. Ihr Eigenleben ist das der unendlich beliebigen Variation ihrer Zustände. Man kann – und muß wohl auch – annehmen, daß die Eigenschaften eines solchen selbstreferentiellen Systems vom materiellen Gehirn zwar zugelassen, aber nicht determiniert werden. Und wenn man will, liegt hier die Eigengesetzlichkeit des Geistes begründet.

Eine Anwendung des Autopoiesebegriffs auf nichtorganismische Systeme ist daher nur bei einer gleichzeitigen Umdefinition des Begriffs »Produktion der Komponenten« möglich. Auf der Grundlage des oben geschilderten systemtheoretischen Ansatzes sind soziale Handlungen, wie Kommunikation, Rechtsgeschäfte usw., Komponenten selbstreferentieller, aber nicht autopoietischer Systeme: Sie existieren nicht unabhängig von der Existenz der handelnden Individuen, und im physikalisch-biologischen Sinn produzieren kommunikative Akte keine neuen kommunikativen Akte, sondern sie rufen sie in den Individuen hervor. Zweifellos sind es – zumindest partiell – selbstreferentielle Systeme, denn soziale Akte werden keineswegs von der Summe individueller Absichten bestimmt. Soziale Systeme haben per definitionem ein gewisses »Eigenleben« – was ich denke, sage, tue, hängt ganz wesentlich vom Gesamtkomplex sozialen Denkens, Sagens, Tuns ab, genauso wie dies im Netzwerk neuronaler Erregungsverarbeitung der Fall ist.

Ein solches System als autopoietisch zu begreifen ist nur möglich, wenn man einen »ontologischen Systemebenenwechsel« vornimmt, d. h. völlig von den handelnden, kommunizierenden etc. Individuen absieht und allein das System der sozialen Akte und diese als seine ausschließlichen Komponenten betrachtet. Man kann durchaus eine Art Systemontologie entwerfen, in der die *Zustände*, die die Komponenten eines autopoietischen Systems annehmen, zu *Komponenten* eines ontologisch »nächsthöheren« Systems werden, das damit zu einem autopoietischen System zweiten Grades o. ä. wird. Die Fruchtbarkeit eines solchen Ansatzes muß sich noch erweisen. Es ist durchaus berechtigt, einen anderen Weg einzuschlagen und die Eigenart sozialer Phänomene auch gegenüber den selbstreferentiellen kognitiven Gehirnprozessen mit einem neuen Begriff zu erfassen, wie es P. Hejl kürzlich mit dem Begriff der »Synreferentialität« getan hat.[7]

Die oben geschilderte Theorie selbstherstellender und selbsterhaltender, also autopoietischer Systeme ist als Theorie der Lebewesen und ihrer Leistungen entstanden. Es mag sein, daß diese Theorie ihre große Fruchtbarkeit verliert, wenn sie zu weit auf nichtbiologische Bereiche ausgedehnt wird. Zumindest ist hier große begriffliche Sorgfalt geboten.

6. Schlußbemerkung

Die Konzeption von Lebewesen als offenen, an ihre Umwelt strukturell und funktional eng angepaßten bzw. sich anpassenden Systemen ist in ihrer Allgemeinheit nicht nur empirisch falsch, sondern erscheint als ein spätes Produkt des mechanistischen Weltbildes, auch wenn dieses Weltbild nicht mehr mit dem Paradigma des Uhrwerks, sondern dem des Computers oder Roboters arbeitet. Dem entspricht die Vorstellung der Verfügbarkeit und Steuerbarkeit der Natur, der Menschen und ihres Geistes.

Es ist notwendig, zu verstehen, daß Lebewesen etwas ganz anderes sind, nämlich autonome und zweckfreie Systeme, und daß ihre Existenz und ihre Evolution an diese Autonomie und Zweckfreiheit unabdingbar gebunden ist. Unser ganzes Verständnis von der Natur, aber auch von uns selbst, wird sich danach richten müssen.

Literatur

1 Alberch, P.: Ontogenesis and morphological diversification. Amer. Zool. *20*, 1980, 653–667

2 Alberch, P.: The generative and regulatory roles of development in evolution. In Mossakowski, D. und Roth, G., Hg.: Environmental Adaptation and Evolution. G. Fischer, Stuttgart–New York 1982, 19–36

3 An der Heiden, U., Roth, G. und Schwegler, H.: Principles of self-generation and self-maintenance. Acta Biotheor. 1985, im Druck

4 Gould, S. J.: Ontogeny and Phylogeny. Harvard University Press, Cambridge 1977

5 Gould, S. J. und Lewontin, R.: The spandrels of San Marco and the Panglossian paradigm: a critique of the adaptationist programme. Proc. R. Soc. London *B205*, 1979, 581–598

6 Hejl, P. M.: Sozialwissenschaft als Theorie selbstreferentieller Systeme. Campus, Frankfurt–New York 1982

7 Hejl, P. M.: Konstruktion der sozialen Konstruktion: Grundlinien einer konstruktivistischen Sozialtheorie. In Mohler, A., Hg.: Einführung in den Konstruktivismus. Oldenbourg, München–Wien 1985.

8 Luhmann, N.: Soziale Systeme. Grundriß einer allgemeinen Theorie. Suhrkamp, Frankfurt 1984

9 Jacobson, M.: Developmental Neurobiology. Plenum Press, New York–London 1978

10 Maturana, H. R.: Erkennen: Die Organisation und Verkörperung von Wirklichkeit. Vieweg, Braunschweig–Wiesbaden 1982

11 Mayr, E.: Evolution. In: Evolution. Spektrum der Wissenschaft, Heidelberg 1984, 8–19

12 Metzger, W.: Psychologie. Steinkopf, Darmstadt 1975

13 Penfield, W.: The Excitable Cortex of Conscious Man. University Press, Liverpool 1958

14 Penfield, W.: Speech, perception and the cortex. In Eccles, J. C., Hg.: Brain and Conscious Experience. Springer Verlag, Berlin–Heidelberg–New York 1966, 217–237

15 Penfield, W. und Roberts, L.: Speech and Brain Mechanisms. Princeton University Press, Princeton 1959

16 Roth, G.: Conditions of evolution and adaptation in organisms as autopoietic systems. In Mossakowski, D. und Roth, G., Hg.: Environmental Adaptation and Evolution. G. Fischer, Stuttgart–New York 1982

17 Roth, G., Grunwald, W., Linke, R., Rettig, G. und Rottluff, B.: Evolutionary patterns in the visual system of lungless salamanders (fam. Plethodontidae). Arch. Biol. Med. Exp. 1983

18 Roth, G. und Wake, D. B.: Evolutionary trends in the functional morphology and sensorimotor control of feeding behavior in salamanders: an example for internal selection. Acta Biotheor., 1985.

19 Teubner, G.: Das regulatorische Trilemma. Zur Diskussion um postinstrumentale Rechtsmodelle. Quaderni Fiorentini *13*, 1984, 109–149

20 Varela, F., Maturana, H. R. und Uribe, R.: Autopoiesis, the organization of living systems: its characterization and a model. Biosystems *5*, 1974, 187–196

21 Varela, F.: Principles of Biological Autonomy. Elsevier-North Holland, New York 1979

22 Wake, D. B.: Comparative osteology and evolution of the lungless salamanders, family Plethodontidae. Mems. So. Calif. Acad. Sci. *4*, 1966, 1–111

23 Wake, D. B.: Functional and developmental constraints and opportunities in the evolution of feeding systems in urodeles. In Mossakowski, D. und Roth, G., Hg.: Environmental Adaptation and Evolution. G. Fischer, Stuttgart–New York 1982, 51–66

24 Wake, D. B., Roth, G. und Wake, M. H.: The problem of stasis in organismal evolution. J. theor. Biol. *101*, 1983, 221–224

Helmut Zwölfer

Insektenkomplexe an Disteln – ein Modell für die Selbstorganisation ökologischer Kleinsysteme[*]

1. Einführung

Ausgangspunkt und Ergebnis von Selbstorganisationsprozessen sind immer Systeme. »Organisiert« werden die Elemente von Systemen: Es entstehen Muster und Strukturen, die in irgendeiner Weise zeitlich-räumlich geordnet sind.

Ökologische Systeme unterscheiden sich von physikalischen, chemischen oder biologisch-physiologischen Systemen durch den hohen Anteil stochastischer Prozesse (»Zufallsprozesse«) bei ihrer Entstehung und Entwicklung. Beispielsweise läuft die Entwicklung eines Embryonen im Mutterleib so geordnet ab, daß selbst winzige Details vorhersagbar sind. Demgegenüber erscheint die Entwicklung eines brachliegenden Ackers oder eines neu angelegten Aquariums in vieler Hinsicht chaotisch und nur in groben Zügen vorhersagbar. Können wir unter diesen Umständen überhaupt von einer »Selbstorganisation« ökologischer Systeme sprechen?

Wenn der Begriff »Selbstorganisation« auf ökologische Systeme angewendet werden soll, so muß man ihn folgendermaßen eingrenzen:

[*] *Danksagung:* Herrn W. Söllner und Frau M. Preiß bin ich für die mit Liebe und Sorgfalt angefertigten Zeichnungen zu Dank verpflichtet. Frau Ch. Schmelzer danke ich für die Überlassung von Datenmaterial über die Insektenfauna von *Centaurea scabiosa*. Die Deutsche Forschungsgemeinschaft hat über den SFB 137 Untersuchungen, über die hier berichtet wird, großzügig unterstützt.

181

1. Selbstorganisation bedeutet hier nicht autonome Organisation. Damit sich ein ökologisches System organisieren kann, müssen Energie und meist auch Materie und Information von außen einfließen können.
2. Das Ergebnis dieser Prozesse ist – wenn überhaupt – nur in groben Zügen festgelegt. Im Detail herrscht ein großes Maß an Freiheit.
3. Die einzelnen Elemente eines ökologischen Systems sind nicht in dem Sinne organisiert, wie Organe eines Organismus aufeinander abgestimmt sind. Ein ökologisches System ist *kein* Organismus und auch kein »Überorganismus«, wie das früher vielfach im Zusammenhang mit dem Begriff der »Lebensgemeinschaft« behauptet wurde.
4. Von einem organisierten ökologischen System sollten wir nur dort sprechen, wo wir Anpassungen und Steuermechanismen nachweisen können, die einen innerhalb bestimmter Grenzen in seinen Grundzügen vorhersagbaren Systemzustand bewirken.
5. Herr Prof. Dr. Ch. Wissel von der Universität Marburg hat mich auf ein weiteres wichtiges Kriterium hingewiesen: Selbstorganisation liegt dann vor, wenn die Ordnung eines Systems diesem nicht alleine durch äußere Bedingungen aufgeprägt ist.

Als Beispiel für ein derartiges »organisiertes ökologisches System« soll in diesem Referat das von der Arbeitsgruppe unseres Sonderforschungsbereiches intensiv untersuchte System »Insektenkomplexe an Disteln« vorgeführt werden. (Die Untersuchungen, über die hier berichtet werden, wurden zum Teil im Rahmen des Sonderforschungsbereiches 137 der DFG [Projektbereich A: Die Steuerung des Energieflusses und Wettbewerbsstrategien in Nahrungsnetzen mit Primär- und Sekundärkonsumenten] durchgeführt.)

2. Untersuchungsobjekte und Fragestellungen

2.1 Charakterisierung der »Disteln« (Tribus Cynareae)

Disteln und verwandte Pflanzengattungen (Flockenblumen, Kletten, Artischocken, Saflor und zahlreiche weitere Gattungen) bilden innerhalb der Körbchenblüter (Compositae) die Tribus Cynareae, deren vier Untergruppen (Untertriben) in Abb. 1 dar-

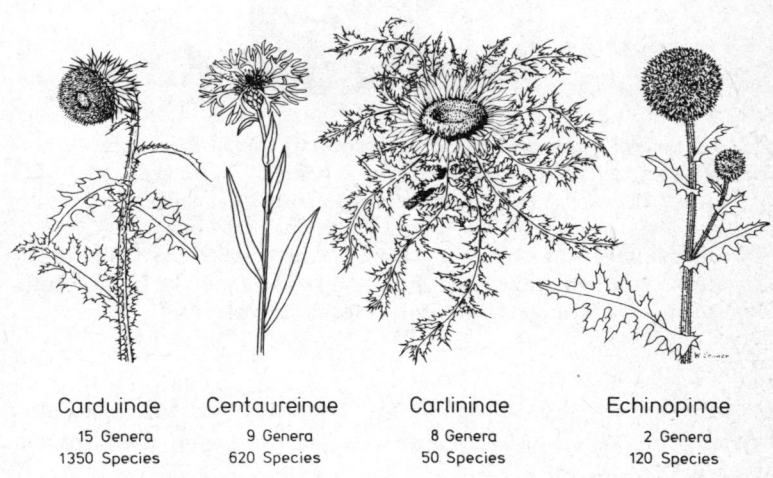

Carduinae	Centaureinae	Carlininae	Echinopinae
15 Genera	9 Genera	8 Genera	2 Genera
1350 Species	620 Species	50 Species	120 Species

Abb. 1: Die vier Untertriben der Cynareae. Dargestellt sind (von links nach rechts) Vertreter der Gattungen Carduus, Centaurea, Carlina *und* Echinops.

gestellt sind. Gemeinsam ist diesen Pflanzen ein charakteristisch ausgebildeter Blütenkopf, der von einem schützenden Hüllkelch umgeben ist und im Innern aus dem meist stark ausgebildeten Blütenboden und darin verankerten Einzelblüten bzw. den sich später daraus entwickelnden Achänen (Samen) besteht. Während der Entwicklung des Blütenkopfes werden von der Pflanze in großem Umfang Assimilate eingeschleust, die dem Aufbau der Achä-

183

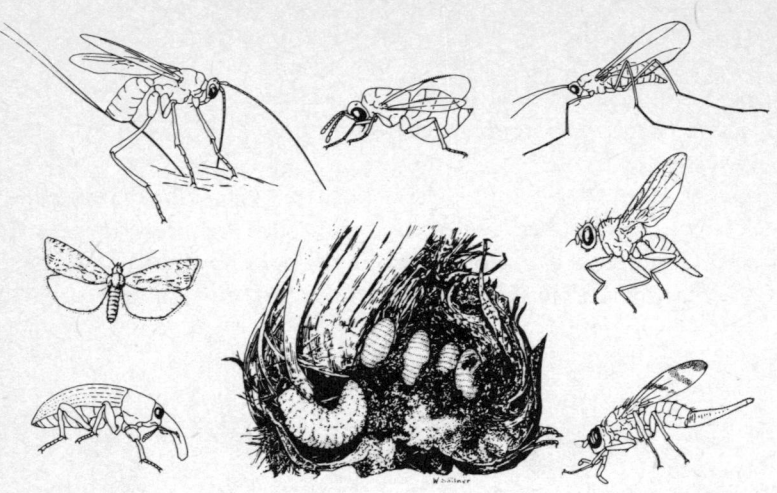

Abb. 2: Einige charakteristische Bewohner von Cynareen-Blütenköpfen. Um den Blütenkopf gruppiert, sind (von links nach rechts) Vertreter der Rüsselkäfergattung Larinus, *der Tortricidengattung* Eucosma, *der Schlupfwespengattung* Ephialtes, *der Erzwespengattung* Eurytoma, *der Gallmückengattung* Clinodiplosis *und der Bohrfliegengattungen* Chaetostomella *und* Urophora *dargestellt. In Innern des geöffneten Blütenkopfs befinden sich eine* Larinus-*Larve sowie vier Puparien der Bohrfliegengattung* Tephritis.

nen und den darin enthaltenen Reservestoffen für den Keimling dienen. Ein Distelkopf ist damit ein weithin gegen die Umwelt abgeschlossenes, oft gut geschütztes und mit Energie und Nährstoffen versorgtes Gebilde, das den Larven einer Vielzahl pflanzenfressender Insektenarten (Phytophagen) günstige Entwicklungsmöglichkeiten bietet. Diese phytophagen Insekten werden ihrerseits von ihren Gegenspielern, insbesondere von zahlreichen parasitisch an den Phytophagenlarven und -puppen lebenden Erz-, Brack- und Schlupfwespen ausgebeutet. Das Innere eines Distelblütenkopfes stellt damit eine Art »Ökosystem in einer Nußschale« mit mannigfacher Wechselbeziehung zwischen Pflanze, Pflanzenfressern und Insektenfressern dar, vgl. Abb. 2.

Es gibt in Europa, im Mittelmeergebiet und in Asien etwa 2000 Cynareenarten. Davon konnten in den vergangenen zwanzig Jahren etwa siebzig Arten aus insgesamt acht Cynareengattungen von meiner Arbeitsgruppe bzw. von mir auf ihre Insektenkomplexe hin untersucht werden. Damit ist das ökologische Kleinsystem »Insektenkomplexe in Distelköpfen« in zahlreichen Varianten einer vergleichenden Untersuchung zugänglich: Es können Wirtspflanzenarten mit sehr unterschiedlich großen Blütenköpfen, mit unterschiedlichem Lebenszyklus, mit unterschiedlichen Habitatansprüchen, mit unterschiedlicher geographischer Verbreitung und weiteren unterschiedlichen Merkmalen gegenübergestellt und auf die Zusammensetzung ihrer Insektenkomplexe hin geprüft werden. Eine Handhabe für den Vergleich solcher ökologischen Kleinsysteme bietet die Darstellung als Nahrungsnetz, bei der die einzelnen Systemkomponenten durch den Energiefluß im Blütenkopfsystem miteinander verbunden sind, vgl. Abb. 3.

2.2 Systemmerkmale

In Tabelle 1 sind die fünf wichtigsten Eigenschaften der hier dargestellten Kleinsysteme aufgeführt. Die Arten werden dabei als Informationsträger aufgefaßt, da die Art und Weise, wie sie in dem System wirken, von der mit ihnen von Generation zu Gene-

1) Artenzusammensetzung	= Informationsträger
2) Nahrungsstruktur	= Interaktionsmuster
3) Stofftransport	= materielle Basis des Systems
4) Energiefluß	= energetische Basis des Systems, gemeinsame Meßgröße der Systemelemente
5) räumliche und zeitliche Verteilungsmuster	= Raum-Zeit-Rahmen

Tabelle 1: Systemmerkmale bei Distelinsektenkomplexen

ration weitergegebenen genetischen Information abhängt. Bereits geringfügige Abänderungen dieser Information, wie sie etwa in den bei Distelinsekten zahlreich vertretenen Wirtsrassen vorkommen, können auf das Gesamtsystem einen großen Einfluß haben. Der Aufbau des Nahrungsnetzes, d. h. die vertikalen und hori-

Cirsium vulgare   Bayreuth

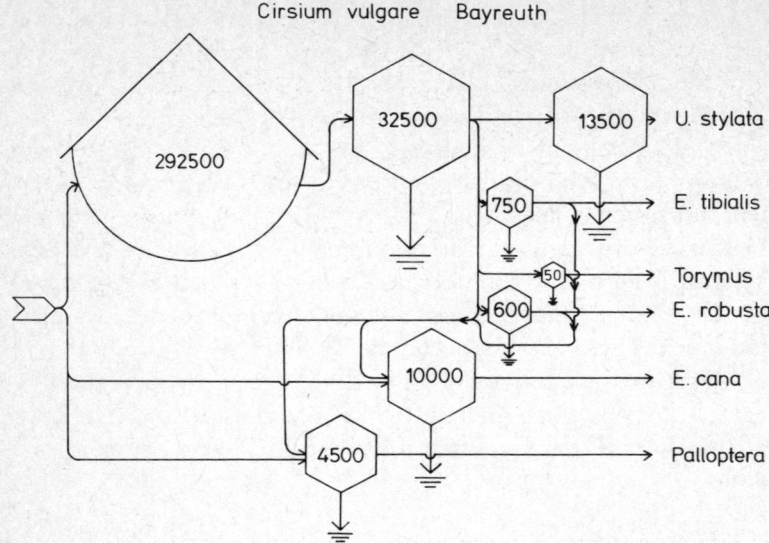

Abb. 3a: Nahrungsnetz in den Blütenköpfen einer Speerdistelpopulation. Die Darstellung erfolgte mit Hilfe von ODUM-Symbolen: Pfeile geben die Energieflußbahnen an, das Halbkreissymbol stellt die in dem von den Larven der Bohrfliege Urophora stylata *F. erzeugten Gallengewebe festgelegte Energie dar, und die Sechsecksymbole versinnbildlichen den Energiegehalt von Altlarvenpopulationen phytophager und entomophager Blütenkopfbewohner, wobei der Energiegehalt (in Joule) für eine Wirtspflanzenpopulation von 100 Blütenköpfen berechnet wurde.* Urophora stylata *ist ein phytophager Gallbildner, der von den Erzwespen* Eurytoma tibialis *Boh., E. robusta* Mayr und Torymus *sp. parasitiert wird. Der Kleinschmetterling* Eucosma cana *Haw. ist sowohl entomophag als auch phytophag, die Fliege* Palloptera *sp. ist entomophag und saprophytisch.*

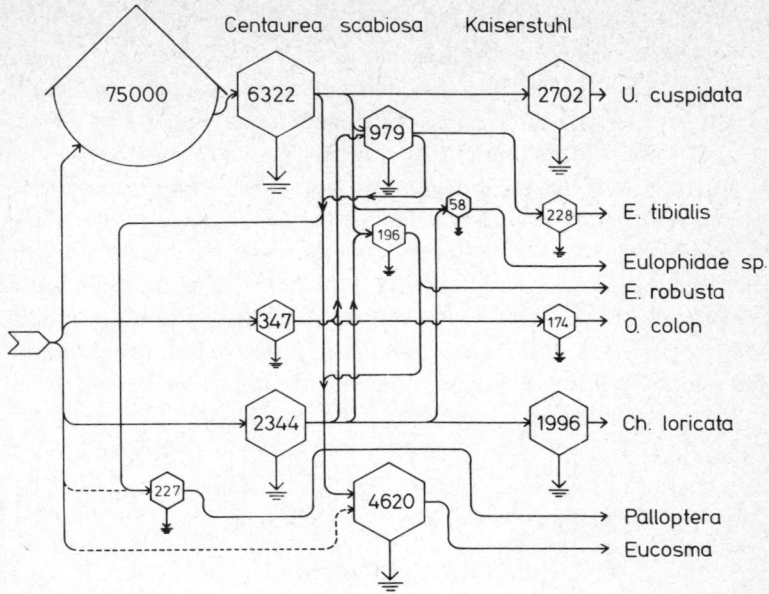

Centaurea scabiosa   Kaiserstuhl

Abb. 3b: *Nahrungsnetz in den Blütenköpfen der Flockenblume* Centaurea scabiosa L. *Die Darstellung erfolgte wie in Abb. 3a mit ODUM-Symbolen, wobei der Energiegehalt (in Joule) des Gallengewebes (Halbkreissymbol) sowie der phytophagen und entomophagen Altlarvenpopulationen (Sechsecksymbole) ebenfalls für eine Wirtspflanzenpopulation von 100 Blütenköpfen berechnet wurde.* Urophora cuspidata Meig. *ist eine gallbildende Bohrfliege, die von den Erzwespen* Eurytoma tibialis, E. robusta *und* Eulophidae gen. sp. *parasitiert wird.* Orellia colon Meig. *und* Chaetorellia loricata Rond. *sind achänenfressende Bohrfliegen. Die Fliege* Palloptera sp. *sowie der Kleinschmetterling* Eucosma sp. *können so wie in Abb. 3a auf zwei trophischen Ebenen operieren.*

187

zontalen Beziehungen zwischen den einzelnen Arten, ergibt sich aus Eigenschaften der Einzelarten und aus der jeweiligen Artenkonstellation. Die materielle Basis des Systems bildet der Stofftransport, der zunächst von der Pflanze in die einzelnen Strukturen des Blütenkopfs und von dort weiter zu den phytophagen und schließlich den entomophagen Insekten führt. Der Energiefluß bildet die energetische Basis des Systems. Gleichzeitig liegt hier eine den einzelnen Systemelementen gemeinsame Meßgröße vor, die insbesondere den Vergleich solcher Systeme erleichtert. Schließlich finden wir bei jeder Insekten-Distel-Population charakteristische räumliche und zeitliche Verteilungsmuster, deren Kenntnis etwa für Aussagen über die Stabilität der betreffenden Systeme wichtig sein kann.

Zeit-skalen System-ebenen	Populationen einer Wirtspflanzenart	Populationen verwandter Wirtspflanzenarten	Wirtsgattungen und höhere Taxa
Ökologisch (Jahreslauf)	Populationsökologie, P.-Dynamik Energetik	Systemvergleiche Nahrungsnetzaufbau Ressourcennutzung Artenpackung Arealvergleiche regionale Wirtschaftsunterschiede	
Mikroevolutiv (Postglazial)	Populationsgenetik, Rassenbildung		
Makroevolutiv (Pliozän – Pleistozän)	–	Koevolution auf Artniveau	Koevelution auf höherem Niveau
		Anpassung der Wirtspflanzen Anpassung bei Phytophagen und Entomophagen	

Tabelle 2: Systemebenen, Zeitskalen und die sich daraus ergebenden Forschungsansätze und Fragestellungen

2.3 Systemebenen und Zeitskalen

Die hier vorgestellten Tier-Pflanzen-Systeme können auf verschiedenen Integrationsebenen und im Rahmen unterschiedlicher Zeitskalen analysiert werden, vgl. Tabelle 2. Als Untersuchungseinheiten können die Populationen einer einzelnen Wirtspflanzenart, aber auch die Insektenkomplexe verwandter Wirtspflanzenarten bzw. Wirtsgattungen dienen. Der zu untersuchende Zeitraum kann sich auf die Gegenwart (ökologische Zeitskala) beschränken, er kann die etwa 10000 Jahre betragende Zeitspanne des Postglazials umfassen (mikroevolutive Skala), und er kann schließlich die gesamte Besiedlungsgeschichte der Cynareen durch Phytophage (makroevolutive Skala) beinhalten.

Je nach der gewählten Zeitskala werden entweder populationsökologische oder populationsgenetische und phylogenetische Prozesse untersucht. Wenn die Fragestellung höhere Systemebenen, also die Insektenkomplexe verwandter Wirtspflanzenarten oder -gattungen, betrifft, so kann hier ein Vergleich von Strukturen (z. B. Aufbau des Nahrungsnetzes, Grad der Ressourcennutzung, Artenpackung, Artenareale) durchgeführt werden, und es kann versucht werden, die Entstehung solcher Strukturen mikroevolutiv zu rekonstruieren. Bei Anwendung der makroevolutiven Zeitskala bringt der Systemvergleich Hinweise, wieweit bei spezialisierten Phytophagen morphologische oder biologische Anpassungen an bestimmte Wirtspflanzen stattgefunden haben.

Es erscheint bei ökologischen Untersuchungen grundsätzlich wichtig, sich über die Bedeutung unterschiedlicher Zeitskalen und Systemebenen im klaren zu sein, da Organisationsprozesse auf all diesen Ebenen stattfinden können. Daher versuchen wir bei den von unserer Arbeitsgruppe untersuchten Insekten-Cynareen-Systemen, das gesamte Spektrum an Systemebenen und Zeitskalen zu berücksichtigen.

2.4 Fragestellungen

Zunächst ist zu prüfen, ob die Insektenfauna der Cynareen »zufällig« zusammengewürfelt ist oder ob es definierbare Grundmuster in der Artenzusammensetzung gibt. Nur wenn definierbare Muster nachweisbar sind, erscheint es sinnvoll, die Frage nach organisierenden Prozessen zu stellen. Falls sich in der Zusammensetzung der Insekten-Pflanzen-Komplexe Strukturen, die im Sinne einer Organisation interpretierbar sind, erkennen lassen,

Insektengattungen	Cynareen-Untertriben			
	Car-duini	Centau-reini	Car-linini	Echino-pini
* Larinus (COL.: Curculionidae)	×	×	×	×
Metzneria (LEP.: Gelechiidae)	×	×	×	×
* Urophora (DIP.: Tephritidae)	×	×	–	×
Acanthiophilus (DIP.: Tephritidae)	×	×	×	×
Lasioderma (COL.: Anobiidae)	×	×	–	–
Bruchidius (COL.: Bruchidae)	×	×	–	–
Eucosma (LEP.: Tortricidae)	×	×	–	–
Aethes (LEP.: Phalonidae)	×	×	–	–
Cochylis (LEP.: Phalonidae)	×	×	–	–
Pyroderces (LEP.: Momphidae)	×	×	–	–
* Orellia (DIP.: Tephritidae)	×	×	–	–
* Terellia (DIP.: Tephritidae)	×	×	–	–
* Chaetostomella (DIP.: Tephritidae)	×	×	–	–
* Rhinocyllus (COL.: Curculionidae)	×	–	–	–
Epiblema (LEP.: Tortricidae)	×	–	–	–
* Xyphosia (DIP.: Tephritidae)	×	–	–	–
Tephritis (DIP.: Tephritidae)	×	–	–	–
* Bangasternus (COL.: Curculionidae)	–	×	–	–
* Eustenopus (COL.: Curculionidae)	–	×	–	–
* Chaetorellia (DIP.: Tephritidae)	–	×	–	–
* Ceriocera (DIP.: Tephritidae)	–	×	–	–
* Isocolus (HYM.: Cynipidae)	–	×	–	–

Tabelle 3: Die wichtigsten in Blütenköpfen europäischer Cynareae lebenden Phytophagengattungen und ihr Auftreten in den einzelnen Subtriben der Cynareae. Ein * bedeutet, daß die betreffende Phytophagengattung praktisch ausschließlich an Cynareen lebt.

soll nach den diesen Strukturen zugrunde liegenden Prozessen gefragt werden. Dabei soll unterschieden werden nach
a) organisierenden Prozessen auf der ökologischen Ebene,
b) organisierenden Prozessen auf der mikroevolutiven Ebene,
c) organisierenden Prozessen auf der makroevolutiven Ebene.
Schließlich ist zu entscheiden, ob diese organisierenden Prozesse den Kriterien einer Selbstorganisation genügen.

3. Kennzeichnende Faunenelemente der Cynareen-Blütenköpfe

In Tabelle 3 sind die wichtigsten in den Blütenköpfen europäischer Cynareenarten vorkommenden Insektengattungen zusammengestellt. Die Tabelle zeigt einerseits, daß ein relativ großer Anteil an Blütenkopfbewohnern von Cynareen zu Insektentaxa gehört, die in ihrem Wirtskreis ausschließlich auf diese Tribus beschränkt sind. Sie zeigt weiterhin, daß die Mehrzahl dieser Insektengattungen die Vertreter von zwei oder mehr Untertriben befallen, wobei allerdings fast stets unterschiedliche Insektenarten an den verschiedenen Cynareentaxa auftreten, vgl. Tabelle 4. Die Tabelle zeigt schließlich noch, daß das Verteilungsmuster der Insektengattungen eine besonders enge Beziehung zwischen den Cynareen-Untertriben der Carduini und der Centaureini vermuten läßt. In der Tat sind diese beiden Untertriben nächstverwandt, während die Carlinini und insbesondere die Echinopini systematisch eine recht isolierte Stellung einnehmen.[3]

Charakteristisch für die meisten Phytophagengattungen der Cynareen ist, daß sie Gattungen oder Untertriben der Cynareen als »Radiationsfelder« benutzt haben. Wie Tabelle 4 erkennen läßt, liegt bei diesen Phytophagengattungen entweder eine Einnischung auf einzelne Wirtsarten vor (z. B. bei der Bohrfliegengattung *Urophora*), oder es treten neben streng wirtsspezifischen Arten auch »Generalisten« auf (z. B. bei der Bohrfliegengattung *Orellia* oder der Rüsselkäfergattung *Larinus*).

	Centaurea »maculosa« Lam.	Centaurea scabiosa L.	Centaurea solstitialis L.	Centaurea jacea L.	Carduus nutans L.	Cirsium vulgare Savi	Cirsium arvense L.	Cirsium heterophyllum L.
Urophora								
affinis Frfld	*	–	–	–	–	–	–	–
cuspidata Meig.	–	*	–	–	–	–	–	–
sirunaseva Her.	–	–	*	–	–	–	–	–
jaceana Her.	–	–	–	*	–	–	–	–
solstitialis L.	–	–	–	–	*	–	–	–
stylata F.	–	–	–	–	–	*	–	–
cardui L	–	–	–	–	–	–	*	–
Chaetorellia								
hexachaeta Lw.	*	–	–	–	–	–	–	–
loricata Rond.	–	*	–	–	–	–	–	–
cf carthami Stack.	–	–	*	–	–	–	–	–
jaceae R. D.	–	–	–	*	–	–	–	–
Orellia								
colon Meig.	–	*	–	–	–	–	–	–
ruficauda F.	–	–	–	–	*	*	*	*
Thephritis								
hyoscyami L.	–	–	–	–	*	–	–	–
cometa Lw.	–	–	–	–	–	–	*	–
conura Lw.	–	–	–	–	–	–	–	*
Chaetostomella								
onotrophes Lw.	–	–	–	*	*	–	*	*
Xyphosia								
miliaria Schr.	–	–	–	–	*	*	*	*
Metzneria								
paucipunctella Z.	*	–	–	–	–	–	–	–
aprilella HS	–	*	*	–	–	–	–	–
cf metzneriella	–	–	*	–	–	–	–	–
metzneriella St.	–	–	–	*	–	–	–	–
neuropterella Z.	–	–	–	–	–	*	–	–
Larinus								
minutus Gyll.	*	–	–	–	–	–	–	–
sturnus Schall.	–	*	–	–	*	*	–	*
curtus Hochh.	–	–	*	–	–	–	–	–
obtusus Gyll.	–	–	–	*	–	–	–	–
turbinatus Gyll.	–	–	–	–	–	*	*	–

Tabelle 4: Nahrungsspezialisierung (Einnistung) bei Phytophagengattungen, die Cynareae-Blütenköpfe befallen. Ein* bedeutet, daß die betreffende Phytophagenart in den Köpfen der angegebenen Wirtspflanzen brütet.

Die Daten der Tabelle 3 gelten zunächst einmal für Mittel- und Südeuropa, wo die Cynareenfauna besonders gut erfaßt ist.[24] Soweit Proben aus Vorderasien (Dr. T. Petney, Irbid, Jordanien, mündliche Mitteilung), Mittelasien (Aufsammlungen der Pakistan Station des Commonwealth Institute of Biological Control, Rawalpindi, Pakistan), Sibirien und Japan (eigenes Sammlungsmaterial) vorliegen, darf der Schluß gezogen werden, daß sich die Cynareenfauna im außereuropäischen Bereich der Paläarktis im wesentlichen ebenfalls aus den in Tabelle 3 genannten Gattungen rekrutiert, wobei allerdings manche Phytophagengattungen in Pakistan und Japan nicht mehr vorkommen (z. B. die Rüsselkäfergattungen *Rhinocyllus* und *Bangasternus*). Anders liegen die Verhältnisse in Nordamerika. Hier ist lediglich die Cynareengattung *Cirsium*, die nach Steck[21] bereits im Miozän über die Behringbrücke in die Nearktis einwanderte, mit einer nennenswerten Zahl endemischer Distelarten vertreten. Von den paläarktischen, mit Cynareen assoziierten Phytophagengattungen gelang nur den Bohrfliegengattungen *Orellia* und *Chaetostomella* eine Einwanderung in die Nearktis, wobei gelelektrophoretische Untersuchungen von Steck[21] für *Orellia* eine Besiedlung Nordamerikas im Pliozän oder Pleistozän und für *Chaetostomella* im späten Pleistozän wahrscheinlich machen. Andererseits haben nordamerikanische Phytophagentaxa, etwa die Bohrfliegengattung *Paracantha*, mit spezialisierten Arten nordamerikanische Vertreter von *Cirsium* besiedelt. Insgesamt erscheint die endemische nordamerikanische Fauna von *Cirsium* aber artenarm und unausgeglichen. So fehlen offensichtlich Vertreter der Rüsselkäfer, der Gallwespen oder bestimmter Schmetterlingsgattungen. Insbesondere fehlen die in der Paläarktis an Cynareen charakteristischen Gallbildner.

Die eingangs gestellte Frage nach definierbaren Grundmustern in der Fauna der Cynareen-Blütenköpfe kann zumindest für die Paläarktis dahin gehend beantwortet werden, daß es eine reichhaltige und spezifische Cynareenfauna gibt und daß in vielen Gattungen dieser Fauna Artbildungsprozesse stattgefunden haben, die innerhalb der einzelnen Wirtspflanzentaxa zahlreiche hochangepaßte Nahrungsspezialisten hervorgebracht haben.

4. Struktur der Phytophagengilden in Cynareenköpfen

Für die von uns vor allem intensiv untersuchten paläarktischen Cynareen-Untertriben Carduini und Centaureini sind innerhalb der die Blütenköpfe ausbeutenden Insektengilden drei trophische Grundstrategien kennzeichnend:

1. Aggregierter, in der Regel mit Gallbildung verbundener Frühbefall: Bei dieser Strategie wird der noch geschlossene, unreife Blütenkopf mit Eiern belegt. Die geschlüpften Phytophagenlarven erzwingen ein zusätzliches Einschleusen von Assimilaten in den befallenen Kopf, der oft deutlich vergrößert wird, vgl. Abb. 4. Durch diese Umkanalisierung des Energieflusses der Pflanze in die befallenen Köpfe vermeiden die Phytophagenlarven eine intraspezifische Nahrungskonkurrenz, sie können den Kopf daher in großer Zahl besetzen. Andererseits erfordert die hier geschilderte trophische Strategie eine relativ hohe Spezialisierung in der Wirtswahl. Aggregierter Frühbefall und die Bildung struktureller oder physiologischer Gallen im Blütenkopf hat sich unabhängig in verschiedenen Phytophagentaxa entwickelt; besonders ausgeprägt ist er bei Vertretern der umfangreichen Bohrfliegengattung *Urophora*.[11, 13, 37] Mit physiologischer Gallbildung verbunden wurde er bei der Bohrfliegengattung *Tephritis*[2, 15, 5] sowie bei dem Rüsselkäfer *Rhonocyllus conicus* Froel.[38, 19] nachgewiesen.

2. Reine Achänenfresser: Phytophagenarten, die diese trophische Strategie einsetzen, belegen Blütenköpfe erst in einer späteren Phase und beuten dann die reifenden oder reifen Achänen aus. Da intra- und interspezifische Nahrungskonkurrenz für sie zum Mortalitätsfaktor werden kann, befallen sie Blütenköpfe oft einzeln oder doch nur mit geringem Aggregationsgrad. Ihre Befallsverteilung steht in starkem Gegensatz zu der zuvor erörterten Strategie: Sie ist entweder zufällig (d. h. sie entspricht einer Poisson-Verteilung), oder sie zeigt eine Tendenz zur Gleichmäßigkeit.[5] Die meisten Phytophagen dieser Gruppe sind deutlich weniger wirtsspezialisiert als Phytophagenarten mit aggregiertem Frühbefall, d. h. sie können den Nachteil, der ihnen durch das

zeitlich späte Ausbeuten einer oft schon von anderen Phytophagen belegten Ressource entsteht, zumindest teilweise durch ein breiteres Wirtspflanzenspektrum ausgleichen. Typische Achänenfresser sind Vertreter der Bohrfliegengattungen *Chaetorellia*, *Chaetostomella*, *Orellia* und *Terrellia* sowie manche Vertreter der Rüsselkäfergattung *Larinus*.

3. Omnivorer Spätbefall: Arten, die diese Strategie anwenden, treten ebenfalls vereinzelt und erst in reifenden oder reifen Samenköpfen auf; sie unterscheiden sich aber von den reinen Achänenfressern dadurch, daß sie auf zwei trophischen Ebenen operieren können: Sie sind ebenso in der Lage, entomophag andere Phytophagenlarven anzugreifen wie auch phytophag Samen-, Blütenboden- und frisches Gallgewebe auszubeuten. Die meisten Vertreter dieser Gruppe vermögen überdies, einen einmal befallenen Blütenkopf wieder zu verlassen und einen neuen aufzusuchen. In der Regel sind Arten dieser Gruppe relativ wenig wirtsspezialisiert. Omnivore Blütenkopfbewohner sind beim Zusammentreffen mit anderen Phytophagen innerhalb eines Blütenkopfs sämtlichen anderen Arten überlegen. Lediglich stark verholzte Gallen, wie sie etwa nach Beendigung der Freßphase bei *Urophora spp.* vorkommen, gewähren einen gewissen Schutz gegen diese dominanten und aggressiven Blütenkopfbewohner. Unter den Käfern gehören die *Lasioderma*-Arten (Familie Anobiidae) und unter den Kleinschmetterlingen vor allem *Metzneria*-Arten (Familie Gelechiidae), *Eucosma*-Arten (Familie Tortricidae) und *Homeosoma*-Arten (Familie Pyralidae) zur Gruppe der Omnivoren.

Von der Sekundärproduktion in Cynareen-Blütenköpfen nehmen Gallengewebe und die Biomasse der Gallbildner bei weitem den größten Teil ein. Bei vier quantitativ erfaßten Insekten-Cynareen-Systemen[36] waren Phytophage mit aggregiertem Frühbefall und Gallbildung für rund 85 %, Samenfresser und Omnivore dagegen jeweils nur für rund 7–8 % der Sekundärproduktion verantwortlich.

Tabelle 5 zeigt, daß bei 29 der von uns untersuchten Cynareenarten die Blütenköpfe von Phytophagengilden ausgebeutet werden, in denen alle drei trophischen Strategien verwirklicht sind.

Cynareen-Gattungen	Alle drei Strategien nachgewiesen	Möglicher-weise alle drei Strategien vorhanden	Nur eine oder zwei Strategien vorhanden
Carduini			
Arctium	2	1	–
Carduus	4	1	2
Cirsium	8	1	1
Silybum	1	–	–
Galactites	–	1	–
Onopordum	2	1	–
	17	5	3
Ceuntaureini			
Centaurea	10	2	3
Serratula	–	1	–
Microlonchus	–	1	–
Carthamus	2	–	–
	12	4	3
Carlinini			
Carlina	–	–	3
Xeranthemum	–	–	1
Staehelina	–	–	1
Echinopini			
Echinops	–	–	2

Tabelle 5: *Verbreitung der drei trophischen Hauptstrategien von Cynareen-Phytophagen bei den untersuchten Cynareengattungen. Die Zahlen geben die Zahl der Arten in den jeweiligen Cynareengattungen an, über die eine Aussage hinsichtlich trophischer Strategien von Phytophagen gemacht werden kann.*

Bei vierzehn weiteren Cynareenarten dieser beiden Untertriben liegen möglicherweise ebenfalls alle drei Strategien vor, jedoch muß dies noch durch weitere Untersuchungen abgesichert werden. Bei sechs Arten der beiden Cynareen-Untertriben kann als sicher gelten, daß die trophische Strategie »aggregierter Frühbefall« nicht vorkommt. Bei den fünf untersuchten Carlininiarten (Gattungen *Carlina, Xeranthemum, Staehelina*) und bei den zwei untersuchten Echinopiniarten (Gattung *Echinops*) fehlt diese trophische Strategie ebenfalls. Bei den europäischen Vertretern der beiden Untertriben Carduini und Centaureini kann also damit gerechnet werden, daß bei der Mehrzahl der Arten (zwischen 60 und 85 %) eine Gildenstruktur vorliegt, der das gleiche Spezialisierungsprinzip, nämlich das Vorkommen von drei komplementären trophischen Strategien, zugrunde liegt.

Die Arbeit von Lamp und McCarthy[12] enthält Hinweise, daß auch bei endemischen nordamerikanischen Insekten-Cynareen-Komplexen (Phytophagenkomplex von *Cirsium canescens* Nutt.) dieses Prinzip zumindest angenähert verwirklicht sein könnte, denn auch hier kommt eine Phytophagenart mit »Frühbefall« (die Bohrfliege *Paracantha culta* [Wiedemann], ein Achänenfresser (die Bohrfliege *Orellia occidentalis* [Snow]) und ein Omnivorer (die Pyralide *Homoeosoma stypticellum* [Grote]) vor.

Damit zeigt nicht nur die Artenzusammensetzung der Insektenfauna von Cynareen-Blütenköpfen, sondern auch die Verteilung ökologischer Nischen innerhalb einer Phytophagengilde ein definierbares Grundmuster. Dieses tritt noch deutlicher hervor, wenn die an den einzelnen Phytophagenarten lebenden Parasitoidenarten berücksichtigt werden. Auch hier sind im ganzen Bereich der Paläarktis bestimmte Gattungen, etwa *Bracon*, *Habrocytus*, *Torymus* oder *Eurytoma*, charakteristisch, und auch hier sind bestimmte Kombinationen von trophischen Strategien, etwa das gemeinsame Vorkommen einer ektoparasitischen und einer endoparasitischen *Eurytoma*-Art[34], weit verbreitet.

Im Gegensatz zu diesen Gemeinsamkeiten in der Gildenstruktur stehen ausgesprochene Unterschiede im Artenumfang der einzelnen in Cynareen-Blütenköpfen lebenden Phytophagengilden. Ein Vergleich des Artenreichtums bei Phytophagen zeigt bei Wirtspflanzen der Untertribus *Centaureini* signifikant höhere Werte als bei den *Carduini*.[35]

Aber auch innerhalb der gleichen Wirtspflanzengruppe kommen deutliche Unterschiede vor, die biogeographisch begründet werden können. Nimmt man als Maß für die Konzentration an Phytophagenarten (die Artenpackung) die Zahl der in 100 Blütenköpfen einer Cynareenpopulation vorkommenden Phytophagenarten,[37] so liegen in unseren mitteleuropäischen Untersuchungsgebieten, die postglazial sowohl von den Wirtspflanzen wie auch von den Phytophagen neu besiedelt werden mußten, die meisten Werte zwischen drei und fünf Phytophagenarten pro 100 Blütenköpfe. In mediterranen Refugialgebieten ohne eiszeitliche Störungen haben wir dagegen Artenpackungswerte bis zu zwölf Phytophagen pro 100 Blütenköpfe gefunden.[20]

5. Organisation durch synökologische Prozesse

Die von uns untersuchten vielschichtigen Insekten-Pflanzen-Systeme müssen sich alljährlich neu aufbauen, da wichtige Komponenten des Systems, nämlich die Blütenköpfe, im Spätsommer oder Herbst absterben. Außerdem ändern sich bei vielen Cynareenarten von Jahr zu Jahr Bestandesdichte und Bestandesareale. Und auch für phytophage und entomophage Insektenarten gilt, daß die Populationsdichten jährlichen Schwankungen unterliegen, diese können relativ gering sein, wie etwa bei der Insektenfauna von Cirsium-heterophyllum-Köpfen[15] (Dichteschwankungen um weniger als eine Zehnerpotenz), oder sehr ausgeprägt, wie etwa bei Urophora cardui L. in bestimmten Cirsium-arvense-Populationen (Eigenbeobachtungen: Dichteschwankungen bis zur Größenordnung von drei Zehnerpotenzen). Welche Prozesse bewirken, daß sich, trotz dieser zahlreichen Störfaktoren, die Insekten-Blütenkopf-Systeme immer wieder in einer vorhersagbaren Weise »organisieren«?

Auf seiten der Wirtspflanzen bestimmen die Achänenproduktion und -ausbreitung, der Umfang und die Entwicklung der Samenbank im Boden, das Keimverhalten und die Keimlingssterblichkeit im Zusammenwirken mit Bodenfaktoren, dem Witterungsablauf, der Entwicklung der konkurrierenden Vegetation und anthropogenen Eingriffen die räumlich-zeitliche Verteilung der Ressource, also der Blütenköpfe, die die Grundlage der untersuchten ökologischen Kleinsysteme bilden.

Auf seiten der Phytophagen und Entomophagen sind vor allem zwei Prozesse zu unterscheiden: Die erwachsenen Stadien der phytophagen und entomophagen Blütenkopfbewohner bewirken mit Hilfe eines jeweils artspezifischen Wirtssuch- und Eiablageverhaltens das räumlich-zeitliche Verteilungsmuster der in oder an die Blütenköpfe abgelegten Eier und setzen damit die Rahmenbedingungen für die Prozesse innerhalb des Blütenkopfes. Hier nehmen die Larvenstadien Nahrung auf, führen – sofern sie Gallbildner sind – eine völlige Umstrukturierung des Blütenkopfs durch, setzen sich mit Nahrungs- und Raumkonkurrenten auseinander und werden ihrerseits von Freßfeinden ausgebeutet. Es liegt also eine Arbeitsteilung vor: Information über das jeweils verfügbare Ressourcenangebot wird von den Imagines gewonnen und in entsprechende Entscheidungsprozesse umgesetzt.[36] Die Energiegewinnung, die Strukturierung des Lebensraums und die Auseinandersetzung mit Konkurrenten und Freßfeinden obliegt in erster Linie den Larvenstadien. Daß trotz des von Jahr zu Jahr schwankenden Ressourcenangebots immer wieder charakteristische Artenzusammensetzungen und Arteninteraktionsmuster in den Blütenköpfen der Cynareen zustande kommen, liegt entscheidend in den artspezifischen Verhaltensweisen der Phytophagen und Entomophagen begründet. Einige Beispiele sollen das veranschaulichen.

1. Zwei wichtige Bohrfliegen in den Blütenköpfen der Ackerdistel (*Cirsium arvense* [L.] Scop.) sind die Bohrfliegen *Xyphosia miliaria* und *Orellia ruficauda*. Angermann[1] konnte nachweisen, daß diese beiden fast immer gemeinsam auftretenden Arten sich ihre Ressource in mehrfacher Hinsicht aufteilen: *X. miliaria* belegt Blütenknospen in einem frühen Stadium, konzentriert sich bei der Eiablage auf die terminalen Köpfe, bevorzugt dichte Akkerdistelbestände und beutet auch die Köpfe männlicher Ackerdisteln aus. *O. ruficauda*, deren Flugbeginn um etwa zehn Tage später erfolgt, legt ihre Eier in weiter entwickelte Kopfknospen, befällt Blütenköpfe in jeder Position an der Ackerdistel, vermag auch einzeln wachsende Wirtspflanzen zu belegen, kommt aber praktisch nur in den Köpfen weiblicher Ackerdisteln vor. Die Ni-

schen der beiden Arten sind ökologisch so differenziert, daß es nicht zum Konkurrenzausschluß kommt und daß Blütenköpfe unterschiedlichen Entwicklungsstands, unterschiedlicher Position und Verteilungsdichte sowie unterschiedlichen Geschlechts verwertet werden können.

2. Der Rüsselkäfer *Rhinocyllus conicus* Froel., dessen Larven in den Köpfen von *Carduus*- und *Cirsium*-Arten leben, dosiert bei hoher Befallsdichte seine Eiablage so, daß die Kapazität des Blütenkopfs für die Larvalentwicklung optimal ausgenutzt wird – die Korrelationskoeffizienten zwischen dem Quadrat des Blütenkopfdurchmessers von *Cirsium vulgare* (Savi) Ten. und der Zahl der pro Kopf abgelegten *Rh.-conicus*-Eier waren mit Werten von $r = 0.8$ bis 0.93 hochsignifikant.[36] Außerdem ist *Rh. conicus* im Gegensatz zu seinen Konkurrenten (etwa der Bohrfliege *U. solstitialis* oder dem Rüsselkäfer *Larinus sturnus*) in der Lage, fast alle Köpfe eines Distelbestandes[33] mit Eiern zu belegen, wodurch die im unmittelbaren Kontakt mit anderen Phytophagenarten unterlegene Art sehr gute Chancen hat, konkurrenzfreie Ressourceneinheiten zu finden. Mit diesen Eigenschaften gelingt es *Rh. conicus*, auch bei wechselnder Ressourcendichte und nicht vorherberechenbaren Konkurrenzsituationen, im Blütenkopfsystem zu überleben.

3. Beispiele für die Selbstorganisation komplizierter Strukturen in einem Zwei-Arten-System sind Pflanzengallen, etwa die in Cynareenköpfen von der Bohrfliegengattung *Urophora* erzeugten Blütenboden- und Achänengallen. Shorthouse[18] weist darauf hin, daß Gallen »Pflanzenorgane« seien, die durch ein kompliziertes Wechselspiel zwischen Stimuli des Gallenerzeugers und physiologischen Reaktionen des Wirts entstehen. Bei *Urophora stylata*, die ihre Gallen in den Blütenböden der Speerdistel erzeugt, wird der befallene Blütenkopf zu einem »sink« für den Assimilatfluß der Pflanze, vgl. Abb. 4. Auch bei anderen *Urophora*-Arten (etwa der an *Centaurea* »maculosa« lebenden *U. affinis*)[7] wird in den besetzten Blütenkopf auf Kosten unbefallener Köpfe durch Abgabe von Speicheldrüsensekret der *Urophora*-Zweitlarven[11] ein zusätzlicher Energiefluß eingeleitet, der dem Phytophagen zugute kommt: Durch ihn entsteht sowohl die von der *Urophora*-Dritt-

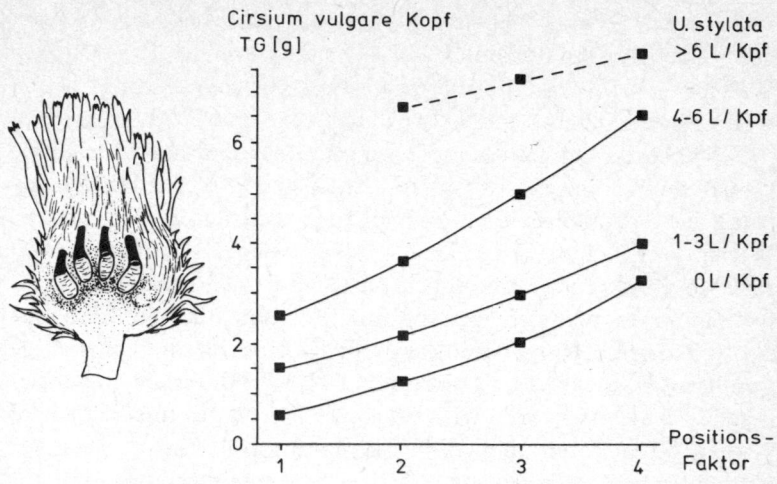

Abb. 4: Geöffneter Blütenkopf der Speerdistel (Cirsium vulgare) mit vier Gallenkammern der Bohrfliege Urophora stylata. Punktiert dargestellt ist der durch die Gallbildung verholzte Blütenboden. Über den U.-stylata-Altlarven befinden sich (schwarz wiedergegeben) die Kanäle, durch die die erwachsenen Bohrfliegen die Galle verlassen. Das Diagramm zeigt den Einfluß der Zahl von U.-stylata-Altlarven pro Blütenkopf (0, 1–3, 4–6, mehr als 6) auf das Blütenkopf-Trockengewicht. Neben der Zahl der Gallen beeinflußt die Position des Blütenkopfs das Kopfgewicht (Positionsfaktor 4 = Blütenkopf distal am Sproßende, 3 = 1–5 cm unterhalb des Sproßendes, 2 = 6–16 cm unterhalb des Sproßendes, 1 = 17–30 cm unterhalb des Sproßendes). Positionsfaktor und Bohrfliegenbesatz wirken additiv auf die in den Blütenkopf eingeschleuste Assimilatmenge.

larve abgeweidete trophische Zellenschicht wie auch die den Gallenkomplex schützend umgebende Holzkapsel, die für *Urophora* vor allem ein Schutz gegen Nahrungskonkurrenten, bei entsprechend starker Ausbildung aber auch gegen eine übermäßige Parasitierung[13] darstellt. *Urophora*-Larven überwintern und verpuppen sich in den robusten Gallen. Diese bilden eine flaschenhalsähnliche Öffnung aus, die von der *Urophora*-Larve mit ihrer sklerotisierten Caudalscheibe verschlossen wird und später den aus dem Puparium geschlüpften Fliegen das Verlassen der Galle ermöglicht. Gallbildner in Cynareenköpfen sind »Schlüsselarten«, von denen eine ganze Reihe von »Satellitenarten« abhängen,[36] wie Abb. 3 erkennen läßt. Das Zusammenspiel zwischen Wirtspflanze und Gallbildner wird also die Existenzgrundlage für weitere Arten, insbesondere für Parasitoide und Inquilinen.

Bei unseren Untersuchungen an mitteleuropäischen Insekten-Cynareen-Komplexen[15,5] ergab sich kein Hinweis, daß Parasitoide die Population der Phytophagen und damit den auf die Wirtspflanzen ausgeübten Druck positiv dichteabhängig regulieren. Im Insektenkomplex in Speerdistelköpfen konnte Michaelis[13] in einer mehrjährigen populationsdynamischen Untersuchung lediglich Anhaltspunkte dafür finden, daß die Parasitoide von *Urophora stylata* als schwache, zeitverzögert dichteabhängige Mortalitätsfaktoren wirken. Ähnliches gilt für unsere bislang vorliegenden Daten über die Wirkung phytophager Insekten auf einheimische Cynareenarten: Autochthone Insekten-Cynareen-Systeme scheinen in erster Linie ressourcen- und nicht feindgesteuert zu sein (»donor control« im Sinne von Pimm[14]).

Ein völlig anderes Bild erhalten wir bei allochthonen Systemen, d. h. den nach Nordamerika eingeschleppten Distelarten, etwa bei *Carduus nutans* und dem zur biologischen Unkrautbekämpfung nachgeführten Gegenspieler *Rhinocyllus conicus*. Ohne Belastung durch Phytophage hat sich *C. nutans* in Mittelkanada und den USA zu ausgedehnten, teilweise quadratkilometergroßen Reinbeständen entwickeln können; *Rh. conicus* hat wenige Jahre nach seiner Einfuhr nach Nordamerika in *Carduus-nutans*-Köpfen zehn bis zwanzigmal höhere Dichten als in Europa erlangt und durch die Zerstörung von 80–90 % der Achänen von *C. nutans* dieses zuvor aggressive Unkraut auf ein Dichteniveau zurückreguliert, das der Situation in Mitteleuropa entspricht.[38]

Die hervorragend gelungene biologische Bekämpfung von *Carduus nutans* in Übersee zeigt, daß Komponenten in den ökologischen Kleinsystemen von Cynareen-Blütenköpfen potentiell, d. h. bei Überschreitung einer gewissen Dichteschwelle, regulierend wirken können, auch wenn sich dies bei den normalerweise im autochthonen Gebiet vorliegenden Dichteverhältnissen nicht nachweisen läßt. Als »ökologisches Großexperiment« hat hier die biologische Unkrautbekämpfung einerseits den Beweis erbracht, daß eine einzelne Phytophagenart die Dichte ihrer Wirtspflanze reduzieren und auf einem tiefen Niveau stabilisieren[38] kann und andererseits Parasitoide und andere Freßfeinde die Populationsdichte eines Phytophagen so stark senken können, daß sein Druck auf die Wirtspflanzenpopulation unbedeutend ist. Die oben erwähnten »synökologischen Prozesse« organisieren also nicht nur die Struktur des ökologischen Kleinsystems »Insekten-Cynareenköpfe«; sie scheinen zumindest teilweise den ökologischen Gesamtrahmen, in den diese Kleinsysteme eingebettet sind, zu beeinflussen und zu stabilisieren.

6. Organisation durch mikroevolutive Prozesse

Als »mikroevolutive Prozesse« sollen hier populationsgenetisch faßbare Vorgänge, etwa die Verschiebung von Allelfrequenzen und die Bildung von geographischen Rassen und »Biotypen« (Wirtsrassen), also Differenzierungen unterhalb des Artniveaus, gelten. Solche Differenzierungen lassen sich bei den von uns untersuchten Insekten-Pflanzen-Komplexen auf seiten der Phytophagen in großer Zahl nachweisen. Sie passen diese Arten veränderten Umweltbedingungen an und steigern die Effizienz, mit der ihre Wirtspflanzen ausgebeutet werden. Auf diese Weise beeinflussen sie, wie an ein paar Beispielen gezeigt werden soll, die Struktur unserer ökologischen Kleinsysteme. Es ist naheliegend, anzunehmen, daß unter der Einwirkung von Cynareenphytophagen analoge Prozesse auch auf der Ebene der Wirtspflanzen stattfinden – etwa indem Blühperioden zeitlich so verschoben werden, daß der Achänenverlust durch spezialisierte Phytophage gemindert wird. Jedoch haben wir hierfür noch keine gesicherten Hinweise.

Die Bohrfliege *Tephritis conura* befällt eine Reihe nah verwandter *Cirsium*-Arten, wobei nach gelelektrophoretischen Untersuchungen unserer Arbeitsgruppe[17] unterschiedlich starke genetische Differenzierungen erfolgt sind. Zwischen Populationen, die *Cirsium oleraceum* bzw. *C. heterophyllum* befallen, scheint selbst dort, wo sie syntop vorkommen, kein Genaustausch mehr stattzufinden. Da auch bereits in den Ausmaßen des Ovipositors statistisch nachweisbare, wenn auch sehr geringfügige Unterschiede zwischen den an *C. oleraceum* bzw. *C. heterophyllum* lebenden *Tephritis*-Populationen vorliegen, darf angenommen werden, daß hier ein Speziationsprozeß im Gange ist. Der entscheidende Selektionsdruck, der zur disruptiven Differenzierung dieser *Tephritis*-Populationen geführt hat, dürfte in dem Umstand liegen, daß *Tephritis conura* bei ihrer Eiablage auf eine nur kurzfristig verfügbare Phase in der Blütenkopfentwicklung angewiesen ist und daß diese Phase bei den beiden *Cirsium*-Arten zeitlich getrennt liegt. Es ist für die betreffenden *Tephritis*-Populationen offenbar vorteilhaft, ihre Synchronisierung mit der jeweiligen Wirtspflanze zu maximieren, selbst wenn dies durch eine Einschränkung des Wirtskreises erkauft wird.

Die Phytophagengilde in den Köpfen der Speerdistel *(Cirsium vulgare)* ist in Westfrankreich umfangreicher als in Mitteleuropa. Insbesondere hat im atlantischen Klimabereich *Rhinocyllus conicus* einen Biotyp ausgebildet, der stark an *C. vulgare* gebunden ist,[39] was in dem übrigen weiten westpaläarktischen Verbreitungsgebiet des Rüsselkäfers sonst nirgends mehr der Fall zu sein scheint. Eine ähnliche Situation könnte bei dem Wickler *Epiblema* cf. *scutulana* D. & S. vorliegen. Als Grund des relativen Artenreichtums westfranzösischer Speerdistelpopulationen können vegetationsgeschichtliche Einflüsse vermutet werden: Ein Verbreitungsschwerpunkt dieser eurasiatischen Pflanzenart liegt im atlantischen Bereich, so daß hier wohl über einen längeren Zeitraum hin Kontakte zwischen Phytophagen und der Speerdistel möglich waren als in Mitteleuropa, wo diese Distel erst als nacheiszeitlicher Archäophyt auftritt. Die Anpassung des primär und vielleicht schon präpleistozän an *Carduus nutans* gebundenen *Rh. conicus*[38] an *C. vulgare* in Westfrankreich kann als mikroevolutive, regionale Wirtskreisänderung angesehen werden, die durch eine besonders stabile Wirtspflanzensituation ausgelöst wurde. Ähnliche vom Wirtspflanzenangebot her bedingte regionale Abänderungen in der Wirtswahl von Distelphytophagen wurden von uns mehrfach gefunden, etwa bei nordskandinavischen Populationen der Bohrfliege *Xyphosia miliaria*, die dort wegen des Fehlens ihrer normalen Wirte auf *Cirsium heterophyllum* ausgewichen ist,[16] oder bei der alpinen Rasse des Rüsselkäfers *Larinus sturnus*, die auf die Alpenkratzdistel *Cirsium spinossisimum* übergegangen ist und sich dort nicht nur biologisch, sondern auch morphologisch von den Flachlandpopulationen differenziert hat.[30]

Ein mikroevolutiver Prozeß liegt auch dem von Seitz und Komma[17] nachgewiesenen Allelverlust zugrunde, den die monophag an der Ackerdistel lebende *Urophora cardui* während ihrer postglazialen Ausbreitung nach Norddeutschland erlitten hat.

Daß von Nahrungskonkurrenten ausgeübter Druck ebenfalls zu einer mikroevolutiven Abänderung der Wirtswahl führen kann, zeigen die Wirtsrassen der ökologisch weitgehend homologen Rüsselkäferarten *Larinus sturnus* und *L. jaceae* F. Wo immer beide Arten sympatrisch vorkommen, treten sie in Biotypen auf, die jeweils unterschiedliche Distelarten besiedeln.[30] Es liegt also eine ausgesprochene ökologische Kontrastbetonung vor.

Die Ausbildung von Biotypen als Anpassung an die Wirtspflanzenphänologie, an regionale Unterschiede im Wirtspflanzenangebot, an Wirtspflanzenarten, die besonders zuverlässige und konzentrierte Ressourcen bilden, oder als Ausweichreaktion gegenüber Nahrungskonkurrenten ist in den geschilderten Fällen wohl stets ein erst postglazial erfolgtes Ereignis, das bislang noch nicht zu abgeschlossenen Speziationsprozessen geführt haben dürfte. Wichtig sind diese Differenzierungserscheinungen als Modell, die das Zustandekommen makroevolutiver Entwicklungsprozesse veranschaulichen. Wichtig sind sie aber auch für die Zusammensetzung von Phytophagengilden und die Struktur von Insekten-Pflanzen-Systemen, denn jede mikroevolutive Abänderung beim Phytophagen kann sich auf das betreffende ökologische Kleinsystem auswirken.

7. Organisation durch makroevolutive Prozesse

Die heute vorliegenden komplexen ökologischen Kleinsysteme in den Blütenköpfen von Cynareen sind zweifellos das Ergebnis von sehr langfristigen Anpassungsprozessen bei Phytophagen und Entomophagen, die die in Abschnitt 5 geschilderten artspezifischen Interaktionen mit der Wirtspflanze bzw. deren Bewohner möglich gemacht haben. Es muß aber auch gefragt werden, ob und wieweit sich die Wirtspflanzen evolutiv auf Phytophage und Entomophage eingestellt haben. Makroevolutive Anpassungsprozesse auf der Ebene der Insekten und der Wirtspflanzengruppe sollen in den folgenden Abschnitten getrennt erörtert werden.

7.1 Anpassungen der Phytophagen an Cynareen als Wirtspflanzen

Zahlreiche Cynareenarten europäischen Ursprungs sind durch den Menschen in andere Kontinente (Nord- und Südamerika, Australien, Südafrika) verschleppt worden. *Cirsium-, Carduus-, Silybum-* und *Centaurea*-Arten treten dort als aggressive Unkräuter auf, ohne daß die in den Einschleppungsgebieten einheimische Phytophagenfauna in der Lage wäre, diese neue Nahrungsressource so vielfältig auszunutzen, wie das den Insektenkomplexen an autochthonen Cynareen gelingt. Die Blütenköpfe eingeschleppter Cynareenarten werden praktisch nicht befallen, es sei denn, daß spezifische Phytophage im Rahmen biologischer Unkrautprojekte (z. B. *Rhinocyllus conicus, Urophora stylata, U. affinis, U. quadrifasciata* Meig., *Metzneria paucipunctella*) nachgeführt worden sind.[10] Dies und der Umstand, daß die bereits vor dem Pleistozän in Nordamerika heimisch gewordene Gattung *Cirsium* dort nur eine sehr unausgewogene Phytophagenfauna besitzt (Abschn. 3), zeigt deutlich, daß die Konfrontation von Cynareen mit einer lokalen Insektenfauna oder mikroevolutive Prozesse allein nicht ausreichen, um die hier erörterten ökologischen Kleinsysteme zu organisieren. Notwendig war hierfür eine Makroevolution, die in der Paläarktis sicher im Pliozän, vielleicht aber schon im Miozän in Gang gekommen ist.

Diese Makroevolution hat Phytophagentaxa, wie etwa die Rüsselkäfergattung *Larinus*, die Bohrfliegentribus *Terelliini* oder die Bohrfliegengattung *Urophora* geformt, sie hat zahlreiche Speziationsereignisse ablaufen lassen und die betreffenden Arten physiologisch, biologisch und morphologisch ihren Wirtspflanzen angepaßt. Für die Einnischung waren besonders wichtig mit der Wirtssuche und Wirtswahl zusammenhängende sinnes- und verhaltensphysiologische Abänderungen und Evolutionsschritte, die die Ernährungsphysiologie (z. B. die Fähigkeit zur Bildung von Pflanzengallen) betrafen.

Sehr gut faßbar sind die zahlreichen *morphologischen* Anpassungserscheinungen bei Cynareenphytophagen. Als Beispiel ist in Abb. 5 der Zusammenhang zwischen der Länge des Ovipositor-Basalglieds von *Urophora*-Arten und dem Durchmesser der Blütenköpfe der jeweiligen Cynareenwirtspflanzen dargestellt. Der Ovipositor der an Cynareen lebenden Bohrfliegen ist ein Präzisionswerkzeug, mit dem einerseits das Weibchen vor der Eiablage prüft, ob sich der Blütenkopf in der zeitlich eng begrenzten und für die einzelnen Tephritidenarten jeweils unterschiedlichen belegungsfähigen Entwicklungsphase befindet, und mit dem andererseits das Ei gezielt in eine bestimmte Struktur im Innern des Blütenkopfs versenkt wird. Da die Blütenköpfe von Cynareen sehr unterschiedliche, von wenigen Millimetern bis zu sieben und mehr Zentimetern reichende Größen besitzen, ist einleuchtend, daß die Länge des Ovipositors (und damit auch die Länge des Ovipositor-Basalgliedes) dem jeweiligen Eiablagesubstrat angepaßt werden muß. Besonders entscheidend ist eine solche Abstimmung des Ovipositors bei Gallbildnern wie *Urophora*, da hier die zur Bildung der Galle führenden Prozesse von einer exakt synchronisierten und durchgeführten Eiablage abhängen.

Entsprechende morphologische Anpassungen an die Dimension des jeweils zur Eiablage benutzten Cynareenblütenkopfs liegen auch bei den Ovipositoren der übrigen Bohrfliegengattungen und bei den ebenfalls als Werkzeug für die Eiablage benutzten

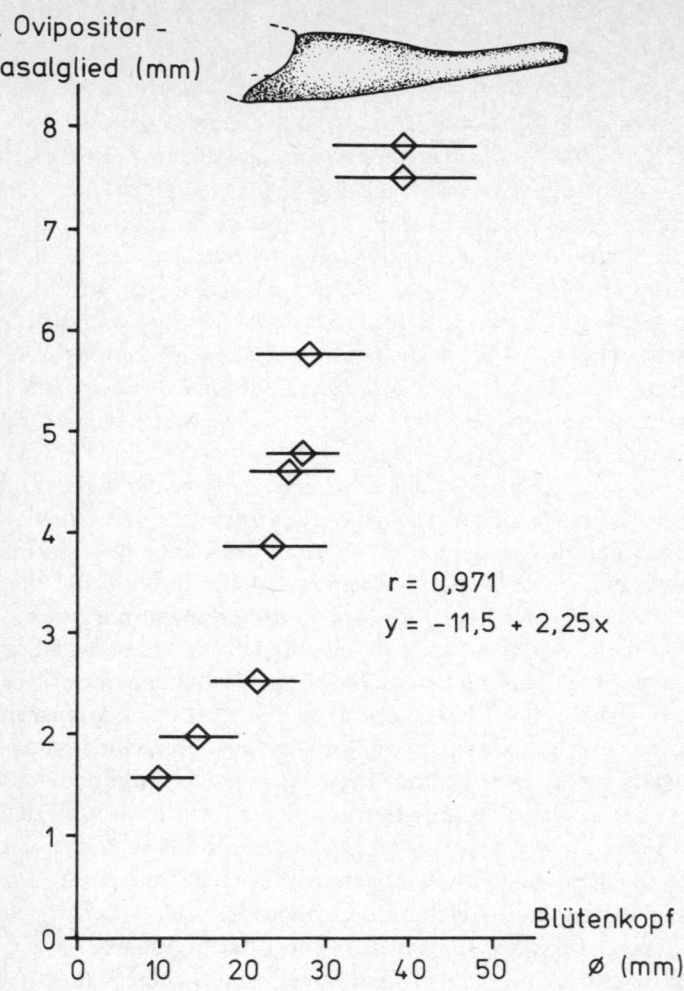

L. Ovipositor -
Basalglied (mm)

r = 0,971
y = -11,5 + 2,25x

Blütenkopf
∅ (mm)

Abb. 5: Die Länge des Ovipositor-Basalglieds von Urophora-*Arten, darge-stellt als Funktion der mittleren Größe (Durchmesser) der Blütenköpfe der jeweiligen Wirtspflanzen (Mittelwerte und Standardfehler). Folgende Arten wurden berücksichtigt (von unten nach oben aufgeführt):* U. affinis *an* Centaurea maculosa; U. quadrifasciata *Meig. an* Centaurea *spp.;* U. congrua Loew *an* Cirsium erisithales *(Jacq.) Scop.;* U. solstitialis *an* Carduus nutans; U. cuspidata *an* Centaurea scabiosa; U. stylata *an* Cirsium vulgare; U. macrura Loew *an* Carthamus lanatus L.; U. eriolepidis Loew *an* Cirsium eriophorum *(L.) Scop.;* Urophora *sp. an* Cynara scolymus L.

208

Rüsseln der Weibchen der Rüsselkäfergattung *Larinus*[35] vor. Hochsignifikante Korrelationen bestehen ferner zwischen der Blütenkopfgröße von Cynareen und der mittleren Körpergröße der sie jeweils besiedelnden phytophagen Coleopteren und Dipteren.

7.2 Schutzanpassungen der Cynareen

Der Nachweis, daß der von Herbivoren ausgeübte Selektionsdruck die Evolution der Tribus Cynareae beeinflußt hat, wie dies dem Modell der Pflanzen-Herbivoren-Koevolution[4] entspricht, ist schwer zu führen. Hierauf weist Jermy[9] hin, der als Alternativmodell für phytophage Insekten und Pflanzen das Konzept der »Nachfolge-Evolution«[8] entwickelt hat.

Unbestritten ist bei dem von uns untersuchten Insekten-Pflanzen-System, daß die dornartig ausgezogenen Brakteenspitzen, die für viele Cynareenarten charakteristisch sind und im mediterranen Bereich etwa innerhalb der Gattungen *Cirsium, Carduus, Silybum, Onopordum, Centaurea* und *Carthamus* auftreten, einen zumindest relativen Schutz gegen Weidetiere gewähren. Gegen phytophage Insekten sind sie nicht wirksam. Sie können im Gegenteil hier als notwendige Identifikationshilfe für eiablagebereite Bohrfliegenweibchen dienen, wie bei *Centaurea solstitialis*, wo ein experimentelles Entfernen dieser Dornen die Orientierung der Bohrfliege *Urophora sirunaseva* so stört, daß es nicht zur Eiablage kommt.[25]

Sekundäre Pflanzeninhaltsstoffe (z. B. Terpenoide, Flavonoide, Alkaloide, Polyacetylene) sind bei den Cynareen in großer Zahl vorhanden.[23] Wieweit sie ursprünglich von den einzelnen Cynareentaxa als chemische Abwehr gegen Phytophage entwickelt wurden, kann noch nicht abschließend beurteilt werden. Interessant ist jedenfalls, daß nach Wagner[23] die bislang untersuchten sekundären Inhaltsstoffe bei den Carduini und ganz besonders bei den Centaureini strukturell stärker differenziert sind als bei den Carlinini und bei den Echinopini. Genau die gleichen Unterschiede hinsichtlich des Differenzierungsgrads finden wir in

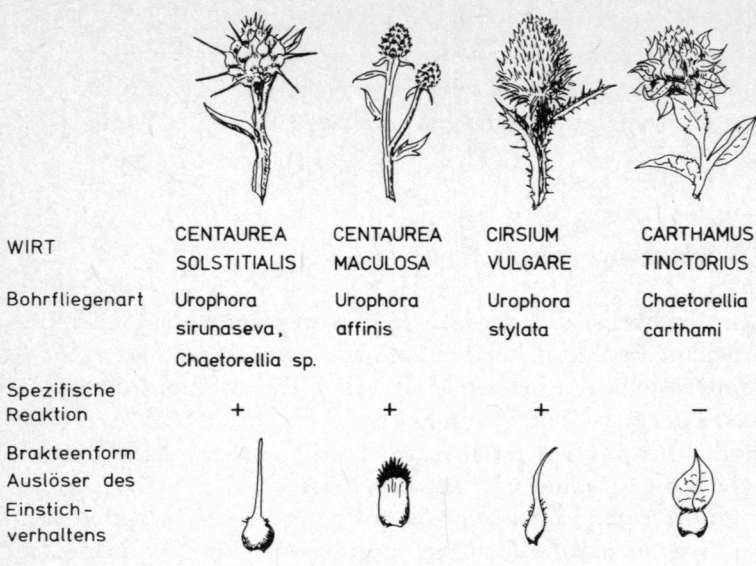

WIRT	CENTAUREA SOLSTITIALIS	CENTAUREA MACULOSA	CIRSIUM VULGARE	CARTHAMUS TINCTORIUS
Bohrfliegenart	Urophora sirunaseva, Chaetorellia sp.	Urophora affinis	Urophora stylata	Chaetorellia carthami
Spezifische Reaktion	+	+	+	−
Brakteenform Auslöser des Einstich- verhaltens				

Abb. 6: *Ergebnisse von Eiablagetests mit verschiedenen, an Cynareen gebundenen Bohrfliegen. Dargestellt sind vier Cynareenarten und ihre Brakteen (Hüllkelchblätter). Bei* Urophora sirunaseva *und* Chaetorellia sp. *(beide an* Centaurea solstitialis*), U.* affinis *(an* Centaurea »maculosa«*) und U.* stylata, *vier eng an ihre spezifischen Wirte gebundenen Arten, löst, wie Attrappenversuche gezeigt haben, die jeweilige Brakteengestalt den Einstich der Weibchen in den Blütenkopf aus. Bei der weniger wirtsspezifischen* Chaetorellia carthami *Stack. konnte eine spezifische Auslösereaktion durch die Brakteen von* Carthamus tinctorius *L. (der bevorzugtesten Wirtspflanze) nicht nachgewiesen werden.*

der Phytophagenfauna der vier Untertriben, vgl. Tabelle 3. Diese Übereinstimmung zwischen der chemischen Komplexität und dem jeweiligen Reichtum an spezialisierten Phytophagentaxa würde durchaus dem Konzept der Koevolution nach Ehrlich und Raven[4] entsprechen: Je vielfältiger ein Pflanzentaxon von phytophagen Insekten ausgebeutet wird, um so stärker müßten die chemischen Abwehrmaßnahmen differenziert werden, wodurch wieder entsprechende Gegenanpassungen der Phytophagen ausgelöst würden.

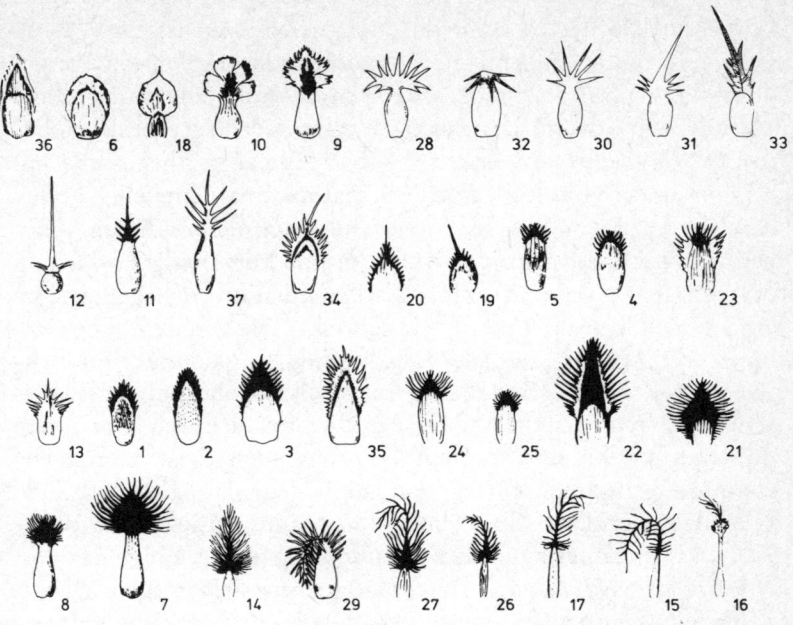

Abb. 7: *Charakteristische Brakteenformen bei 37 mittel- und südeuropäischen Vertretern der Cynareengattung* Centaurea.

Langjährige Untersuchungen, die von meinen Mitarbeitern und mir über die Wirtspflanzenwahl von zur biologischen Unkrautbekämpfung vorgesehenen Cynareeninsekten *(Urophora sirunaseva, U. stylata, U. affinis, Chaetorellia* cf. *carthami)* durchgeführt worden waren, haben gezeigt, daß für spezialisierte Bohrfliegen neben anderen Merkmalen die Gestalt der Brakteen als Auslöser für den Anstich des Blütenkopfs dient, vgl. Abb. 6. Das konnte durch experimentelle Veränderung der Brakteengestalt bzw. durch Übertragung einzelner Brakteen auf Attrappen nachgewiesen werden.[26,27,28,29] Wenn im Verlauf der Evolution eine Abänderung der Brakteenform stattfand, so konnte die betreffende Cynareenart dem Druck derjenigen Phytophagenarten ausweichen, die ihre Wirtsart mit Hilfe der Brakteengestalt »iden-

211

tifizieren«. Da manche Bohrfliegenarten im Durchschnitt 50 % der Achänenproduktion und mehr[15] vernichten können, darf angenommen werden, daß in solchen Fällen eine hohe Selektionsprämie auf einer evolutiven Veränderung der Brakteen liegt. Da sich andererseits die an die Cynareenwirte gebundenen Bohrfliegenarten im Verlauf ihrer Evolution auf neue Signalmerkmale einstellen konnten, wie etwa ein Vergleich verwandter *Urophora*-Arten zeigt, kann eine Abänderung der Brakteen nur kurzfristig Entlastung bringen. Insgesamt dürfte eine Wettlaufsituation vorliegen, wie sie die »red-queen hypothesis«[22] beschreibt. Die gerade in der Gattung *Centaurea* erstaunlich große Mannigfaltigkeit der Brakteengestalt, vgl. Abb. 7, findet eine funktionsmorphologische Erklärung in deren Signalcharakter für den Befall durch bestimmte Bohrfliegenarten und in dem Umstand, daß diese Cynareengattung eine besonders artenreiche Bohrfliegenfauna hat.[24] In ähnlicher Weise erklärt Gilbert[6] die große Mannigfaltigkeit der Blattformen mittelamerikanischer *Passiflora*-Arten als Folge des von Phytophagen (*Heliconius*-Arten) ausgeübten Selektionsdrucks.

Als Schutzanpassung gegen den Befall der Blütenköpfe durch Phytophagen müssen schließlich auch die bei einigen *Centaurea*-Arten auf den Brakteen vorkommenden extrafloralen Nektarien angesehen werden, die einen starken Besuch der noch geschlossenen Blütenköpfe durch Ameisen bewirken, wodurch das Risiko einer Belegung mit Phytophageneiern gesenkt wird.

8. Schlußfolgerung und Zusammenfassung

Die Besiedlung der Blütenköpfe paläarktischer Cynareen durch phytophage und entomophage Insektentaxa ist das Ergebnis einer Makroevolution, die zumindest in Pliozän, vielleicht aber schon im Miozän begonnen hat. Diese Entwicklung ist durch vielfach parallel verlaufene Spezialisierungs- und Einnischungsprozesse gekennzeichnet und hat zu definierbaren Grundmustern der Nischenstrukturen von Cynareenarten der Untertriben Carduini und Centaureini geführt. Vegetationsgeschichtlich bedingt, bestehen allerdings bei den einzelnen Cynareenarten beträchtliche Unterschiede im Artenreichtum der jeweiligen Phytophagenfaunen. Die untersuchten Insekten-Cynareen-Komplexe stellen innerhalb bestimmter Grenzen vorhersagbare »Systemzustände« dar, wobei störende Einflüsse von Umweltkomponenten durch artspezifisch festgelegte Verhaltensweisen der Systemkomponenten ausgeglichen werden können.

An ausgewählten Beispielen wurde gezeigt, daß die untersuchten Systeme ebenso populationsökologische, die Steuerungsmechanismen betreffende wie die jeweiligen Anpassungen betreffende evolutionsökologische Aspekte aufweisen. Diese Aspekte können als Elemente einer »Selbstorganisation« aufgefaßt werden, sofern dieser Begriff entsprechend weit interpretiert wird:

Selbstorganisation wäre in diesem Sinne einerseits ein Prozeß, der jedes Jahr und bei jeder Wirtspflanzenpopulation bestimmte Systempartner in einer stochastisch vorhersagbaren Weise in Interaktion treten läßt. Besonders ausgeprägt ist dieser Vorgang bei der Entstehung von Pflanzengallen.

Selbstorganisation wäre andererseits der Prozeß, der im Verlauf der Makro- und Mikroevolution die einzelnen Systempartner so umformt und anpaßt, daß sie morphologisch, physiologisch und biologisch-ökologisch in der Lage sind, miteinander in Wechselwirkung zu treten. Dabei spielt eine wesentliche Rolle, daß in der jeweiligen Region sowohl ein Reservoir für die Besiedlung prädisponierter Cynareentaxa wie auch präadaptierter Phytophagen verfügbar ist.

Ein wichtiger Mechanismus der makroevolutiven Selbstorganisation könnte bei den untersuchten Systemen das Wechselspiel von Anpassung, Abwehr und Gegenanpassung sein. Nach der »red queen hypothesis«[22] käme es dadurch langfristig zu einem Ausgleich von Evolutionsvorteilen einzelner Systempartner und gleichzeitig zu einer wachsenden Diversifizierung des Systems.[32]

Im Vergleich zu deterministischen Selbstorganisationssystemen, wie sie etwa im physikalischen oder physiologischen Bereich vorliegen, weisen ökologische Systeme allerdings immer nur hochgradig stochastische Strukturen auf. Es können zwar Grundmuster beschrieben werden, aber man würde eine wesentliche Eigenschaft unterschlagen, wenn man neben den Grundmustern nicht auch immer wieder auf die chaotischen Komponenten ökologischer Systeme hinweisen würde. Denn diese »chaotische Ordnung« ist die Basis aller biologisch-ökologischen Mannigfaltigkeit.

9. Summary

Insect complexes associated with thistles – a model of the »self organization« of ecological microsystems.

The insect complexes associated with the flower heads of European Cynareae species are a result of evolutionary processes of pre-Pleistocene origin. Within the Cynareae subtribes Carduini and Centaureini parallel specializations led to distinct patterns of niche structures in the insect-plant systems. The evolution of these systems contains elements of a »self-organizing« process. The paper discusses ecological, microevolutionary and macroevolutionary aspects of this process.

Literatur

1 Angermann, H. J.: Populationsökologische Untersuchungen an *Cirsium arvense*-Insekten: Ressourcennutzung und Synchronisation. Diplomarbeit, LS Tierökologie, Universität Bayreuth 1984, 128 S.
2 Berube, D. E.: Larval descriptions and biology of *Tephritis dilacerata* (Dip.: Tephritidae), a candidate for the biocontrol of *Sonchus arvensis* in Canada. Entomophaga *23*, 1978, 69–82
3 Dittrich, M.: Cynareae – Systematic review. In Heywood, V. H., Har-

borne, J. B. und Turner, B. L., Hg.: The Biology and Chemistry of the Compositae. Academic Press 1977, 999–1015

4 Ehrlich, P. R. und Raven, P. H.: Butterflies and plants: A study in co-evolution. Evolution *18*, 1964, 586–608

5 Eschenbacher, H.: Untersuchungen über den Insektenkomplex in den Blütenköpfen der Kohldistel, *Cirsium oleraceum* L. (Compositae). Diplomarbeit, LS Tierökologie, Universität Bayreuth 1982, 100 S.

6 Gilbert, L. E.: The coevolution of a butterfly and a vine. Scient. Am. *247*, 1982, 102–107

7 Harris, P.: Effects of *Urophora affinis* Frfld. and *U. quadrifasciata* (Meig.) (Diptera: Tephritidae) on *Centaurea diffusa* Lam. and *C. maculosa* Lam. (Compositae). Z. ang. Ent. *90*, 1980, 190–210

8 Jermy, T.: Insect-host-plant relationship – coevolution or sequential evolution? Symp. biol. hung. *16*, 1976, 109–113

9 Jermy, T.: On the evolution of insect-host plant systems. Verh. 10. Internat. Symposium über Entomofaunistik Mitteleuropas (Budapest, August 1983), 1984, 13–17

10 Julien, M. H.: Biological Control of Weeds. – A world catalogue of agents and their target weeds. Commonwealth Agricultural Bureaux, Sough, England 1982, 107

11 Lalonde, R. C. und Shorthouse, J. D.: Developmental morphology of the gall of *Urophora cardui* (L.) (Diptera, Tephritidae) in the stems of Canada thistle *(Cirsium arvense)*. Can. I. Botany *62*, 1984, 1372–1384

12 Lamp, W. O. und McCarthy, M. K.: A preliminary study of seed predators of the Platte Thistle in the Nebraska Sandhills. Trans. Nebraska Academy of Sciences *7*, 1979, 71–74

13 Michaelis, M.: Struktur- und Funktionsuntersuchungen zum Nahrungsnetz in den Blütenköpfen von *Cirsium vulgare*. Inaugural-Dissertation, Universität Bayreuth 1984, 166 S.

14 Pimm, S. L.: Food webs. Chapman & Hall, London 1982, 219 S.

15 Romstöck, M.: Untersuchungen über den Insektenkomplex in den Blütenköpfen von *Cirsium heterophyllum* (Cardueae). Diplomarbeit, LS Tierökologie, Universität Bayreuth 1982, 115 S.

16 Romstöck, M.: Zur geographischen Variabilität des mit *Cirsium-heterophyllum*-Blütenköpfen assoziierten Phytophagenkomplexes. Verh. 10. Internat. Symposium über Entomofaunistik Mitteleuropas (August 1983, Budapest), 1984, 123–127

17 Seitz, A. und Komma, M.: Genetic polymorphism and its ecological background in Tephritid populations (Diptera: Tephritidae). In Wöhrmann und Loeschke, Hg.: Population biology and evolution. Springer Verlag, 1984, 143–158

18 Shorthouse, J. D.: Resource exploitation by gall wasps of the genus *Diplolepis*. Proc. 5th Int. Symp. Insect-Plant Relationships, 1982. Pudoc, Wageningen 1982, 193–198

19 Shorthouse, J. D. und Lalonde, R. G.: Structural damage by *Rhinocyllus conicus* Froel. (Coleoptera: Curculionidae) within the flowerheads of Nodding Thistle. Can. Ent. *116*, 1984, 1335–1343

20 Sobhian, R. und Zwölfer, H.: Phytophagous insect species associated with flower heads of Yellow Star Thistle (*Centaurea solstitialis* L.). Z. ang. Ent. *99*, 1985, 301–321

21 Steck, J. G.: North American Terelliinae (Diptera: Tephritidae): Biochemical systematics and evolution of larval feeding niches and adult life histories. Dissertation, University of Austin 1981

22 Van Valen, L. M.: A new evolutionary law. Evolutionary Theory *1*, 1973, 1–30

23 Wagner, H.: Cynareae – chemical review. In Heywood, J. B. und Harborne, B. L., Hg.: The Biology and Chemistry of the Compositae. Academic Press, 1977, 1017–1038

24 Zwölfer, H.: A preliminary list of phytophagous insects attacking wild Cynareae species in Europe. Commonwealth Inst. Biol. Control, Techn. Bull. *6*, 1965, 81–154

25 Zwölfer, H.: Untersuchungen zur biologischen Bekämpfung von *Centaurea solstitialis* L. – Strukturmerkmale der Wirtspflanze als Auslöser des Eiablageverhaltens bei *Urophora siruna-seva* (Hg.) (Dipt. Trypetidae). Z. ang. Ent. *61*, 1968, 119–130

26 Zwölfer, H.: *Urophora siruna-seva* (Hg.) (Dipt. Trypetidae), a potential insect for the biological control of *Centaurea solstitialis* L. in California. Commonwealth Inst. Biol. Control, Techn. Bull *11*, 1969, 105–155

27 Zwölfer, H.: Investigations on the host-specificity of *Urophora affinis* Frfld. (Dipt. Trypetidae). Weed Projects for Canada, Progress Report No. 25, Commonwealth Inst. Biol. Control 1970, 28 p.

28 Zwölfer, H.: Investigations on *Urophora stylata* F., a possible agent for the biological control of *Cirsium vulgare* in Canada. Weed Projects for Canada, Progress Report No. 29, Commonwealth Inst. Biol. Control 1972a, 20 p.

29 Zwölfer, H.: Investigations on Chaetorellia sp. associated with *C. solstitialis*. Weed Project for the University of California, Report No. 7, Commonwealth Inst. Biol. Control 1972b, 21 p.

30 Zwölfer, H.: Vergleichende Untersuchungen an alpinen und nichtalpinen Populationen von *Larinus sturnus* Schall. (Col.: Curculionidae): Diversität und Produktivität im ökologischen Grenzbereich. Verh. Ges. Ökologie (Erlangen 1974), 1975, 47–53

31 Zwölfer, H.: Der Informationswert faunistischer Daten für populationsökologische Untersuchungen. Das Verteilungsmuster der Wirtsrassen von *Larinus sturnus* Schall und *L. iaceae* F. (Col. Curculionidae). Verh. 6. Int. Symp. Entomofaunistik in Mitteleuropa, hg. Malitzky, H. (Lunz, 1975). Junk, The Hague 1977, 209–219

32 Zwölfer, H.: Mechanismen und Ergebnisse der Co-Evolution von phy-

216

tophagen und entomophagen Insekten und höheren Pflanzen. Phyloge-
netisches Symposium Hamburg 1975. Sonderband naturwiss. Ver. Hamburg 2, 1978, 7–50

33 Zwölfer, H.: Strategies and counterstrategies in insect population systems competing for space and food in flower heads and plant galls.
Symp. Population Ecology, Mainz 1978. Fortschr. Zoologie 25, 1979 a,
331–353

34 Zwölfer, H.: Alternative Wettbewerbsstrategien bei koexistierenden *Eurytoma*-Arten (Hymenoptera: Eurytomidae). Verh. Dtsch. Zool. Ges.
1979, 1979 b, 256

35 Zwölfer, H.: Distelblütenköpfe als ökologische Kleinsysteme: Konkurrenz und Koexistenz in Phytophagenkomplexen. Mitt. Dtsch. Ges. allg.
angew. Ent. 2, 1980, 21–37

36 Zwölfer, H.: Energieflußsteuerung durch informationelle Prozesse – ein
vernachlässigtes Gebiet der Ökosystemforschung. Verh. Ges. Ökologie
(Bremen, 1983). 1985 a, 285–294

37 Zwölfer, H.: Insects and thistle heads: Resource utilization and guild
structure. Proc. 6. Int. Symp. Biological Control of Weeds (Vancouver,
1984). 1985 b, im Druck

38 Zwölfer, H. und Harris, P.: Biology and host specifity of *Rhinocyllus
conicus* (Froel.) (Col.: Curculionidae) – a successful agent for biocontrol
of the thistle, *Carduus nutans* L. Z. ang. Ent. 97, 1983, 36–62

39 Zwölfer, H. und Preiss, M.: Host selection and oviposition behaviour in
West-European ecotypes of *Rhinocyllus conicus* Froel. (Col. Curculionidae). Z. ang. Ent. 95, 1983, 113–122

Ekkehart Johannes Schlicht

Ökonomische Theorie, speziell auch Verteilungstheorie, und Synergetik

1. Synergetische Ansätze in der Ökonomik

Das Thema dieser Ringvorlesung heißt »Selbstorganisation«. Nun ist dies das zentrale Thema der Volkswirtschaftslehre seit mehr als zwei Jahrhunderten. Vielleicht ist es deshalb von Interesse, einleitend einige Eindrücke voranzustellen, die sich für einen Ökonomen bei der Durchsicht des Buches »Synergetik« von H. Haken[4] ergeben.

Zumindest seit Bernard de Mandeville (1705) und Adam Smith (1776) haben Ökonomen zentral thematisiert, welche von den Individuen unbeabsichtigten Wirkungen sich aus der egoistischen Verfolgung des Eigennutzes ergeben, die sich dann zu gesellschaftlich eigenständigen Formen fügen. So beruht die Befürwortung des Freihandels auf der These von der »unsichtbaren Hand«: Jedermann sucht sein Einkommen zu mehren. »Allerdings strebt er in der Regel nicht danach, das allgemeine Wohl zu fördern, und weiß auch nicht, um wieviel er es fördert ... [Er] verfolgt seinen eigenen Gewinn und wird in diesem wie in vielen anderen Fällen von einer unsichtbaren Hand geleitet, einen Zweck zu fördern, den er in keiner Weise beabsichtigt hatte. Auch ist es nicht eben ein Unglück für die Gesellschaft, daß dies nicht der Fall war. Verfolgt er sein eigenes Interesse, so fördert er das der Gesellschaft weit wirksamer, als wenn er dies wirklich zu fördern beabsichtigt.«[14] So bilden sich die Berufe, so bildet sich die gesellschaftliche Arbeitsteilung aus der Verfolgung von Eigennutz, aus der Wahrnehmung und Verbesserung individueller Produktionsvorteile bei der Suche nach individuellem Vorteil. »Für Menschen, die die Dinge niemals in dieser Weise betrachtet haben, ist es sicherlich nahezu unvorstellbar, zu welchen großartigen Leistungen sich einige Künste aus dem Nichts heraus entfaltet haben, nur durch menschlichen Fleiß, die fortwährenden Bemühungen und die Erfahrung vieler Generationen, und doch nur vollbracht von Menschen mit gewöhnlichen Fähigkeiten. Welch edles und zugleich schönes, welch herrliches Gerät ist ein erstklassiges Kriegsschiff unter vollem Segel, wohlgetakelt und wohlbemannt! In Größe und Gewicht übertrifft es jeden von Menschen erfundenen beweglichen Gegenstand, und kein anderer kann sich einer vergleichbaren Vielfalt von verblüffenden Vorrichtungen rühmen. Und doch gibt es viele Gruppen von Fachleuten in England, die, mit allem Nötigen ausgestattet, in der Lage wären, in weniger als einem halben Jahr ein solches Schiff zu bauen, auszustatten und zu See zu bringen. Aber dies wäre unmöglich, wenn die Arbeit nicht auf eine große Zahl von Tätigkeiten aufgeteilt wäre, und gewiß fordert keine dieser Tätigkeiten mehr als Menschen mit gewöhnlichen Fähigkeiten.«[8]

Diese Arbeitsteilung und diese Entwicklung spezialisierter Fertigkeiten hat sich aber ungeplant über die Generationen hinweg aus der Verfolgung von Eigennutz ergeben.

»Nicht die Freundlichkeit und die liebenswürdigen Regungen, wie sie dem Menschen von Natur aus eigen sind, noch auch die wahren Tugenden, die aus Einsicht und Selbstüberwindung hervorgehen, sind die Grundlagen der Gesellschaft. Vielmehr bildet das, was wir das Übel in dieser Welt nennen – das Böse und das Unglück –, das große Prinzip, das uns zu sozialen Wesen macht, das feste Fundament, die Lebensgrundlage und Stütze aller Geschäfte und Tätigkeiten ohne Ausnahme: Hier müssen wir den wahren Quell aller Künste und Wissenschaften sehen; und in dem Augenblick, in dem das Übel weicht, muß die Gesellschaft verderben, wenn nicht gar zerfallen.«[8]

So wird die Existenz der Gesellschaft selbst wie auch einer Vielzahl gesellschaftlicher Strukturierungen in der Ökonomie als unbeabsichtigte Wirkung des Verfolgens von Eigennutz thematisiert. So entwickeln sich die Berufe, die Unternehmungen, das Geld, die Familie, der Staat als eigenständige Formen aus der Verfolgung von Eigennutz und bilden sodann den Rahmen, in dem die Individuen agieren können: Die Kausalität kehrt sich um. Um die Sprache der Synergetik zu gebrauchen: Das Verhalten der Systemelemente generiert Systemeigenschaften, welche dann die Elemente versklaven.

Viele ökonomische Theorien suchen auf diese Weise zu erklären, wie ein »wunderschönes Gebäude spontan aus den verrotteten Fundamenten des Eigennutzes emporwächst«.[9]

Dabei geht es im wesentlichen nicht um die Erklärung oder Prognose von Einzelereignissen – diese sind meist weniger interessant und auch mangels der notwendigen detaillierten Informationen über die genauen Bedingungen, aus denen sie resultieren, nicht sinnvoll prognostizierbar. Vielmehr geht es um generelle Regelmäßigkeiten, um Muster, die die Einzelereignisse in ihrer Gesamtheit bilden. So schreibt der Ökonom v. Hayek: »Der Sachverhalt ist der, daß bei der Erforschung komplexer Phänomene die allgemeinen Muster alles sind, was für solche dauerhaften Ganzheiten charakteristisch ist, die den Hauptgegenstand unseres Interesses bilden, denn es gibt eine Anzahl beständiger Strukturen, die lediglich das allgemeine Muster gemeinsam haben und sonst nichts.«[5]

Viele dieser Überlegungen sind qualitativer Art, soll heißen: Sie beziehen sich nicht auf die Bewegung gewisser Variablen, sondern sie befassen sich mit dem Entstehen neuer Variablen. Die Synergetik thematisiert demgegenüber gegenwärtig hauptsächlich quantitative Selbstorganisationsphänomene, soll heißen, die Koordinierung gewisser gegebener Variablen in einem Gesamtsystem. Derartige Probleme sind in der Ökonomik ebenfalls von jeher Gegenstand der Betrachtung gewesen.

Ein klassisches Beispiel liefert die Standorttheorie von Thünen (1826)[15], die wesentlich auf den Transportkosten aufbaut. Auf dem Land, das eine Stadt umgibt, können verschiedene Produkte produziert werden: Getreide, Vieh oder Holz. Der Wettbewerb führt nun dazu, daß die Produktion dieser verschiedenen Produkte räumlich so verteilt wird, daß die gesamten Transportkosten minimiert werden. Unter den damaligen Gegebenheiten ergibt sich so, daß um die Stadt herum Forstwirtschaft getrieben wird, in der weiter entfernten Umgebung dann Landbau (zunächst Fruchtwechselwirtschaft, dann Koppelwirtschaft und noch weiter entfernt Dreifelderwirtschaft). In noch weiterer Entfernung von der Stadt erfolgt dann die Viehwirtschaft. Hier findet man in nuce eine Theorie über die räumliche Selbstorganisation der Wirtschaft.

In der modernen Theorie sind diese Überlegungen weithin verallgemeinert worden. Aber auch in anderen Zusammenhängen finden sich seit langem Theorien, die Argumente verwenden, welche für die moderne Synergetik charakteristisch sind. So ist die Methode der adiabatischen Elimination seit Marshall (1880)[10] ein zentrales Werkzeug der ökonomischen Analyse. Sie wird in der Ökonomie als »Methode der Gleichgewichtsbewegung« (moving equilibrium method) bezeichnet.[13] Die makroökonomische Theorie wird erst unter der Annahme möglich, daß »schnelle« Strukturanpassungen in einem hochdimensionalen System bereits erfolgt sind. Die resultierenden Bewegungen globaler ökonomischer Aggregate lassen sich dann unter dieser Prämisse in niedrigerer Dimension beschreiben.[12]

In der Konjunkturtheorie von Kaldor (1940)[6] wird katastrophentheoretisch argumentiert; das Poincaré-Bendixen-Theorem und das Lotka-Volterra-Modell finden seit längerem schon in diesem Bereich ihre Anwendung.[17, 16] Neuerdings ist die Chaostheorie für die Erklärung irregulär zyklischen Wachstums herangezogen worden.[3]

Ein oft vernachlässigter Zweig synergetischen Denkens sei an dieser Stelle noch erwähnt: Die Gestaltpsychologie. Diese nimmt ihren Ausgangspunkt gerade bei physikalischen Gestaltbildungsprozessen (Köhlers Buch kann als Klassiker der Synergetik betrachtet werden)[7] und ist wohl gerade wegen ihrer lange unzeitgemäßen, aber heute dank der Synergetik nun hochaktuellen Betrachtungsweise verpönt gewesen.

2. Eine Theorie der Vermögensverteilung

Nach diesen allgemeinen Bemerkungen wende ich mich einer speziellen Theorie zu, die die Selbststrukturierung eines ökonomischen Systems thematisiert, nämlich einer Theorie über die Einkommensverteilung.[11] Bei der Darstellung werde ich soweit wie möglich vereinfachen.

Es soll aufgezeigt werden, wie sich in einer Wirtschaft mit völlig gleichartigen Individuen Vermögensungleichheiten bilden und wie sich in einer solchen Wirtschaft ein globales Sparverhalten bildet, das losgelöst ist von individuellem Sparverhalten. Deshalb wird angenommen, daß sich die Wirtschaft aus n gleichartigen Gruppen oder Familien zusammensetzt. Der Einfachheit wird weiter unterstellt, daß die Größe jeder Gruppe im Zeitablauf konstant bleibt.

Die Vermögensbildung und Kapitalakkumulation vollzieht sich durch Bildung von Ersparnissen. Es wird unterstellt, daß der Anteil der Ersparnis am Einkommen, das eine Gruppe erhält (die Sparquote), vom Verhältnis des eigenen Einkommens zum Durchschnittseinkommen bestimmt wird. Dieser Zusammenhang sei für alle Gruppen gleich und sei so, daß mit steigendem Gruppeneinkommen zunehmend mehr gespart wird.

Formal: Sei y_i das Einkommen der Gruppe i, s_i deren Ersparnis und y das Durchschnittseinkommen, so gilt $s_i = f(y_i/y) \cdot y_i$ mit $0 < f < 1$, $f' > 0$, $f'' < 0$, $f(\infty) = 1$, $2f' + f'' \cdot y_i/y > 0$ für alle i, y_i, y.

Das Einkommen einer jeden Gruppe ergibt sich als Summe von Lohneinkommen und der Verzinsung des Kapitals, das sich in ihrem Besitz befindet. Das Lohneinkommen sei für alle Gruppen gleich und der Zinssatz ebenfalls. Einkommensunterschiede ergeben sich mithin allein aufgrund von Vermögensungleichheiten. Unterstellen wir nun ein gewisses Produktivitätswachstum in der Wirtschaft und eine Lohn- und Zinsbildung gemäß den relativen Faktorknappheiten (je geringer die Kapitalausstattung, um so geringer ist der Lohnsatz und um so höher ist die Kapitalverzinsung), so läßt sich der zeitliche Verlauf der Vermögensverteilung analysieren. Dabei ist zu bedenken, daß die durchschnittliche volkswirtschaftliche Sparquote steigt, wenn die Vermögensverteilung ungleicher wird. (Wird z. B. das gesamte Einkommen nur an eine Gruppe gegeben, so hat diese wegen ihres überdurchschnittlichen Einkommens eine höhere Sparquote, als sie sich bei Gleichverteilung des Einkommens ergeben würde, und entsprechend hoch ist die volkswirtschaftliche Sparquote.)

Gehen wir nun von einer Gleichverteilung aus, bei der alle Gruppen über dieselbe Menge an Kapital verfügen und mithin alle dasselbe Einkommen und dieselbe Ersparnis haben. Wird dabei sehr wenig gespart, so führt das zu einer geringen Kapitalbildung, zu geringen Löhnen und hohen Zinsen. Ergibt sich in solch einem Zustand eine kleine Störung in der Vermögensverteilung, z. B. dadurch, daß eine Gruppe zufällig etwas weniger konsumiert als die anderen Gruppen und dadurch etwas mehr Kapital bildet, so führt dies zu einer sich selbst verstärkenden Vermögensungleichheit: Die Gruppen mit überdurchschnittlichem Vermögen erhalten überdurchschnittliche Zinseinkünfte und damit überdurchschnittliches Einkommen. Sie sparen mehr und bilden noch mehr Vermögen usw. Dieser Vermögenskonzentrationsprozeß geht einher mit zunehmender Ersparnisbildung in der Wirtschaft insgesamt, was zu besserer Kapitalversorgung, steigenden Löhnen und fallenden Zinsen führt. Die fallenden Zinsen bremsen letztlich den Prozeß, da sie die Einkommensdifferenzen, wie sie aus der Vermögensungleichheit entstehen, einebnen. Dazu muß man folgendes bedenken.

Wenn eine Gruppe sehr viel Kapital besitzt, hat sie ein sehr hohes Einkommen, das praktisch nur aus Vermögenseinkommen besteht. Wenn sie dies nahezu gänzlich spart, ist ihre Ersparnis ungefähr gleich ihren gesamten Kapitaleinkünften. Ihr Kapital wächst deshalb mit dem Zinssatz: Ist der Zinssatz etwa 10 %, so wächst ihr Kapital pro Periode um 10 %. Andererseits führt das allgemeine Produktivitätswachstum aufgrund des technischen Fortschritts von sich aus zu einem gewissen Wachstum der Wirtschaft. Ist der Zinssatz größer als dieses »natürliche« Wachstum des Einkommens, so steigt der Anteil der betrachteten reichen Gruppe am Volkseinkommen; ist der Zinssatz kleiner, so fällt dieser Anteil. Letztlich kommt deshalb der Vermögenskonzentrationsprozeß zu einem Halt, wenn die Vermögenskonzentration so weit fortgeschritten ist, daß der Zinssatz auf das Niveau der Rate des »natürlichen« Wachstums gedrückt ist, denn hier nimmt der Anteil der reichen Gruppe am Volkseinkommen nicht mehr zu.

Damit ergibt sich aber für die Volkswirtschaft insgesamt eine Gleichheit von Zinssatz und der Rate des »natürlichen« Wachstums, unabhängig von der speziellen Gestalt der Sparfunktion, die das individuelle Sparverhalten beschreibt, d. h. unabhängig innerhalb gewisser Grenzen: Die Ersparnis bei Gleichverteilung darf nicht zu hoch sein. Alle Gruppen, die über weniger Kapital verfügen als die vermögendste Gruppe, sparen weniger als diese und fallen im Vermögen auf ein Niveau ab, bei dem die Ersparnis aus Lohneinkommen und Kapitaleinkommen zusammen gerade gleich der Verzinsung des Kapitals ist, das diese Gruppen besitzen: Auch diese Gruppen sparen gerade ihr Kapitaleinkommen. Damit ergibt sich, daß für die Volkswirtschaft insgesamt gerade das Kapitaleinkommen als Ersparnis gebildet wird: Es ergibt sich ein volkswirtschaftliches Sparverhalten, das weitgehend vom individuellen Sparverhalten entkoppelt ist und durch Vermögensungleichheiten in einer homogenen Population erzeugt wird.

Abb. 1 illustriert den zeitlichen Verlauf, wie er sich ergibt, wenn man ein entsprechendes Modell durchrechnet. (Das Modell, das der Abbildung zugrunde liegt, ist im Anhang von Schlicht[11] dargestellt. In dem hier analysierten Modell werden jedoch zehn gleich große Gruppen sowie b = 3 unterstellt.) Ausgehend von einer Gleichverteilung führt eine sehr kleine zufällige Störung der Vermögensverteilung im Zeitpunkt 0 zu dem dargestellten Verlauf der Vermögen von zehn Gruppen, und es bildet sich eine Zwei-Klassen-Verteilung, in der eine Gruppe sehr viel, alle anderen wenig Vermögen besitzen. Und wiederum läßt sich hier der Gedanke der »unsichtbaren Hand« aufgreifen, denn in dieser Zwei-Klassen-Verteilung ist das Einkommen aller – auch der Armen – höher als in der Einklassenverteilung. (Dies läßt sich allgemein zeigen, siehe Bourguignon[2]. Siehe auch Bental und Wenig[1] zu der Frage, ob in einer Wirtschaft Ungleichheiten zwischen gleichen Individuen generiert werden.)

Dieses kleine Beispiel mag verdeutlichen, auf welche Weise

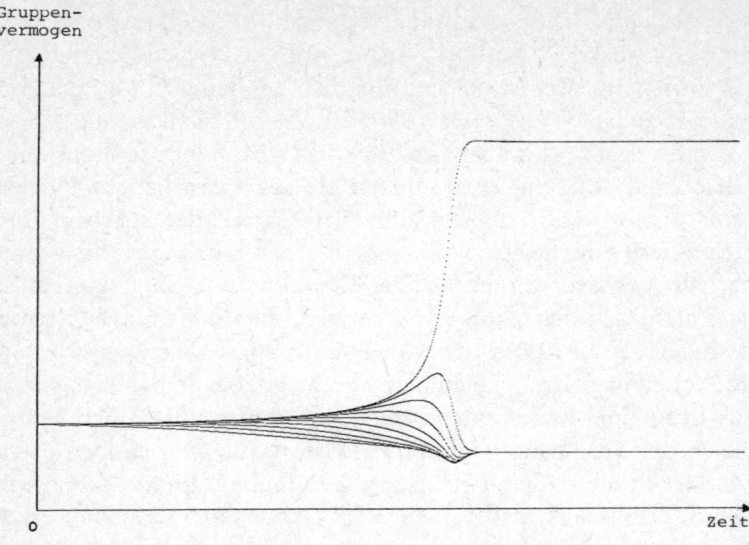

Abb. 1

synergetische Gedanken in der Wirtschaftstheorie verfolgt werden – hier der Gedanke der Bildung von eigenständigen Systemgesetzmäßigkeiten. Allerdings ist dergleichen in der Volkswirtschaftslehre nie als besonders revolutionär betont worden – wenn Ökonomen von ökonomischen Gesetzen sprechen, so postulieren sie ja gerade derartige Systemgesetzmäßigkeiten. Ohne solche Gesetzmäßigkeiten hätte die Wirtschaftstheorie keinen Reiz und wohl auch keinen Sinn. Aber gerade aus diesem Grunde ist der Aufschwung der Synergetik für die Ökonomen sehr begrüßenswert, denn sie dürfen hoffen, mathematische Werkzeuge in die Hand zu bekommen, die ihnen erlauben werden, viele Probleme, die sie bisher nur recht intuitiv behandeln, exakt zu begreifen.

Literatur

1 Bental, B. und Wenig, A.: Will People Become Alike if they are Alike? Zeitschrift für Nationalökonomie 43 (3), 1983, 289–300
2 Bourguignon, F.: Pareto Superiority of Unegalitarian Equilibria in Stiglitz' Model of Wealth Distribution with Convex Saving Function. Econometrica 49 (6), 1981, 1469–75
3 Day, R. H.: Irregular Growth Cycles. American Economic Review 72 (3), 1982, 406–414
4 Haken, H.: Synergetik. Aus dem Amerikanischen von A. Wunderlin. Springer Verlag, Berlin–Heidelberg–New York 1982
5 Hayek, F. A. v.: Die Theorie komplexer Phänomene. Tübingen 1972, 29
6 Kaldor, N.: A Model of the Trade Cycle. Economic Journal 50, 1940, 78–92
7 Köhler, W.: Die physischen Gestalten in Ruhe und im stationären Zustand. Erlangen 1920
8 de Mandeville, B.: The Fable of the Bees. Hg. von F. B. Kaye. Bd. 1. Oxford 1924, 142, 369
9 de Mandeville, B.: The Fable of the Bees. Hg. von F. B. Kaye. Bd. 2. Oxford 1924, 64
10 Marshall, A.: Principles of Economic Analysis. 8. Auflage, London 1974
11 Schlicht, E.: A Neoclassical Theory of Wealth Distribution. Jahrbücher für Nationalökonomie und Statistik 189 (½), 1975, 78–96
12 Schlicht, E.: Grundlagen der ökonomischen Analyse. Hamburg 1977
13 Schlicht, E.: Die Methode der Gleichgewichtsbewegung als Approximationsverfahren. In E. Helmstädter, Hg.: Neuere Entwicklungen in den Wirtschaftswissenschaften. Berlin 1978, 293–305
14 Smith, A.: Eine Untersuchung über Natur und Wesen des Volkswohlstands. Aus dem Englischen von H. Waentig. Bd. 2. 2. Auflage, Jena 1923, 235 f.
15 Thünen, J. H. v.: Ausgewählte Texte. W. Braeuer, Hg. Meisenheim 1951
16 Varian, H. R.: Catastrophe Theory and the Business Cycle. Economic Inquiry 17, 1979, 14–28
17 Wenig, A.: Konjunkturtheorie. In Beckmann, M. J., Menges, G. und Selten, R.: Handwörterbuch der mathematischen Wirtschaftswissenschaften. Bd. 1. Wiesbaden 1979, 191–203

227

Die Autoren und Herausgeber

Dress, Andreas ist Professor für Mathematik an der Universität Bielefeld. Studium der Mathematik, Philosophie und Wirtschaftswissenschaften in Berlin (FU), Tübingen und Kiel. Promotion bei Friedrich Bachmann, Kiel in Grundfragen der Geometrie. Seitdem Arbeiten aus dem Bereich der Algebra, der Topologie, der Kombinatorik und – seit etwa 10 Jahren – in verschiedenen Anwendungsbereichen der Mathematik in Biologie und Chemie.

Dürr, Hans-Peter (geb. 1929). 1953 Diplom in Physik, Universität Stuttgart. 1956 Doktor der Philosophie, University of California, Berkeley/USA. 1962 Habilitation an der Universität München. 1963 Wissenschaftliches Mitglied der Max-Planck-Gesellschaft. Derzeit wissenschaftliches Mitglied und Direktor am Werner-Heisenberg-Institut für Physik des Max-Planck-Instituts für Physik und Astrophysik. Mitgliedschaften: Vereinigung Deutscher Wissenschaftler, Max-Planck-Gesellschaft, Deutsche Akademie der Naturforscher, Leopoldina (Halle), Deutsche Physikalische Gesellschaft, Deutsche Energie-Gesellschaft, Pugwash, Greenpeace.

Zahlreiche Veröffentlichungen auf dem Gebiet der Kernphysik, Elementarteilchenphysik und Gravitation über: Relativistische Effekte bei Kernkräften/Nichtlineare Spinortheorie der Elementarteilchen/Asymmetrischer Grundzustand in der Elementarteilchentheorie/Indefinite Zustandsmetrik in Quantenfeldtheorien/Eichinvariante Spinorfeldtheorien/Radikal vereinheitlichte Quantenfeldtheorien/Gravitation im Rahmen einer einheitlichen Quantenfeldtheorie.

Gierer, Alfred (geb. 1929). 1946–1953 Studium der Physik in Göttingen, 1953 Promotion, 1954–1960 wissenschaftlicher Mitarbeiter am Max-Planck-Institut für Virusforschung in Tübingen, Forschungsaufenthalte am MIT, Cambridge/USA und am CalTech, Pasadena/USA, 1958 Dozent für Biophysik, seit 1960 wissenschaftliches Mitglied der Max-Planck-Gesellschaft und Leiter der Abteilung Molekularbiologie am Max-Planck-Institut für Virusforschung (seit 1984 MPI für Entwicklungsbiologie) in Tübingen, seit 1965 Direktor am Institut und Professor für Biophysik an der Universität Tübingen.

Forschungsschwerpunkte: Molekularbiologie (Funktion der Nukleinsäure als Erbsubstanz der Viren, Mechanismus der Proteinsynthese), Entwicklungsbiologie (biologische Struktur- und Gestaltbildung, Entwicklung
des Nervensystems im Gehirn), wissenschaftstheoretische Fragen. Zahlreiche Veröffentlichungen auf diesen Gebieten, insbesondere Gierer, A.: Die
Physik, das Leben und die Seele. Piper Verlag, München–Zürich 1985.

Haken, Hermann (geb. 1927). Studierte 1946–1950 Mathematik und Physik
an den Universitäten Halle und Erlangen. Promotion 1951 in Mathematik an
der Universität Erlangen, Habilitation dort 1956. Seit 1960 Professor für
theoretische Physik an der Universität Stuttgart und seit 1967 zugleich Honorarprofessor an der Universität Hohenheim. Er war als Gastwissenschaftler
und Gastprofessor an verschiedenen Institutionen in den USA, Großbritan-
nien, Frankreich, Japan und der Sowjetunion tätig. Seine wissenschaftlichen
Arbeiten beziehen sich auf Gruppentheorie, Festkörperphysik, Laserphysik
und nichtlineare Optik, statistische Physik, Plasmaphysik, Bifurkationstheo-
rie und Theorie zur Morphogenese. Insbesondere begründete er das interdisziplinäre Forschungsgebiet Synergetik. Er erhielt den Max-Born-Preis und
Medaillen des British Institute of Physics und der Deutschen Physikalischen
Gesellschaft sowie die Albert-A.-Michelson-Medaille des Franklin Institu-
tes, USA. Er ist Ehrendoktor der Universität Essen und Mitglied des Ordens
»Pour le mérite« sowie der Deutschen Akademie der Naturforscher LEOPOL-
DINA und korrespondierendes Mitglied der Bayerischen Akademie der
Wissenschaften. 1985 erhielt er den European Physical Society Travelling
Lecturership Award.
Zahlreiche Veröffentlichungen über Lasertheorie, Synergetik, Quanten-
feldtheorie des Festkörpers. In viele Sprachen übersetzt.

Hendrichs, Hubert, Dr. rer. nat., Dr. phil., ist Professor für Zoologie an der
Universität Bielefeld. Studium der Naturwissenschaften in Aachen, Amsterdam und München. Promotion in Zoologie bei Konrad Lorenz. Zweitstu-
dium der Philosophie, Soziologie und Völkerkunde. Mehrjährige Freiland-
untersuchungen zur Ethologie und Ökologie von Säugetieren. Hauptar-
beitsgebiete: Sozialsysteme der Säugetiere, Populationsbiologie, biosoziale
und soziokulturelle Evolutionskonzepte.

Hess, Benno (geb. 1922). Promovierte 1948 zum Dr. med. an der Universi-
tät Heidelberg. 1947–1950 Assistent an der Medizinischen Universitäts-
klinik, Heidelberg. 1950–1952 Assistent am Physiologischen Institut der
Universität Tübingen und am Max-Planck-Institut in Tübingen. 1952–
1953 NIH Research Fellow at the Department of Biochemistry and Nutrition
– Johnson Research Foundation. 1953–1955 Assistent an der Medizinischen
Universitäts-Klinik Heidelberg, 1957 Habilitation an der Medizinischen
Universitäts-Klinik, Heidelberg. Seit 1965 Direktor und wissenschaftliches

Mitglied des Max-Planck-Instituts für Ernährungsphysiologie, seit 1970 Honorarprofessor an der Ruhr-Universität Bochum.

Hess hat sich mit Beiträgen zur Aufklärung der Mechanismen sowie der nichtlinearen Dynamik von biochemischen Prozessen, insbesondere auf dem Gebiet der Bioenergetik beschäftigt. Sein besonderes Interesse galt den Mechanismen oszillierender und chaotischer Zustände. Er ist Mitglied in zahlreichen Akademien und wissenschaftlichen Gesellschaften und Beratungsgremien des In- und Auslandes. Seit 1979 wirkt Benno Hess im Senat der Max-Planck-Gesellschaft mit, zunächst als Vorsitzender der Biologisch-Medizinischen Sektion; 1980 wurde er zum Senator und zum Vizepräsidenten gewählt.

Veröffentlichungen (Auswahl): B. Hess and Chance, B.: Über zelluläre Regulationsmechanismen und ihr mathematisches Modell. Naturwiss. *46*, 248–257, 1959/B. Hess and Boiteux, A.: Oscillatory Phenomena in Biochemistry. Ann. Rev. Biochem. *40*, 237–258, 1971/B. Hess, Boiteux, A., Busse, H. und Gerisch, G.: Spatiotemporal Organization in Chemical and Cellular Systems. In: Advances in Chemical Physics. Eds. G. Nicolis und R. Lefever. John Wiley and Sons, Publishers 29, 137–168, 1975/B. Hess, Kuschmitz, D. und Engelhard, M.: Bacteriorhodopsin. In: Membranes and Transport 2, Ed. A. N. Martonosi, Plenum Publishing Corporation, New York, pp. 309–318. 1982/Hess, B.: Non-Equilibrium Dynamics of Biochemical Processes. 8. Fritz Lipmann-Vorlesung. Hoppe-Seyler's Z. Physiol. Chem. *364*, 1–20, 1983/Hess, B., Markus, M. und Kuschmitz, D.: Dynamics as Basic Attributes of Living States. In Ovchinnikov, Yu. A., Hg.: Progress of Bioorganic Chemistry and Molecular Biology. Elsevier Amsterdam, Biomedical Division, 1984, 165–173/Hess, B. und Markus, M.: The Diversity of Biochemical Time Patterns. Ber. Bunsenges. *89*, 1985, 642–651.

Küppers, Bernd-Olaf (geb. 1944). 1965–1971 Studium der Physik in Göttingen und Bonn, anschließend Forschungsaufenthalt an der Columbia University, New York. 1975 Promotion bei M. Eigen. Seit 1975 Grundlagenforschung am Max-Planck-Institut für Biophysikalische Chemie: 1979–1984 außerdem Lehrbeauftragter für Philosophie an der Universität Göttingen. Bernd-Olaf Küppers hat sich in den letzten Jahren schwerpunktmäßig mit der experimentellen und theoretischen Analyse molekularer Evolutionsprozesse befaßt. In jüngster Zeit gilt sein Interesse vorwiegend wissenschaftsphilosophischen Fragestellungen, wie z. B. Fragen der Begriffs- und Theorienbildung im Grenzbereich von Physik, Chemie und Biologie.

Veröffentlichungen (Auswahl): Molecular theory of evolution. Outline of a physico-chemicap theory of the origin of life. Springer-Verlag, Berlin-Heidelberg-New York [1]1983, [2]1985/Der Ursprung biologischer Information. Zur Naturphilosophie der Lebensentstehung. Piper Verlag, München 1986/The general principles of selection and evolution at the molecular level. In Butler, J. A. V.: Progress in Biophysics and Molecular Biology, Vol. 30.

Pergamon Press, Oxford 1975 / Towards an experimental analysis of molecular self-organization and precellular Darwinian evolution. Naturwissenschaften 66, 228, 1979 / On the prior probability of the existence of life. In Gigerenzer, G., Krüger, L. und Morgan, M. S., Hg.: The Probabilistic Revolution 1800–1930: Dynamics of Scientific Development, Vol. III, Probability in Modern Science. Bradford Books (MIT Press), im Druck / Entropie, Evolution und Zeitstruktur. In Kamper, D. und Wulf, C., Hg.: Die sterbende Zeit. Suhrkamp-Verlag, Frankfurt, im Druck.

Küppers, Günter, geb. 1939, Studium der Physik an den Universitäten Würzburg und München, Diplom und Promotion (Dr. rer. nat.) auf dem Gebiet der theoretischen Physik. 1966–74 Mitarbeiter am Max-Planck-Institut für Plasmaphysik mit den Arbeitsschwerpunkten MHD-Gleichgewichte und -Stabilität, Plasmaheizung. Seit 1974 Geschäftsführer des Forschungsschwerpunktes Wissenschaftsforschung an der Universität Bielefeld. Seine Forschungsinteressen betreffen die kognitiven und sozialen Determinanten der Wissenschaftsentwicklung, das Verhältnis von Wissenschaft und Technik sowie Probleme der Forschungspolitik und -planung.

Markus, Mario (geb. 1944). Markus ist wissenschaftlicher Mitarbeiter im Max-Planck-Institut für Ernährungsphysiologie in Dortmund. Er studierte Physik in Heidelberg. Dort untersuchte er Instabilitäten und das dynamische Verhalten des Elektron-Loch-Plasmas in Halbleitern. Nach der Promotion 1973 wandte er sich ähnlichen Phänomenen in den Biowissenschaften zu, zunächst in der Membranbiophysik und dann in der Biochemie. Seit einigen Jahren untersucht er dynamische Prozesse, insbesondere periodische und chaotische Schwingungen, in der Glykolyse.

Veröffentlichungen (Auswahl): Hübner, K. und Markus, M.: Theoretical and experimental investigations of a pinching electron-hole-plasma. Proc. of the 9. International Conf. on the Physics of Semiconductors, Moscow, Vol. 2, 1968, 838–843 / Markus, M. und Plesser, Th.: Free energy dissipation of the pyruvate kinase reaction has a minimum at cell metabolite concentrations. Biophysical Chemistry *18*, 1983, 349–352 / Markus, M. und Hess, B.: Transitions between oscillatory modes in a glycolytic model system. Proc. Natl. Acad. Sciences USA *81*, 1984, 4394–4398 / Markus, M., Kuschmitz, D. und Hess, B.: Properties of strange attractors in yeast glycolysis. Biophysical Chemistry *22*, 1985, 95–105.

Roth, Gerhard (geb. 1942). 1963–1969 Studium in Philosophie, Germanistik und Musikwissenschaft an den Universitäten Münster / Westf. und Rom. 1969 Promotion in Philosophie. 1969–1974 Studium in Biologie an den Universitäten Münster und Berkeley / Kalifornien. 1974 Promotion in Biologie. 1970–1975 Lehrbeauftragter für Philosophie an der Gesamthochschule Paderborn. 1975–1976 wiss. Mitarbeiter in Biologie (Arbeitsgruppe Neuro-

Ethologie) an der Gesamthochschule Kassel. Seit 1976 Professor für Verhaltensphysiologie an der Universität Bremen. Seit 1978 Leiter des Forschungsschwerpunkts »Biosystemforschung« der Universität Bremen.

Veröffentlichungen (Auswahl): Vision and Visual Behavior in Salamanders. Springer Verlag, Berlin–Heidelberg–New York–Tokyo, im Druck / Kritik der verhaltensphysiologischen Grundlagen der Lorenzschen Instinkttheorie. In G. Roth, Hg.: Kritik der Verhaltensforschung. München 1974, 156–189 / Die Bedeutung der biologischen Wahrnehmungsforschung für die philosophische Erkenntnistheorie. In Hejl, P. M., Köck, W. K. und Roth, G., Hg.: Wahrnehmung und Erkenntnis. Frankfurt 1978, 65–78 / Biological systems theory and the problem of reductionism. In Roth, G. und Schwegler, H., Hg.: Selforganizing systems. Frankfurt 1980, 106–120 / Cognition as a self-organizing system. In Benseler, F., Hejl, P. M. und Köck, W. W., Hg.: Autopoiesis, Communication and Society. Frankfurt 1980, 45–52 / Conditions of evolution and adaptation in organisms as autopoietic systems. In Mossakowski, D. und Roth, G. Hg.: Environmental adaptation and evolution. G. Fischer Verlag, Stuttgart 1982, 37–48 / Wake, D. B., Roth, G. und Wake, M. H.: The problem of stasis in organismal evolution. J. theor. Biol. *101*, 1983, 211–224.

Schlicht, Ekkehart Johannes (geb. 1945). Bis 1969 Studium der Volkswirtschaftslehre an den Universitäten Kiel und Regensburg. Nach Assistententätigkeit bis 1976 Professur für Volkswirtschaftslehre an der Universität Bielefeld, seit 1980 Professur für Wirtschaftstheorie an der Technischen Hochschule Darmstadt. Mitglied des Sonderforschungsbereichs 5 der DFG an der Universität Mannheim. 1985–86 Forschungsaufenthalt am Institute for Advanced Study in Princeton / USA. Forschungsgebiete: Arbeitsmarkttheorie, Grundlagenprobleme.

Veröffentlichungen (Auswahl): A Neoclassical Theory of Wealth Distribution. Jahrbücher für Nationalökonomie und Statistik *189* (1/2), 1975, 78–96 / Labour turnover, wage structure, and natural unemployment. Z. f. d. ges. Staatswiss. *134* (2), 1978, 337–364 / A seasonal adjustment principle, and a seasonal adjustment method derived from this principle. J. Am. Stat. Ass. *76* (374), 1981, 374–378 / Die emotive und die kognitive Gerechtigkeitsauffassung. Ökonomie und Gesellschaft, Jahrbuch 2. Frankfurt 1984, 141–157 / Isolation and Aggregation in Economics. Springer Verlag, Berlin–Heidelberg–New York–Tokyo 1985.

Wagner, Günter (geb. 1954). 1968–1973 Ausbildung zum Chem. Ing. an der Höheren technischen Lehr- und Versuchsanstalt in Wien 17. 1973–1979 Studium der Zoologie und der mathematischen Logik an der Universität Wien. Promotion mit einer Arbeit über Selektionsgleichungen am Institut für Zoologie bei Prof. Riedl. 1979–1982 experimentell neuroanatomische Arbeiten am Max-Planck-Institut für biophysikalische Chemie und am Institut für

Anatomie der Universität Göttingen. 1982–1985 Mitarbeiter am Max-Planck-Institut für Entwicklungsbiologie in Tübingen. In dieser Zeit mathematische Arbeiten zur Evolutionstheorie.

Veröffentlichungen (Auswahl): The logical structure of irreversible system transformations: A theorem concerning Dollo's law and chaotic movement. J. theor. Biol. *96*, 1982, 337–346 / Coevolution of functionally constrained characters: Prerequisites for adaptive versatility. BioSystems *17*, 1984, 51–55 / On the eigenvalue distribution of genetic and phenotypic dispersion matrices. J. Math. Biol. *21*, 1984, 77–95 / Zus. mit Bürger, R.: On the Evolution of dominance modifiers II: A non-equilibrium approach to the evolution of genetic systems. J. theor. Biol. *113*, 1985, 475–500 / Mitherausgeber: Evolution, Ordnung und Erkenntnis. P. Parey Verlag, Berlin und Hamburg, 1985.

Wunderlin, Arne (geb. 1947). Physikstudium an der Universität Stuttgart, Diplom 1971 und Promotion 1975. Seit 1978 Akademischer Rat am Institut für Theoretische Physik der Universität Stuttgart.

Zahlreiche Veröffentlichungen, u. a. auf dem Gebiet der Synergetik.

Zwölfer, Helmut (geb. 1929). 1949–1955 Studium der Biologie, Geologie und Chemie an den Universitäten Freiburg i. Br., München und Erlangen. 1955 Promotion bei Prof. Dr. H. J. Stammer an der Universität Erlangen mit einer systematisch-ökologischen Untersuchung über unterirdisch lebende Wurzelläuse (Aphidoidea). 1955–1973 wissenschaftlicher Mitarbeiter des Commonwealth Institute of Biological Control (European Station, Delémont, Schweiz). Hier mit der Entwicklung biologischer Bekämpfungsverfahren, insbesondere im Bereich der biologischen Unkrautbekämpfung, tätig. In diesem Zusammenhang zahlreiche Auslandsaufenthalte. 1973–1976 Arbeit als Konservator am Staatlichen Museum für Naturkunde Stuttgart, Zweigstelle Ludwigsburg. Seit 1976 Inhaber des Lehrstuhls für Tierökologie an der Universität Bayreuth. Wissenschaftliche Arbeitsgebiete: Grundlagen der biologischen Unkrautbekämpfung, Struktur, Funktion und Evolution von Insekten-Pflanzen-Komplexen. Biosystematische Untersuchungen an Bohrfliegen und Rüsselkäfern.

Zahlreiche Veröffentlichungen auf diesen Gebieten.

Alfred Gierer

Die Physik, das Leben und die Seele
3. Aufl., 11. Tsd. 1986
310 Seiten mit 19 Abbildungen. Geb.

Alfred Gierer, Physiker und Biologe, stellt an den Anfang seines Buches
die einfach klingende Feststellung: »Ziel der Naturwissenschaften ist es,
die Natur zu erklären.« Sein Buch zeigt dem Leser die Tragweite, aber
auch die prinzipiellen Grenzen naturwissenschaftlichen Denkens auf.
Beides wird nirgends so deutlich wie im Verhältnis der Biologie zur Physik:
Hier stellen sich die Fragen, was Leben ist, wie es entstand und sich bis
zur Höhe des Menschen entwickelte, wie der Reichtum der Formen zu
verstehen ist und in welcher Beziehung das Bewußtsein, die »Seele«,
zu einem wissenschaftlichen Verständnis der Lebensvorgänge steht.
»Die Natur ist in den Grundgesetzen der Physik eine Einheit, zu der
auch der Mensch selbst gehört. Trotz der inhaltlichen Genauigkeit und
der umfassenden Anwendbarkeit der objektiven Wissenschaften können
diese jedoch ihre eigenen Voraussetzungen nicht vollständig erfassen ...
Dieses Wissen um die Grenzen objektiven Wissens, die sich besonders beim
Problem des Bewußtseins zeigen, kann auch als Aufforderung zu einer
kreativen Sinngebung des Lebens verstanden werden«, schreibt Gierer.
Sein Fazit: Wissenschaft und logisches Denken sind mit sehr verschiedenen
philosophischen, religiösen und kulturellen Interpretationen des
Menschseins und der Welt vereinbar.
Gierers Buch – entstanden aus einer öffentlichen Vorlesung im Rahmen
des Tübinger »Studium generale« – ist klar gegliedert und in
allgemeinverständlicher Sprache geschrieben. Es vermittelt dem
naturwissenschaftlich und naturphilosophisch interessierten Leser eine
Fülle von neuen Einsichten. Sie helfen ihm, im Zeitalter von Wissenschaft
und Technik die Fragen nach Sinn, Ziel und Grenzen wissenschaftlicher
Erkenntnis und ihrer Anwendung im Auge zu behalten.

»Ein vorzügliches Buch, das die wissenschaftlichen Erkenntnisse
von Logik, Erkenntnistheorie, Physik und Biologie auf dem neuesten
Stand diskutiert.« FAZ

PIPER

Bernd-Olaf Küppers

Der Ursprung biologischer Information
Zur Naturphilosophie der Lebensentstehung
Vorwort von Carl Friedrich von Weizsäcker
1986. 319 Seiten mit 26 Abbildungen und 5 Tabellen. Geb.

Zu den faszinierendsten, zugleich aber kompliziertesten Problemen der modernen Naturwissenschaften gehört die Frage nach dem Ursprung des Lebens. Die Behandlung dieses Problemkreises stellt höchste Ansprüche an eine interdisziplinäre Forschungstätigkeit. Physik und Chemie, Molekularbiologie und Populationsgenetik, Informations- und Spieltheorie – das sind Wissenschaftszweige, aus denen Methoden und Begriffe in die moderne Theorie der Lebensentstehung einfließen. Küppers arbeitet seit vielen Jahren an naturwissenschaftlichen und wissenschaftsphilosophischen Grundlagenfragen aus dem Grenzbereich von Physik, Chemie und Biologie. Er untersucht in fünf Kapiteln die Entstehung und frühe Evolution des Lebens. Ausgangspunkt seiner Analyse ist die Entdeckung der modernen Biologie, daß alle Lebenserscheinungen, vom Stoffwechsel bis zur Vererbung, informationsgesteuert sind und daß die genetische Information in universeller Form bereits auf der Ebene der biologischen Makromoleküle materiell niedergelegt ist. Der Ursprung des Lebens erweist sich als gleichbedeutend mit dem Ursprung biologischer Information. Diese Information hat – der Lehre Darwins entsprechend – Sinn und Bedeutung für die Aufrechterhaltung der Lebensfunktionen des Organismus. Lassen sich »Sinn« und »Bedeutung« zum Gegenstand naturwissenschaftlicher Analyse machen? Küppers' Fazit: »Wir können zwar den Ursprung biologischer Information als allgemeines Phänomen im Rahmen von Physik und Chemie erklären, nicht aber den Ursprung biologischer Information in ihrem konkreten Inhalt.« Das »Dasein« lebender Systeme ist physikalisch erklärbar, nicht aber ihr »Sosein«. Leben ist Ergebnis eines gigantischen Selbstorganisationsprozesses der Materie – ein Prozeß, der sich zwischen naturgesetzlicher Regelmäßigkeit und historischer Einzigartigkeit bewegt.

»Küppers' Buch ist wichtig, schon allein deshalb, weil unsere von Wissenschaft und Technik bestimmte Gesellschaft Naturphilosophie braucht, damit diese Disziplin ›unter Einbeziehung des zeitgenössischen Wissens um die Natur dem Menschen sagt, welchen Platz er im Gesamtverband der Dinge einnimmt‹ (B. Kanitscheider). Und C. F. von Weizsäcker weist in seinem Vorwort zu Küppers' Buch in dieselbe Richtung, wenn er schreibt, daß man ›die Überwindung des Dualismus von Materie und Bewußtsein‹ leichter leisten kann, ›wenn das hier Besprochene verstanden sein wird‹.«

Bild der Wissenschaft

PIPER

Ilya Prigogine

Vom Sein zum Werden

Zeit und Komplexität in den Naturwissenschaften
Aus dem Engl. von Friedrich Griese. 4. überarb. Aufl.,
11. Tsd. 1985. 304 Seiten. Kt.

Dieses Buch handelt vom Begriff der Zeit. In der klassischen Physik
ist die Zeit nur eine Hilfsgröße. Angesichts der wesentlichen Erweiterung der
Kenntnisse über die Natur in den letzten hundert Jahren wird diese
Auffassung zunehmend fragwürdig. Die Bedeutung von Zeit und
Veränderung in den Naturwissenschaften muß neu überdacht werden.
Dies gilt vor allem für nicht umkehrbare, sogenannte irreversible
Prozesse, die bisher in der Physik durch die Begriffe »Unordnung« und
»Instabilität« gekennzeichnet wurden.
Prigogine fand bei seinen Untersuchungen, die 1977 mit dem Nobelpreis
für Chemie ausgezeichnet wurden, daß auch bei irreversiblen Prozessen
geordnete Strukturen entstehen können. Für die Evolutionstheorie bedeutete
diese Erkenntnis einen großen Schritt nach vorn. Sie hat nämlich
insbesondere die Grundlagen dafür geschaffen, daß man nunmehr in der
Lage ist, auch den Übergang von toter zu lebender Materie rational zu
erfassen. Die neuen Vorstellungen sind nicht nur auf Probleme der Physik,
Chemie und Biologie anwendbar, sondern eignen sich auch zur
Beschreibung des Verhaltens sozialer Systeme.

Ilya Prigogine/Isabelle Stengers

Dialog mit der Natur

Neue Wege naturwissenschaftlichen Denkens
Aus dem Engl. und Franz. von Friedrich Griese. 5. erweiterte Auflage
Ca. 350 Seiten mit 26 Zeichnungen. Geb.

Die erweiterte Neuauflage des erfolgreichen Buches (Auflage bisher 24 000)
enthält ein ausführliches Vorwort und zwei Anhänge über neueste
Entwicklungen. Die Autoren schreiben über »neue Wege des Dialogs mit
der Natur« und über die »Unruhe der Zeit«.
»Nobelpreisträger Ilya Prigogine revolutioniert mit einer neuen Physik
unser bisheriges Weltbild.«   Stern
»Der ›Dialog mit der Natur‹, blendend geschrieben und hervorragend
übersetzt, wird sich vermutlich als eines der wichtigsten Werke unserer Zeit
erweisen.«   Bild der Wissenschaft

PIPER

Naturwissenschaftliche Werke – eine Auswahl

Norbert Bischof · Das Rätsel Ödipus
Die biologischen Wurzeln des Urkonflikts von Intimität und Autonomie. 1985. 624 Seiten. Leinen

Francis Crick · Das Leben selbst
Sein Ursprung, seine Natur. Aus dem Englischen von Friedrich Griese. 1983. 225 Seiten. Geb.

John C. Eccles · Das Gehirn des Menschen
Sechs Vorlesungen für Hörer aller Fakultäten. Aus dem Amerikanischen von Angela Hartung.
Völlig überarbeitete und erweiterte Neuausgabe,
5. Aufl., 24. Tsd. 1984. 304 Seiten mit 105 Abbildungen. Kart.

John C. Eccles/Daniel N. Robinson · Das Wunder des Menschseins
Gehirn und Geist. Aus dem Englischen von Agnes und Peter Löns.
1985. 243 Seiten. Geb.

Manfred Eigen/Ruthild Winkler · Das Spiel
Naturgesetze steuern den Zufall. 7. Aufl., 61. Tsd. 1985.
404 Seiten mit zahlreichen Abbildungen. Serie Piper 410

Heinrich Erben · Intelligenzen im Kosmos
Die Antwort der Evolutionsbiologie. 1984. 287 Seiten mit 15 schwarzweißen
Abbildungen und 8 Farbfotos. Geb.

Harald Fritzsch · Quarks
Urstoff unserer Welt. Vorwort von Herwig Schopper.
9. Aufl., 54. Tsd. 1985. 320 Seiten mit 91 Abbildungen. Serie Piper 332

Harald Fritzsch · Vom Urknall zum Zerfall
Die Welt zwischen Anfang und Ende. 3., überarbeitete Aufl., 35. Tsd. 1983.
351 Seiten mit 55 Abbildungen. Geb.

Morton Hunt · Das Universum in uns
Neues Wissen vom menschlichen Denken. Aus dem Amerikanischen von Juliane Gräbener.
1984. 478 Seiten mit 78 Abbildungen. Geb.

Charles J. Lumsden/Edward O. Wilson · Das Feuer des Prometheus
Wie das menschliche Denken entstand. Aus dem Amerikanischen von Hans Jürgen von Koskull.
Vorwort von Wolfgang Wickler. 1984. 299 Seiten mit zahlreichen Abbildungen. Geb.

Jacques Monod · Zufall und Notwendigkeit
Philosophische Fragen der modernen Biologie. Aus dem Französischen von Friedrich Griese.
Vorwort zur deutschen Ausgabe von Manfred Eigen. 6. Aufl., 76. Tsd. 1983. XVI, 238 Seiten. Geb.

Karl R. Popper/John C. Eccles · Das Ich und sein Gehirn
Aus dem Englischen von Angela Hartung und Willy Hochkeppel, unter wissenschaftlicher Mitarbeit
von Otto Creutzfeldt. 5. Aufl., 35. Tsd. 1985. 699 Seiten mit 66 Abbildungen. Geb.

Hans Queisser · Kristallene Krisen
Mikroelektronik – Wege der Forschung, Kampf um Märkte.
350 Seiten mit farbigen und schwarzweißen Abbildungen. Geb.

Roger Sperry · Naturwissenschaft und Wertentscheidung
Aus dem Englischen von Juliane Gräbener. 1985. 193 Seiten. Geb.

PIPER